21世纪高等院校
电气工程与自动化规划教材

U0722392

电气控制

及 PLC 应用技术

第2版

◎董海棠 主编

◎彭珍瑞 周志文 主审

人民邮电出版社

北 京

图书在版编目（CIP）数据

电气控制及PLC应用技术 / 董海棠主编. -- 2版. --
北京：人民邮电出版社，2017.5（2023.1重印）
21世纪高等院校电气工程与自动化规划教材
ISBN 978-7-115-42754-0

Ⅰ．①电… Ⅱ．①董… Ⅲ．①电气控制－高等学校－
教材②PLC技术－高等学校－教材 Ⅳ．①TM571.2
②TM571.6

中国版本图书馆CIP数据核字(2016)第297309号

内 容 提 要

本书内容以电气控制系统和 PLC 应用技术为主，系统且有重点地介绍常用低压电器的基本知识、电气控制线路分析方法以及 S7-300 PLC 在电气控制系统中的应用。

全书共分 8 章，主要内容包括常用低压电器、电气控制线路基础、典型生产机械电气控制线路分析、可编程控制器概述、S7-300 PLC 的硬件与组态、S7-300 PLC 的指令系统与应用、S7-300 PLC 程序设计方法、S7-300 PLC 的通信与网络等。本书注重实际，强调应用，是一本工程性较强的应用类教材。

本书可作为高等院校自动化、电气工程及其自动化、测控技术与仪器、电力系统自动化、机械设计制造及其自动化等相关专业的教材，也可作为电力系统领域的广大工程技术人员和科技工作者的学习参考书。

◆ 主　　编　董海棠
　　主　　审　彭珍瑞　周志文
　　责任编辑　刘盛平
　　责任印制　焦志炜

◆ 人民邮电出版社出版发行　　北京市丰台区成寿寺路 11 号
　　邮编　100164　　电子邮件　315@ptpress.com.cn
　　网址　https://www.ptpress.com.cn
　　涿州市京南印刷厂印刷

◆ 开本：787×1092　1/16
　　印张：13.5　　　　　　　　2017 年 5 月第 2 版
　　字数：333 千字　　　　　　2023 年 1 月河北第 6 次印刷

定价：36.00 元

读者服务热线：(010)81055256　印装质量热线：(010)81055316
反盗版热线：(010)81055315

第 2 版前言

本书内容以电气控制系统和 PLC 应用技术为主，系统且有重点地介绍了常用低压电器的基本知识、电气控制线路分析方法以及 S7-300 PLC 在电气控制系统中的应用。

本书在修订过程中，在重要的知识点处嵌入带动画、视频的二维码，通过手机等移动终端设备的"扫一扫"功能，读者可以直接用手机打开这些动画、视频，从而加深对知识的认识和理解。

本书 S7-300 PLC 应用部分的绝大多数例题都有仿真练习，读者可按书中的叙述生成项目、组态硬件、编写程序和做仿真实验。同时在学习例题的基础上，做类似的或进一步的操作和练习，以巩固所学的知识。

本书由董海棠主编，黄靖涛、张云和万国峰参与编写。本书由彭珍瑞、周志文教授主审。具体编写分工为：黄靖涛编写第一章、第四章和第五章；董海棠编写第二章、第三章和第六章；张云、万国峰共同编写绪论、第七章和第八章。在本书的编写过程中得到孟建军、祁文哲等教授的大力支持，李辉、何旭、潘安、张伟等也做了许多具体工作，在此一并表示感谢。此外，本书在编写过程中参考了一些相关的优秀教材，使我们受益匪浅，特此表示谢意。

由于编者水平有限，书中难免会有不妥和错误之处，恳请读者批评指正。

编　者
2016 年 10 月

目　录

控制是日常生活中经常接触到的问题，可以说，现代生活到处都离不开控制。虽然有些控制是由人直接实现的，有些是通过简单的电气元件来实现的，还有些是通过微处理器及其附件甚至是通过网络来实现的，但它们都称为控制系统。这里主要研究的是在工业生产过程中遇到的控制问题及其解决方案、实现控制的设备和系统、人为干预的方式和策略等。

1. 电气控制系统的发展概况

电气控制技术是随着计算机科学技术的不断发展及生产工艺的不断改进而得到飞速发展的。在控制方法上，主要是从手动控制到自动控制；在控制功能上，是从简单的控制设备到复杂的控制系统；在操作方式上，由笨重到轻巧；在控制原理上，从有触点的继电接触式控制系统到以计算机为核心的"软"控制系统。随着新的控制理论、新型电器及电子器件的出现以及计算机技术的发展，电气控制技术也在持续发展。

从广义的方面来说，一个控制系统主要由被控对象、控制装置和参与控制的人三个必不可少的部分组成。其中，生产过程是被控制对象，要使生产过程效率高，产品质量好，产品灵活性大，采取的措施之一就是采用功能强大的控制装置。控制装置是控制系统的核心，控制装置的性能好坏决定了控制目标是否可以实现。而人是整个控制系统的灵魂，主要体现在两个方面：一是控制系统的思想是由人赋予的；二是人直接干预控制系统的运行。

控制系统的发展经历了过程控制、离散控制和计算机控制等阶段，其中最先得到发展的是用于过程控制的控制装置，它的主要功能是进行回路控制。过程控制装置的发展主要经历了机械控制器、基地式仪表、气动单元组合仪表、电动单元组合仪表、数字式回路调节器、芯片控制的控制单元及分布式控制系统七个阶段。离散控制的主要功能是进行逻辑顺序控制。离散控制装置的发展主要经历了继电器逻辑控制器、电子逻辑控制器和可编程逻辑控制器（Programmable Logic Controller，PLC）三个阶段。计算机控制将各个单元的控制功能集中起来，借助计算机强大的运算处理功能来实现各种复杂的控制。其主要发展过程经历了计算机监督控制系统和计算机直接数字控制系统两个阶段。它是通过传感器、变送器、A / D（D / A）转换器、电子开关（执行器）等装置与控制对象进行连接的。

从上面的发展过程可以看出，无论是过程控制、离散控制还是计算机控制，它们都扮演着控制装置的角色。随着通信网络技术的发展，各个功能单元不再只是完成自身的功能，而是与其他单元组成一个整体来完成更强大、更复杂的控制功能。

在控制系统的发展过程中，为了满足控制系统对实时性、可靠性方面的要求及系统规模的扩展和性能的提高，在网络技术的支持下，经过多年的探索，诞生了分布式控制系统（Distributed Control System，DCS），它较好地解决了各功能单元之间的相互关系问题。

可以肯定的是，无论是哪一种类型的控制装置，今后的发展趋势一定是功能越来越强，体积越来越小，既可独立工作，又可以与其他单元组成功能更强的系统，不同种类的控制装置能相互渗透发展，在一种体系结构下协同工作，完成更复杂的控制功能。

需要特别指出的是，PLC 只是众多控制装置中的一种，它既可以单独组成系统，也可与其他装置协同工作，控制系统的结构依赖于控制理论的发展。

2. 本课程的性质、内容和任务

本课程是一门实践性很强的专业课。其主要内容是以电动机或其他执行电器为控制对象，介绍继电接触式控制系统和可编程控制器控制系统的工作原理、设计方法和实际应用。电气控制技术涉及面很广，电气控制设备种类繁多、功能各异，但就其工作原理、基本线路和设计基础而言是类似的。本课程从应用角度出发，以方法论为手段，介绍上述几方面的内容，以培养学生对电气控制系统进行分析和设计的基本能力。

现代化生产的水平、产品质量和经济效益等各项性能指标，在很大程度上取决于生产设备的先进性和电气自动化程度。可编程控制器的飞速发展及其强大的功能使它已成为实现工业自动化的主要工具之一。本课程的重点是可编程控制器，但这并不意味着继电接触式系统就不重要了。这是因为：首先，继电接触式控制系统在小型电气控制系统中还普遍使用，而且它是组成电气控制系统的基础；其次，尽管可编程控制器取代了继电器，但它所取代的主要是逻辑控制部分，而电气控制系统中的信号采集和驱动输出部分仍然要由电气元器件及控制电路来完成。所以对继电接触式控制系统的学习是非常有必要的。

本课程的基本任务如下。

① 熟悉常用控制电器的基本原理和用途，达到正确使用和选用的目的，同时了解一些新型元器件的用途。

② 熟练掌握电气控制线路的基本环节，具有对一般电气控制线路的独立分析能力，较好地掌握电气控制线路的简单设计方法，从而设计简单的电气控制线路。

③ 熟悉可编程控制器的基本概况，深刻领会可编程控制器的工作原理。

④ 熟练掌握可编程控制器的基本指令系统和典型电路的编程，熟练掌握可编程控制器的程序设计方法，做到能根据工艺流程和控制要求正确选用可编程控制器编制程序，经调试应用于生产过程控制。

⑤ 掌握可编程控制器的网络和通信原理，会编制简单的通信程序。

⑥ 了解可编程控制器实际应用程序的设计步骤和方法。

第一章　常用低压电器

在各种生产机械上，电力拖动的自动控制或者手动控制设备被广泛使用，其中大多数运动部件是由电动机来驱动的。所以，要保证生产过程中各生产机械部件按照生产要求进行顺序动作，满足生产工艺和生产过程的要求，就需要对电动机进行顺序启动、停止、正反转、调速和制动等控制。这些控制系统很多是由低压电器组成的，如继电器、接触器和按钮等，通常称为继电器—接触器控制系统。

本章主要介绍常用低压电器的结构、工作原理、型号、规格、用途等有关知识，同时介绍它们的图形符号及文字符号，为正确选择和合理使用低压电器打下基础。

第一节　电器的基本知识

一、电器的定义和分类

电器就是根据外界施加的信号和要求，能手动或自动地断开或接通电路，断续或连续地改变电路参数，以实现对电或非电对象的切换、控制、检测、保护、变换和调节的电工器械。

电器的分类方法很多，常见的分类方法如下。

1. **按工作电压等级分**

（1）低压电器

工作电压在交流 1 200V 或直流 1 500V 以下的电器称为低压电器，如接触器、控制器、启动器、刀开关、自动开关、熔断器、继电器、电阻器、主令电器等。

（2）高压电器

工作电压在交流 1 200V 或直流 1 500V 以上的电器称为高压电器。

2. **按动作原理分**

（1）手动电器

需要人工直接操作才能完成指令任务的电器称为手动电器，如刀开关、控制器、转换开关、控制按钮等。

（2）自动电器

不需要人工操作，而是按照电的或非电的信号自动完成指令任务的电器称为自动电器，如自动开关、接触器、继电器等。

3．按用途分

（1）控制电器

用于各种控制电路和控制系统的电器称为控制电器，如接触器、控制器、启动器等。

（2）主令电器

用于自动控制系统中发送控制指令的电器称为主令电器，如控制按钮、行程开关、万能转换开关等。

（3）保护电器

用于保护电路及用电设备的电器称为保护电器，如熔断器、热继电器等。

（4）配电电器

用于电能的输送和分配的电器称为配电电器，如高压断路器、隔离开关、刀开关、自动开关等。

（5）执行电器

用于完成某种动作或传动功能的电器称为执行电器，如电磁铁、电磁离合器等。

4．按工作原理分

（1）电磁式电器

依据电磁感应原理来工作的电器称为电磁式电器，如交直流接触器、各种电磁式继电器等。

（2）非电量控制电器

电器的工作是靠外力或某种非电物理量的变化而动作的电器称为非电量控制电器，如刀开关、行程开关、按钮、压力继电器、温度继电器等。

5．其他分类方法

电器还有其他的分类方法。例如，按使用场合不同，它可分为一般工业用电器、特殊工业矿用电器、农用电器等；按有无触点，它可分为有触点电器和无触点电器；按电器组合不同，它可分为单个电器和组合电器；按使用系统不同，它可分为电力拖动自动控制系统用电器、电力系统用电器和自动化通信系统用电器。

二、电磁式电器

电磁式电器在电气控制线路中使用量最大，其类型也很多。各类电磁式电器在工作原理和构造上也基本相同，大都主要由感测部分（电磁机构）和执行部分（触点系统）组成。

1．电磁机构

电磁机构是电磁式电器的感测部分，它的主要作用是将电磁能量转换成机械能量，带动触点动作，从而完成接通或分断电路。

电磁机构由吸引线圈、铁心、衔铁等几部分组成。

（1）常用的磁路结构

常用的磁路结构如图 1-1 所示，可分为以下 3 种形式。

① 衔铁沿棱角转动的拍合式铁心，如图 1-1（a）所示。这种形式广泛应用于直流电器中。

② 衔铁沿轴转动的拍合式铁心，如图 1-1（b）所示。其铁心形状有 E 形和 U 形两种。此种结构多用于触点容量较大的交流电器中。

③ 衔铁沿直线运动的双 E 形直动式铁心，如图 1-1（c）所示。此结构多用于交流接触器、继电器中。

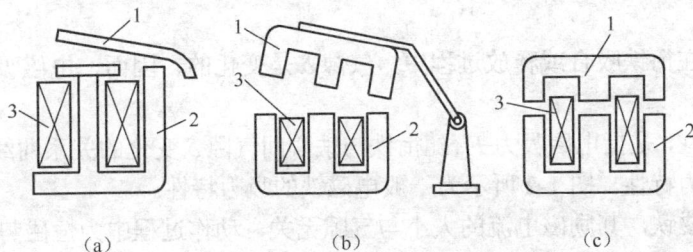

图 1-1 常用的磁路结构
1—衔铁；2—铁心；3—吸引线圈

电磁式电器分为直流与交流两大类，它们都是利用电磁铁原理制成的。通常直流电磁铁的铁心是用整块钢材或工程纯铁制成，而交流电磁铁的铁心则用硅钢片叠铆而成。

（2）吸引线圈

吸引线圈的作用是将电能转换成磁场能量。按通入吸引线圈的电流种类不同，它可分为直流线圈和交流线圈。

对于直流电磁铁，因其铁心不发热，只有线圈发热，所以直流电磁铁的吸引线圈做成高而薄的瘦高型，且不设线圈骨架，使线圈与铁心直接接触，易于散热。

对于交流电磁铁，因其铁心存在磁滞和涡流损耗，这样线圈和铁心都发热，所以交流电磁铁的吸引线圈设有骨架，使铁心与线圈隔离并将线圈制成短而厚的矮胖型，这样做有利于铁心和线圈的散热。

2. 电磁吸力与吸力特性

电磁式电器是根据电磁铁的基本原理设计的，电磁吸力是影响其可靠工作的一个重要参数。电磁铁的吸力可按下式求得。

$$F_{at} = \frac{10^7}{\pi} B^2 S \tag{1-1}$$

式中，F_{at}——电磁吸力，N；

B——气隙中磁感应强度，T；

S——磁极截面积，m^2。

在气隙值 δ 及外加电压值一定时，对于直流电磁铁，电磁吸力是恒定值，但对于交流电磁铁，由于外加正弦交流电压，其气隙磁感应强度按正弦规律变化，即

$$B = B_m \sin \omega t \tag{1-2}$$

式中，B_m——气隙中磁感应强度的最大值。

将式（1-2）代入式（1-1）整理得

$$F_{at} = \frac{F_{atm}}{2} - \frac{F_{atm}}{2} \cos 2\omega t \tag{1-3}$$

$$= F_0 - F_0 \cos 2\omega t$$

式中，$F_{atm} = \frac{10^7}{8\pi} B_m^2 S$——电磁吸力最大值；

$F_0 = \frac{F_{atm}}{2}$——电磁吸力平均值。

因此，交流电磁铁的电磁吸力是随时间变化而变化的。交流电磁铁在工作过程中，决定其能否将衔铁吸住的是平均吸力 F_0 的大小。所以我们通常说的交流电磁铁的吸力，就是指它

的平均吸力。

电磁式电器在衔铁吸合或释放过程中，气隙 δ 是变化的，因而，电磁吸力也将随 δ 的变化而变化。

所谓吸力特性，是指电磁吸力 F_{at} 随衔铁与铁心间气隙 δ 变化的关系曲线。不同的电磁机构，有不同的吸力特性。图 1-2 所示为一般电磁铁的吸力特性。

对于直流电磁铁，其励磁电流的大小与气隙无关，动作过程中为恒磁势工作，其吸力随气隙的减小而增加，所以吸力特性曲线比较陡峭。而交流电磁铁的励磁电流与气隙成正比，在动作过程中为恒磁通工作，但考虑到漏磁通的影响，其吸力随气隙的减小略有增加，所以吸力特性比较平坦。

3. 反力特性和返回系数

所谓反力特性是指反作用力 F_r 与气隙 δ 的关系曲线，如图 1-2 中的曲线 3 所示。

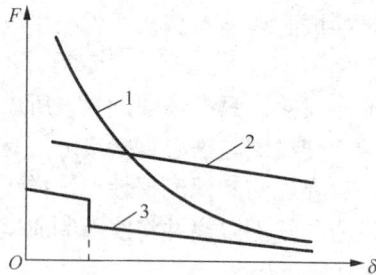

图 1-2　电磁铁的吸力特性
1—直流电磁铁吸力特性；2—交流电磁铁吸力特性；3—反力特性

为了使电磁机构能正常工作，其吸力特性与反力特性配合必须得当。在衔铁吸合过程中，其吸力特性必须始终处于反力特性上方，即吸力要大于反力，但也不能过大，否则衔铁吸合时运动速度过大，会产生很大的冲击力，使衔铁与铁心柱端面造成严重的机械磨损。此外，过大的冲击力有可能使触点产生弹跳现象，导致触点的熔焊或磨损，降低触点的使用寿命。反之，衔铁释放时，吸力特性必须位于反力特性下方，即反力要大于吸力。

返回系数是指释放电压 U_{re}（或电流 I_{re}）与吸合电压 U_{at}（或电流 I_{at}）的比值，用 β_v 或 β_I 表示，即

对具有电压线圈的电磁机构，则有

$$\beta_v = \frac{U_{re}}{U_{at}} \tag{1-4}$$

对具有电流线圈的电磁机构，则有

$$\beta_I = \frac{I_{re}}{I_{at}} \tag{1-5}$$

返回系数是反映电磁式电器灵敏度的一个参数，返回系数值越大，电器灵敏度就越高，反之，则灵敏度越低。

根据交流电磁吸力公式（1-3）可知，交流电磁机构的电磁吸力是一个两倍电源频率的周期性变量。它有两个分量：一个是恒定分量 F_0，其值为最大吸力值的一半；另一个是交变分量 $F_\sim$，$F_\sim = F_0 \cos 2\omega t$，其幅值为最大吸力值的一半，并以两倍电源频率变化。总的电磁吸力 F_{at} 在 $0 \sim F_{atm}$ 的范围内变化，其吸力曲线如图 1-3 所示。

4. 交流电磁机构上短路环的作用

电磁机构在工作中，衔铁始终受到反作用弹簧、触点弹簧等反作用力 F_r 的作用。尽管电磁吸力的平均值 F_0 大于 F_r，但在某些时候 F_{at} 仍将小于 F_r（见图 1-3 中阴影部分）。当 $F_{at} < F_r$ 时，衔铁开始释放，当 $F_{at} > F_r$ 时，衔铁又被吸合，如此周而复始，从而使衔铁产生振动，发出噪声。为此，必须采取有效措施，消除振动和噪声。

具体办法是在铁心端部开一个槽，槽内嵌入称为短路环（或称分磁环）的铜环，如图 1-4 所示。当励

图 1-3　交流电磁机构实际吸力曲线

磁线圈通入交流电后，在短路环中就有感应电流产生，该感应电流又会产生一个磁通。短路环把铁心中的磁通分为两部分，即不穿过短路环的 Φ_1 和穿过短路环的 Φ_2。由于短路环的作用，使 Φ_1 与 Φ_2 产生相移，即不同时为零，使合成吸力始终大于反作用力，从而消除了振动和噪声。

短路环通常包围 2/3 的铁心截面，它一般用铜、康铜或镍铬合金等材料制成。

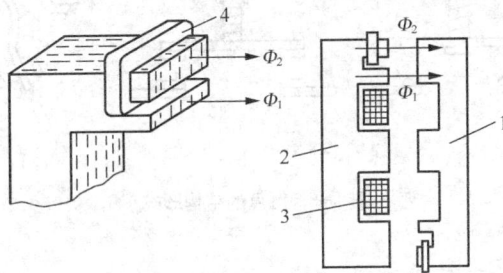

图 1-4　交流电磁铁的短路环

1—衔铁；2—铁心；3—线圈；4—短路环

5. 电磁式电器的工作原理

电磁式电器的工作原理如图 1-5 所示。图中虚线部分所示为一个交流电磁机构，合上开关 SA 后，线圈通电，其衔铁吸合，从而带动其常开触点动作，使得指示灯 PG 通电点亮；打开开关 SA 后，线圈断电，在反力作用下，衔铁释放，其常开触点打开，指示灯 PG 断电熄灭。所有的电磁式电器基本上都是按这样的工作原理进行工作的。

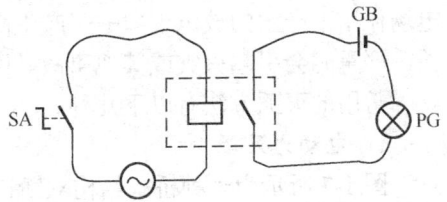

图 1-5　电磁式电器工作原理的实质

三、电器的触点系统

触点是电器的执行部分，起通断电路的作用。因此，触点需要导电、导热性能良好。触点通常用铜制成，但铜的表面容易氧化而生成一层氧化铜，将增大触点的接触电阻，使触点的损耗增大，温度上升。所以有些电器，如继电器和小容量的电器，其触点常采用银质材料，这不仅在于其导电和导热性能均优于铜质触点，更主要的是其氧化膜的电阻率与纯银相似

（氧化铜则不然，其电阻率可达纯铜的 10 倍以上），而且要在较高的温度下才会形成，同时又容易粉化。因此，银质触点具有较低和稳定的接触电阻。对于大、中容量的低压电器，在结构设计上，触点采用滚动接触，可将氧化膜去掉，这种结构的触点，常采用铜质材料。

触点主要有以下几种结构形式。

1. 桥式触点

图 1-6（a）所示为两个点接触的桥式触点，图 1-6（b）所示为两个面接触的桥式触点，两个触点串于同一条电路中，电路的接通与断开由两个触点共同完成。点接触的桥式触点适用于电流不大，且触点压力小的场合；面接触的桥式触点适用于大电流的场合。

2. 指形触点

图 1-6（c）所示为指形触点，其接触区为一直线，触点接通或分断时产生滚动摩擦，以利于去掉氧化膜。此种形式的触点适用于接触次数多、电流大的场合。

为了使触点接触的更加紧密，以减小接触电阻，并消除开始接触时产生的振动，在触点上装有接触弹簧，在刚刚接触时产生初压力，并且随着触点闭合增大触点互压力。

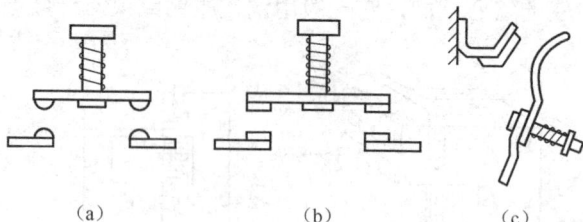

(a)　　　　　　　　(b)　　　　　　　　(c)

图 1-6　触点的结构形式

四、电弧的产生及灭弧方法

在大气中开断电路时，如果被开断电路的电流超过某一数值（根据触点材料的不同，其值为 0.25～1A），开断后加在触点间隙（或称弧隙）两端电压超过某一数值（根据触点材料的不同，其值为 12～20V）时，则触点间隙中就会产生电弧。电弧实际上是触点间气体在强电场作用下产生的放电现象——产生高温并发出强光，将触点烧损，并使电路的切断时间延长，严重时会引起火灾或其他事故。因此，在电器中应采取适当措施熄灭电弧。

常用的灭弧方法有以下几种。

1. 电动力灭弧

图 1-7 所示为一种桥式结构双断口触点，当触点打开时，在断口中产生电弧。电弧电流在两电弧之间产生图中以 ⊕ 表示的磁场，根据左手定则，电弧电流要受到一个指向外侧的电动力 F 的作用，使电弧向外运动并拉长，让它迅速穿越冷却介质而加快冷却并熄灭。这种灭弧方法一般用于交流接触器等交流电器中。

2. 磁吹灭弧

其原理如图 1-8 所示。在触点电路中串入一个磁吹线圈，它产生的磁通经过导磁夹板 5 引向触点周围，如图 1-8 所示的

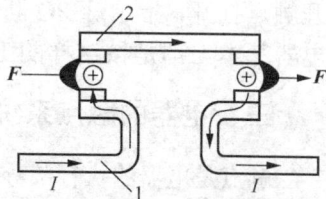

图 1-7　电动力灭弧示意图

1—静触点；2—动触点

"×"符号；当触点断开产生电弧后，电弧电流产生的磁通如图1-8所示的⊕和⊙符号。可见在弧柱下方两个磁通是相加的，而在弧柱上方却是彼此相减的，因此，电弧在下强上弱的磁场作用下，被拉长并吹入灭弧罩6中，引弧角与静触点相连接，其作用是引导电弧向上运动，将热量传递给罩壁，使电弧冷却熄灭。

　　这种灭弧装置是利用电弧电流本身灭弧，因而电弧电流越大，吹弧能力也越强。它广泛应用于直流接触器中。

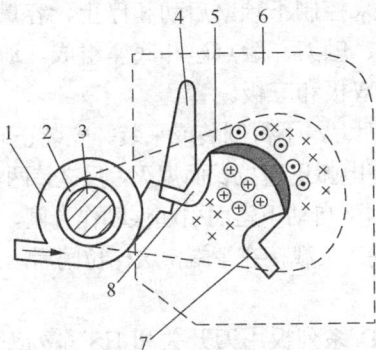

图 1-8　磁吹灭弧示意图

1—磁吹线圈；2—绝缘套；3—铁心；4—引弧角；

5—导磁夹板；6—灭弧罩；7—动触点；8—静触点

3. 窄缝灭弧

　　这种灭弧方法是利用灭弧罩的窄缝来实现的。灭弧罩内只有一个纵缝，缝的下部宽些上部窄些，如图1-9所示。当触点断开时，电弧在电动力的作用下进入缝内，窄缝可将电弧弧柱直径压缩，使电弧同缝壁紧密接触，加强冷却和去游离作用，使电弧熄灭加快。灭弧罩通常用耐高温的陶土、石棉水泥等材料制成。目前有采用数个窄缝的多纵缝灭弧室，它将电弧引入纵缝，分劈成若干段直径较小的电弧，以增强去游离作用。窄缝灭弧常用于交流和直流接触器上。

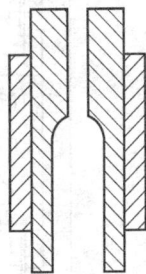

图 1-9　窄缝灭弧装置

4. 栅片灭弧

　　图1-10所示为栅片灭弧示意图。灭弧栅由多片镀铜薄钢片（称为栅片）组成，它们安放在电器触点上方的灭弧栅内，彼此之间互相绝缘。当触点分断电路时，在触点之间产生电弧，电弧电流产生磁场，由于钢片磁阻比空气磁阻小得多，因此，电弧上方的磁通非常稀疏，而下方的磁通却非常密集，这种上疏下密的磁场将电弧拉入灭弧罩中，当电弧进入灭弧栅后，被分割成数段串联的短弧。这样每两片灭弧栅片可以看作一对电极，而每对电极间都有150~250V的绝缘强度，使整个灭弧栅的绝缘强度大大加强。而每个栅片间的电压不足以达到电弧燃烧电压，同时栅片吸收电弧热量，使电弧迅速冷却，所以电弧进入灭弧栅后就很快地熄灭了。

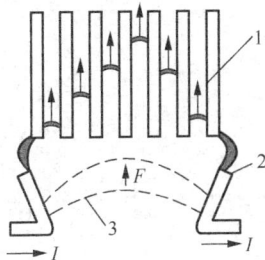

图 1-10　栅片灭弧示意图

1—灭弧栅片；2—触点；3—电弧

第二节　开关电器

一、刀开关

刀开关俗称"闸刀"，其结构简单，是应用最广泛的一种手控电器。它用来接通和断开长期工作设备的电源，或者用来控制不频繁启动和停止、容量小于 7.5kW 的电机。

刀开关主要由操作手柄、触刀、触点座和底座组成。通过对手柄的操作来控制触点的闭合和断开。其形式有单极、双极和三极。

刀开关安装时，手柄要朝上，不得倒装或平装。安装正确时，作用在电弧上的电动力和热空气的上升方向一致，就能使电弧迅速拉长而熄灭，反之，两者电弧方向相反将不易熄灭。如果倒装，手柄可能会在重力作用下自动下落而引起误动作合闸，将可能造成人身和设备安全事故。接线时，应将电源线接在上端，负载接在下端，这样拉闸后，刀片和电源隔离，可防止意外事故发生。

国内的刀开关主要有 HD 系列板用刀开关和 HS 系列刀形转换开关，其中板用刀开关可以用来接通或者断开负载电路；而刀形转换开关只是用来隔离电流的隔离开关。刀开关的文字符号为 Q 或 QS，图 1-11 所示为 HD 型单投刀开关的结构示意图和图形符号，图 1-12 所示为 HS 型双投刀开关的结构示意图和图形符号。

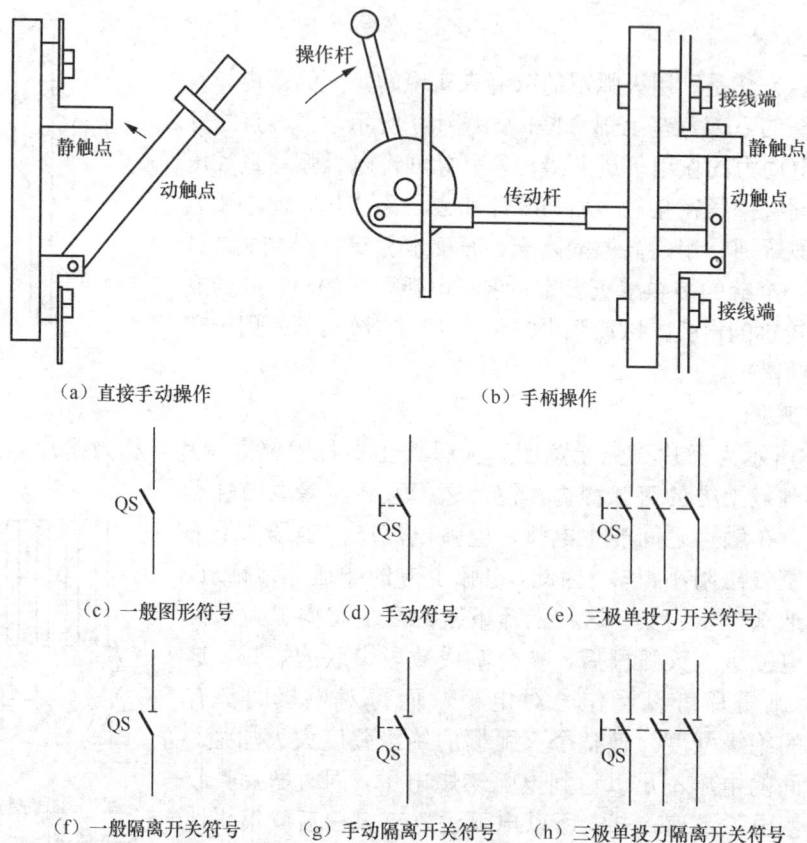

（a）直接手动操作　　　　（b）手柄操作

（c）一般图形符号　　　（d）手动符号　　　（e）三极单投刀开关符号

（f）一般隔离开关符号　　（g）手动隔离开关符号　　（h）三极单投刀隔离开关符号

图 1-11　HD 型单投刀开关的结构示意图和图形符号

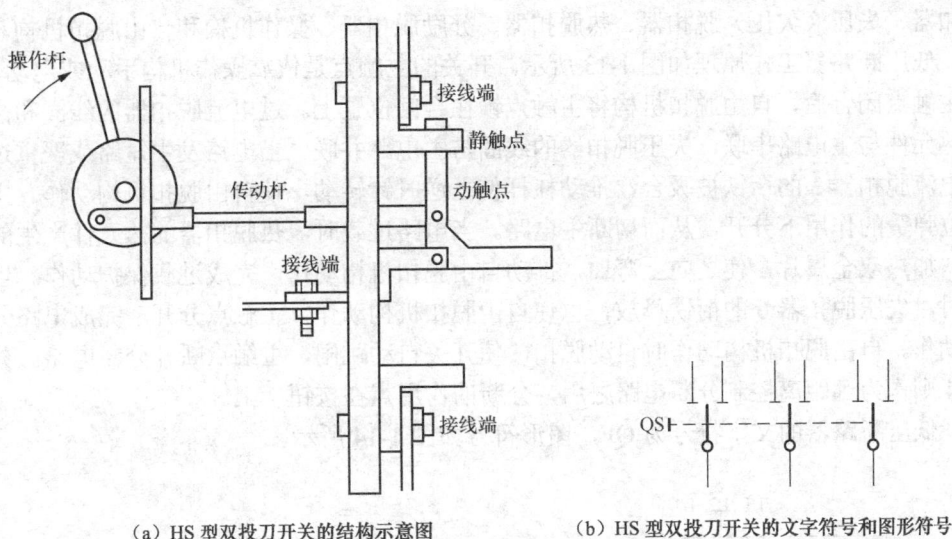

（a）HS 型双投刀开关的结构示意图　　　　　　（b）HS 型双投刀开关的文字符号和图形符号

图 1-12　HS 型双投刀开关

刀开关的技术参数如下。

① 额定电流：在规定的条件下，其长期工作能够承受的最大电流。

② 额定电压：在规定的条件下，其长期工作能够承受的最大电压。

③ 通断能力：在额定电压条件和其他规定条件下，其能接通和断开的最大电流值。

④ 电寿命：在规定条件下，无维修下操作的循环次数。

选用刀开关时，可以按照其技术参数进行选择。在小于其额定电流和额定电压下工作时，其极数、位置等可以按照实际情况选择。在负载较小时需要注意其通断能力。对于电机控制使用时，应选用大于或等于电机额定电流 3 倍的刀开关。

二、低压断路器

低压断路器又称自动开关或空气开关，为了符合 IEC 标准，现在统一使用低压断路器这个名称，简称断路器。它是低压配电网络和电力拖动系统中非常重要的开关电器和保护电器，集控制与多种保护功能于一身。

在正常情况下，断路器可以用于不频繁地接通和断开电路和控制电机。当电路发生严重过载、短路以及失压等故障时，低压断路器能够自动地断开电路，有效地保护串接在它后面的电气设备。所以低压断路器是一种可恢复的保护电路。低压断路器相当于刀开关、熔断器、热继电器和欠压继电器的组合，是一种既能进行手动操作，又能自动进行欠压、失压、过载和短路保护的控制电器。同时低压断路器具有体积小、重量轻、价格低廉等优点，所以在各种工业和民用电器中得到广泛应用。

低压断路器按其用途及结构特点可分为框架式断路器、塑料外壳式断路器、直流快速断路器、限流式断路器等。框架式断路器主要用作配电网络的保护开关；塑料外壳式断路器除可用作配电网络的保护开关外，还可用作电动机、照明电路及电热电路的控制开关。

常见的低压断路器为塑料外壳式的断路器，其操作方式多为手动。

1. 低压断路器的结构和工作原理

低压断路器主要由触点、灭弧系统和各种脱扣器 3 个基本部分组成。脱扣器包括过电流脱扣器、失压（欠压）脱扣器、热脱扣器、分励脱扣器、操作机构和自由脱扣机构。

低压断路器工作原理如图 1-13 所示。开关的主触点是依靠操作机构手动或电动合闸的，当主触点闭合后，自由脱扣机构将主触点锁在合闸位置上。过电流脱扣器的线圈和热脱扣器的热元件与主电路串联，失压脱扣器的线圈与主电路并联。当电路发生短路或严重过载时，过电流脱扣器 3 的衔铁被吸合，推动杠杆使之逆时针转动，使自由脱扣机构动作。主触点在复位弹簧的作用下分开，从而切断主电路。当电路过载时，热脱扣器的热元件产生的热量增加，加热双金属片，使之向上弯曲，推动自由脱扣机构动作，完成过载保护动作。当电路失压时，失压脱扣器 6 的衔铁释放，也使自由脱扣机构动作，主触点分开，完成电路分断的保护动作。自由脱扣机构动作时自动脱扣，使开关自动跳闸，主触点断开分断电路。分励脱扣器 4 则作为远距离控制分断电路之用，分断的作用点在按钮 7 上。

低压断路器的文字符号为 QF，图形符号如图 1-14 所示。

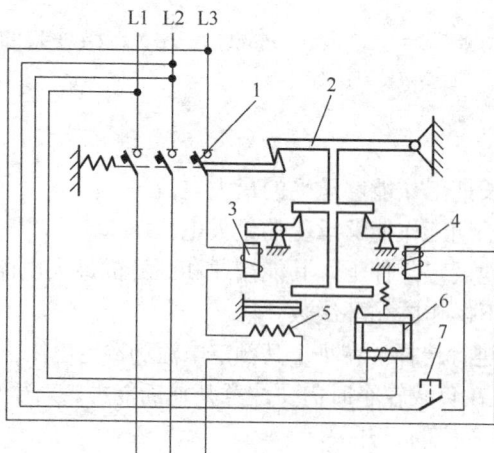

图 1-13　低压断路器的工作原理图

1—主触点；2—自由脱扣机构；3—过电流脱扣器；

4—分励脱扣器；5—热脱扣器；6—失压脱扣器；7—按钮

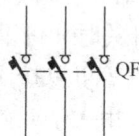

图 1-14　低压断路器的文字符号和图形符号

2. 低压断路器的选择

（1）低压断路器的额定电压和额定电流应不小于电路的正常工作电压和电流。

（2）热脱扣器的整定电流和负载的额定电流相一致。

（3）过电流电磁脱扣器的瞬时脱扣整定电流应大于负载电路正常工作时的尖峰电流。对于电动机保护电路，电磁脱扣器的整定值一般可整定到电动机启动电流的 1～7 倍。

第三节　熔断器

熔断器俗称"保险丝"或者"保险管"等，是一种最简单有效的保护电器。在低压配电系统和控制系统中，主要用于短路保护。熔断器具有结构简单、体积小、使用维护方便、分断能力较高、限流性能良好、价格低廉等优点。

一、熔断器的结构

熔断器主要由熔体或熔丝和安装熔体的熔管或支架两部分组成。其中熔体是核心部分，它既是感测元件，又是执行元件。熔体通常采用低熔点的铅、锡、铜、银及其合金等材料制成，形状一般为丝状或片状。熔断器和被保护的电路串连，在电路正常时，其上流过的电流不足以使其熔断，当电路发生短路或有严重过载时，熔体中产生很大的故障电流，其产生的热量熔断熔丝，从而切断电路，保护了电器和电路。

熔断器的文字符号为 FU，其类型和图形符号如图 1-15 所示。

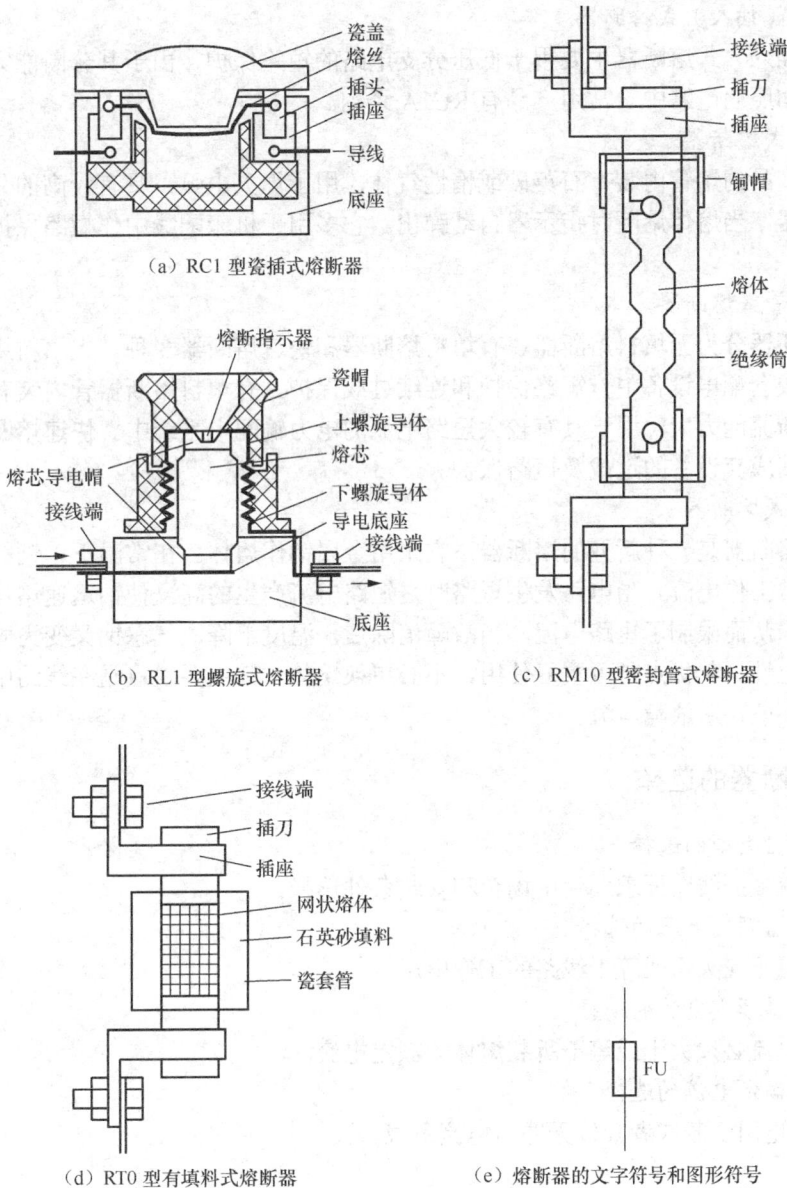

（a）RC1 型瓷插式熔断器

（b）RL1 型螺旋式熔断器

（c）RM10 型密封管式熔断器

（d）RT0 型有填料式熔断器

（e）熔断器的文字符号和图形符号

图 1-15 熔断器的类型和图形符号

根据电路基本定律可知，熔断丝上产生的热量和其上通过的电流的平方和时间成正比的关系。即

$$Q = I^2 Rt$$

熔断器的熔断时间和电流有关，我们称其为熔断器的安秒特性，如图 1-16 所示。

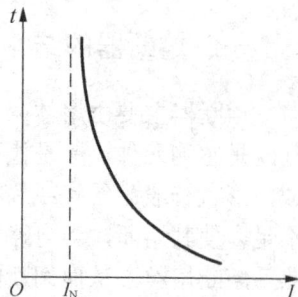

图 1-16　熔断器安秒特性

二、熔断器的分类

熔断器的种类很多，常用产品如下。

1. 瓷插（插入）式熔断器

瓷插（插入）式熔断器主要用于低压分支电路的短路保护，由于其分断能力较小，一般多用于民用和照明电路中。常用产品有 RC1A 系列。

2. 螺旋式熔断器

该系列产品的熔管内装有石英砂或惰性气体，用于熄灭电弧，具有较高的分断能力，并带熔断指示器，当熔体熔断时指示器自动弹出。它多用于机床配线中作短路保护。常用产品有 RLI 系列。

3. 封闭管式熔断器

该种熔断器分为无填料熔断器、有填料熔断器和快速熔断器 3 种。无填料熔断器在低压电力网络、成套配电设备中作短路保护和连续过载保护。有填料熔断器管内装有石英砂，灭弧能力强，断流能力大，用于具有较大短路电流的电力输配电系统中。快速熔断器主要作为硅整流管及其成套设备的过载及短路保护。

4. 自复式熔断器

自复式熔断器是一种新型的熔断器，它采用金属钠作熔体。在常温下，钠的电阻很小，允许通过正常工作电流。当电路发生短路时，短路电流产生的高温使钠迅速熔化，气态钠电阻变得很高，从而限制了短路电流，当故障消除后，温度下降，气态钠又变为固态钠，恢复其良好的导电性。其优点是可重复使用，不必更换熔体。其主要缺点是在线路中只能限制故障电流，而不能切断故障电流。

三、熔断器的选择

1. 熔断器类型的选择

其类型应根据线路要求、使用场合和安装条件选择。

2. 熔断器额定电压的选择

其额定电压应大于或等于线路的工作电压。

3. 熔断器额定电流的选择

其额定电流必须大于或等于所装熔体的额定电流。

4. 熔体额定电流的选择

① 对于电阻负载或者其他无冲击电流负载。

$$I_{fv} \geqslant I_e$$

式中，I_{fv}——熔体额定电流；

I_e——负载额定电流。

② 保护一台电动机，为了防止电动机启动时电流过大而将熔断器的熔体烧断，应按照下式计算，而不是按照额定电流计算。

$$I_{fv} \geqslant (1.5 \sim 2.5) I_N$$

式中，I_N——电动机额定电流。

③ 多台电动机的合用熔断丝可以按照下式粗略估算。

$$I_{fv} = (1.5 \sim 2.5) \times I_{N\,max} + \sum I_N$$

式中，$I_{N\,max}$——容量最大的一台电动机的额定电流；

$\sum I_N$——其余电动机的额定电流之和。

第四节　主令电器

主令电器是自动控制系统中用于发送和转换控制指令的电器。主令电器应用广泛，种类繁多，本节主要介绍几种常用的主令电器。

一、控制按钮

控制按钮是一种结构简单、应用广泛的主令电器。在低压控制电路中，控制按钮用于手动发出控制信号，以控制接触器、继电器等的动作，进而控制电器设备或者电动机等的运行。

控制按钮由按钮帽、复位弹簧、桥式触点、外壳等组成，有的还设置控制指示灯。图 1-17 所示为一种控制按钮的内部结构。其中动触点和按钮轴固定，动作前接触的触点是常闭触点，断开的触点是常开触点。当按下按钮时，先断开常闭触点，而后接通常开触点。按钮释放后，在复位弹簧作用下使触点复位。

按钮的文字符号为 SB，图形符号如图 1-18 所示。

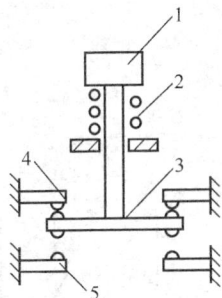

图 1-17　按钮开关结构示意图
1—按钮帽；2—复位弹簧；3—动触点；
4—常闭静触点；5—常开静触点

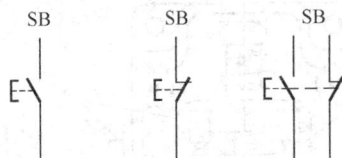

（a）常开触点　（b）常闭触点　（c）复式触点

图 1-18　按钮开关的文字符号和图形符号

在使用多个按钮时，为了区分不同的按钮的作用，避免误操作，通常将按钮帽做成不同的颜色，以示区别。按钮帽的颜色有红、绿、白、黑、蓝、黄等。例如，"启动"按钮使用绿色，"停止"按钮使用红色等。

常用的按钮有自复位和自保持两种。其中，自复位式按钮在外力释放后，按钮在弹簧的作用下将恢复原位；自保持式按钮内部有电磁或者机械结构，当按下按钮后，在撤去外力时按钮不会自行复位，继续保持。

按钮的种类很多，国内常用的有 LA 系列和引进的 LAY 系列按钮。对按钮的要求为通断可靠、动作精度高、电器性能良好、寿命长等。按钮的选择首先要考虑额定电压和额定电流；另外需要考虑触点的种类和数目以及是否带指示灯、场地颜色要求等；同时在设计中，选择一些具有造型新颖、手感好、安装更换方便等特性的按钮。

二、行程开关

行程开关又称限位开关，是一种利用生产机械某些运动部件的碰撞来发出控制指令的主令电器，它将机械信号转换为电信号，以控制生产机械的运动方向、行程大小或者位置保护。

行程开关广泛应用于各类机床、起重机械以及轻工机械的行程控制。行程开关安装在运动机械的某一位置上，当运动部件到达即定的位置时，其上所安装的撞块会碰上行程开关，在机械的作用下，行程开关动作，实现对生产机械的控制，限制它们的动作和位置，借此对生产机械给予必要的保护。

行程开关和按钮原理相同，区别是行程开关的推杆或其他机械装置是在机械的碰撞下动作，而按钮是在人的手动作用下动作。行程开关的种类很多，机械式的有直杆式、直杆滚动式、转臂式等。图 1-19 所示为直杆式行程开关的结构。

国内目前常用的行程开关有 LX19、JLXK1、LX32 等系列。

通常把尺寸很小的行程开关称为微动开关。微动开关体积小、动作灵敏，常用在定位精度比较高的场合，在家用电器和办公设备中有很多微动开关。国内常用的微动开关有 LXW5、LXW31 等系列。

行程开关的文字符号为 SQ，图形符号如图 1-20 所示。

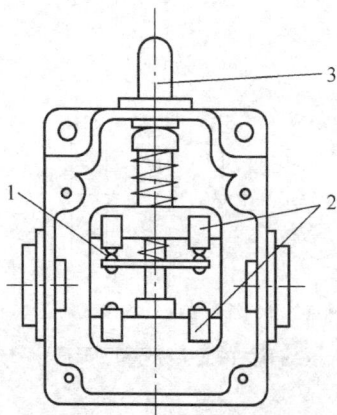

图 1-19　直杆式行程开关的结构

1—动触点；2—静触点；3—推杆

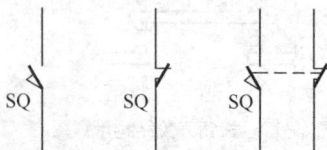

（a）常开触点　（b）常闭触点　（c）复式触点

图 1-20　行程开关的文字符号和图形符号

三、接近开关

接近开关又称无触点行程开关，它不仅能代替有触点行程开关来完成行程控制和限位保护，还可用于高频计数、测速、液面控制、检测零件尺寸、加工程序的自动衔接等。由于它具有工作稳定可靠、寿命长、重复定位精度高、能适应恶劣的工作环境等特点，所以在工业生产方面已逐渐得到推广应用。

接近开关按其工作原理可以分为高频振荡型、电容型、感应电桥型、永久磁铁型、霍尔型等。其中高频振荡型最为常用。

高频振荡型接近开关基于金属触发原理，主要由高频振荡器、晶体管放大器和输出器3部分组成。其基本工作原理：当有金属物体进入高频振荡器的线圈磁场（称感辨头）时，该物体内部产生涡流损耗，使振荡器回路电阻增大，能量损耗增大，以致振荡减弱直至终止，开关输出控制信号。

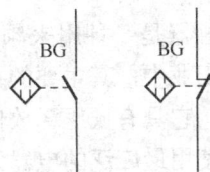

（a）常开触点　（b）常闭触点

图 1-21　接近开关的文字符号和图形符号

接近开关的文字符号为 BG，图形符号如图 1-21 所示。

四、组合开关

组合开关也称为转换开关，可实现多组触点的组合。其种类很多，可在机床中作为不带负载的接通或者断开电源，供转换之用；也可在小容量电机中控制电机的启动、停止和正反转，或者直接作电源开关。在局部照明中也使用它来进行控制。

其结构如图 1-22 所示，它由许多分别装在多层绝缘件内的动触片和静触片组成。其中静触片固定在外壳上，动触片装在固定于手柄轴的绝缘体上。当转动手柄时，动触片改变位置，进而和静触片闭合或者断开，实现了状态的改变。组合开关是一种多触点、多位置式的转换开关。

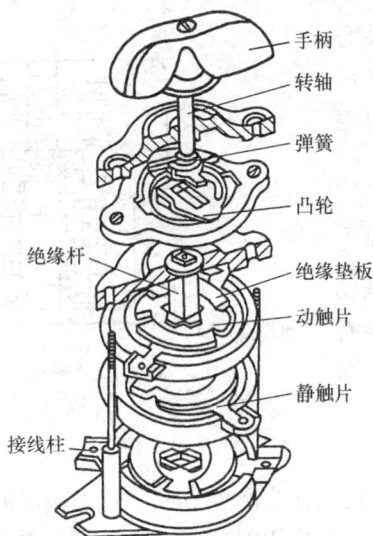

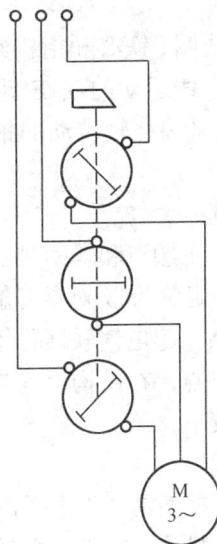

手柄
转轴
弹簧
凸轮
绝缘杆
绝缘垫板
动触片
静触片
接线柱

（a）结构示意图　　　　　（b）图形符号

图 1-22　组合开关结构示意图和图形符号

组合开关有单极、双极和多极三大类，且具有结构紧凑、体积小、操作方便等优点。组合开关根据接线方式的不同分为以下几种通断方式：同时通断、两位转换、三位转换、四位转换等。组合开关的技术参数有：额定电压、额定电流、操作频率、极数等。其中额定电流有 10A、25A、60A、100A 等几个等级。

熔断器、行程开关、低压断路器的工作原理

第五节　接触器

接触器是一种用来频繁地接通或者断开交直流主电路及大容量控制电路的自动切换电器。在工业中，其主要的控制对象是电机或者其他大容量的负载，如电热设备、电焊机、电容器等。它具有低压释放保护功能，并适用于频繁操作和远距离控制，是电力拖动自动控制线路中使用最广泛的电器元件。它是一种执行电器，即使在现在的可编程控制器控制系统和现场总线控制系统中，也不能被取代。

接触器种类繁多，按照使用的电路不同可分为直流接触器和交流接触器；按照驱动方式可分为电磁式、气动式、液压式等接触器；按灭弧介质不同分为空气式、油浸式和真空式接触器。接触器上通过的电流很大，用来驱动执行单元（如电动机、电热丝等功率器件）。在工业生产中，使用量最大的是电磁式交流接触器，简称交流接触器。

接触器可以接通和断开负荷电流，但不能切断短路电流，因此，常与熔断器和热继电器配合使用。

一、接触器的结构及工作原理

1. 交流接触器的结构

图 1-23 所示为交流接触器的结构剖面示意图，它主要由以下 4 部分组成。

（1）电磁机构

电磁机构由线圈、铁心和衔铁组成。铁心一般都采用衔铁直线运动的双 E 形直动式电磁机构，有的衔铁采用绕轴转动的拍合式电磁机构。

（2）触点系统

触点系统包括主触点和辅助触点。主触点用于通断主电路，通常为 3 对常开触点。辅助触点用于控制电路，起电气联锁作用，一般有常开和常闭辅助触点，在结构上均为桥式双断点形式，其容量较小。

图 1-23　交流接触器的结构剖面示意图
1—铁心；2—衔铁；3—线圈；4—常开触点；5—常闭触点

（3）灭弧装置

主触点在断开期间易产生电弧，为了防止电弧烧坏触点或者使切段时间拉长，在交流接触器上采用了灭弧措施。对于小容量接触器，常采用双断口触点灭弧、电动力灭弧、相间弧板隔弧及陶土灭弧罩灭弧。对于大容量的接触器，可采用纵缝灭弧罩及栅片灭弧。

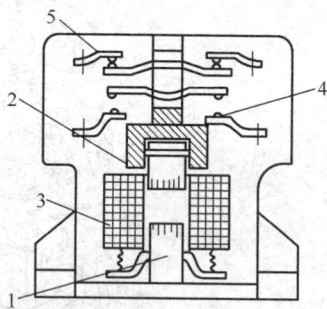

（4）其他部件

其他部件包括反作用弹簧、缓冲弹簧、触点压力弹簧、传动机构、外壳等。

2. 交流接触器的工作原理

当线圈通电后，在电磁力的作用下，衔铁闭合动作，带动动触点动作，使常闭触点断开，常开触点闭合，线路导通。当线圈断电或电压显著降低时，会导致电磁力下将或者消失，此时衔铁在反作用弹簧的作用下释放，触点复位，实现了低压保护功能。

交流接触器的铁心选用硅钢片叠成，这样可以减小铁损。另外选用了短路环来消除铁心的振动和噪声。

接触器的文字符号为 KM，图形符号如图 1-24 所示。

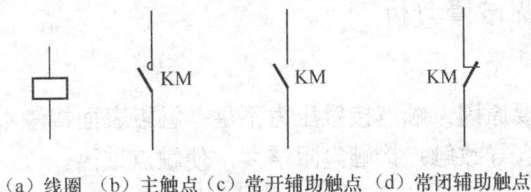

（a）线圈　（b）主触点（c）常开辅助触点　（d）常闭辅助触点

图 1-24　接触器的文字符号和图形符号

二、直流接触器

直流接触器主要用于远距离接通和分断直流电路以及频繁地控制直流电动机的启动、停止、反转、反接制动等。

直流接触器的结构和工作原理与交流接触器基本相同，但也有区别。其主触点常采用滚动接触的指形触点，通常为一对或两对。直流电弧比交流电弧难以熄灭，因此，直流接触器常采用磁吹式灭弧装置灭弧。

三、交流接触器的技术参数

交流接触器的选用主要根据主电路的电压和电流来选择。当然要根据控制电路来选择其触点数量、电磁线圈的额定电压、工作频率等。其主要技术参数如下。

① 额定电压：它指主触点的额定工作电压。此外，还有辅助触点的额定电压和电磁线圈的额定电压。

② 额定电流：在额定电压、操作频率等规定条件下，主触点的工作电流称为额定电流。低于额定电流工作是保证接触器正常工作的条件。

③ 约定发热电流：在接触器非封闭条件下，按照规定条件进行试验，接触器各部件连续工作 8h，其温升小于极限值所能承受的最大电流。

④ 通断和分断能力：在规定条件下，能在给定电压下接通和分断的预期电流值。要求在此电流下，接触器分断和接通时，不发生熔焊、飞弧、过分磨损等情况。

⑤ 机械寿命和电气寿命：机械寿命指接触器在无负载和无维修的条件下所能操作的循环次数。电气寿命指在正常条件下，无维修时的操作循环次数。

⑥ 操作频率：每小时允许操作的次数。该参数是一个重要的指标，它影响接触器的电寿命、灭弧室的工作条件、线圈温升等。

⑦ 工作制：有短时工作制、断续工作制、不间断工作制和 8h 工作制 4 种。

常用的交流接触器的额定电流有 5A、10A、20A、40A、75A、120A 等。主触点的额定电压大小一般为 220V 或 380V。

四、接触器的选择

① 根据负载性质选择接触器的类型。

② 额定电压应大于或等于主电路工作电压。

③ 额定电流应大于或等于被控电路的额定电流，对于电动机负载，还应根据其运行方式适当增加或减小。

④ 吸引线圈的额定电压和频率要与所在控制电路的选用电压和频率相一致。

五、接触器的常见故障分析

1. 触点过热

造成触点发热的主要原因：触点接触压力不足；触点表面接触不良；触点表面被电弧灼伤烧毛等。以上原因都会导致触点接触电阻增大，使触点过热。

2. 触点磨损

触点磨损有两种：一种是电气磨损，由触点间电弧或电火花的高温使触点金属气化和蒸发所造成；另一种是机械磨损，由于触点闭合时的撞击，触点表面的相对滑动摩擦等造成。

3. 线圈断电后触点不能复位

线圈断电后触点不能复位的主要原因：触点熔焊在一起；铁心剩磁太大；反作用弹簧弹力不足；活动部分机械上被卡住；铁心端面有油污等。上述原因都会使线圈断电后衔铁不能释放，致使触点不能复位。

4. 衔铁振动和噪声

产生振动和噪声的主要原因：短路环损坏或脱落；衔铁歪斜或铁心端面有锈蚀、尘垢，使动、静铁心接触不良；反作用弹簧弹力太大；活动部分机械上卡住而使衔铁不能完全吸合等。

5. 线圈过热或烧毁

线圈中流过的电流过大，就会使线圈过热甚至烧毁。发生线圈电流过大的主要原因：线圈匝间短路；衔铁与铁心闭合后有间隙；操作频繁，超过了允许操作频率；外加电压高于线圈额定电压等。

按钮、刀开关、接触器、中间继电器、热继电器的工作原理

第六节　继电器

继电器和接触器的工作原理一样。主要区别在于，接触器的主触点可以通过大电流驱动各种功率元件，而继电器的触点只能通过小电流驱动各种功率元件，所以，继电器只能用于控制电路中提供控制信号，当然对于小功率器件（数十瓦），如灯泡、信号灯、小电机等，可以直接使用适当的继电器来驱动。

继电器用来实现信号的转换、传输和放大，它是一种根据外界输入信号（电量或非电量）来控制电路自动切换的电器。这些输入信号可以是电流、电压、功率等电信号，也可以是温度、时间、速度、压力等非电量信号，而在这些信号的作用下，其输出均为继电器的触点的动作（闭合或者断开）。所以，继电器在控制电路中起着控制、放大、保护等作用。

由于通过继电器触点的电流很小，所以继电器一般无灭弧装置，在结构上也是用单触点闭合来实现闭合状态，而接触器是用一对触点来实现灭弧的。

继电器的种类很多，按照输入信号的性质可分为电流继电器、电压继电器、功率继电器、时间继电器、速度继电器、热继电器、温度继电器、压力继电器等；按照继电器的动作原理可分为电磁式继电器、感应式继电器、电动式继电器、电子式继电器、热继电器等；按照用途可分为控制用继电器、保护用继电器等。本节介绍几种常用的继电器。

一、电磁式继电器

电磁式继电器结构简单、价格低廉、使用维护方便，被广泛应用于控制系统中。其结构和工作原理与电磁式接触器大体相同，在结构上也是由电磁机构和触点系统组成，但也有一些不同之处。继电器可以对多种输入量的变化作出反应，而接触器只有在一定的电压信号下动作；继电器用于切换小电流的控制电路和保护电路，而接触器用来控制大电流电路，因此，继电器触点容量较小，且无灭弧装置。

电磁式继电器按吸引线圈电流的种类不同可分为直流电磁式继电器与交流电磁式继电器；按继电器所反映的参数可分为电流继电器、电压继电器、中间继电器、时间继电器等。

1. 电流继电器

触点动作与线圈电流大小有关的继电器称为电流继电器。使用时电流继电器与被测量电路串联，反映电流信号。为了不影响电路正常工作，其线圈匝数少、导线粗、线圈阻抗小。

电流继电器分为欠电流继电器和过电流继电器。对于欠电流继电器，正常工作时，由于电路的负载电流大于吸合电流而使衔铁处于吸合状态，当电路的负载电流降低至释放电流时，则衔铁释放。对于过电流继电器，正常工作时，线圈中流有负载电流，但不产生吸合动作，当出现比负载工作电流大的吸合电流时，衔铁才产生吸合动作，从而带动触点动作。在电力拖动系统中，冲击性的过电流故障时有发生，常采用过电流继电器做故障电路的过电流保护。

选用电流继电器时，首先要注意线圈电压的种类和等级应与负载电路一致。另外，根据对负载的保护作用（是过电流还是欠电流）来选择电流继电器的类型。最后，根据控制电路的要求选触点的类型（是常开还是常闭）和数量。

其文字符号为 KI，图形符号如图 1-25 所示。

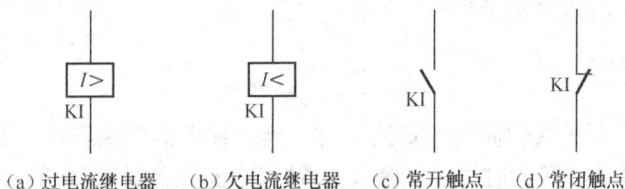

(a) 过电流继电器　　(b) 欠电流继电器　　(c) 常开触点　　(d) 常闭触点

图 1-25　电流继电器文字符号和图形符号

2. 电压继电器

触点动作与线圈电压大小有关的继电器称为电压继电器。使用时电压继电器与被测量电路并联，其线圈匝数多、导线细、线圈阻抗大。电压继电器反映的是电压信号。

根据动作电压值的不同，电压继电器分为欠电压继电器和过电压继电器。对于过电压继电器，当线圈电压为额定电压时，衔铁不产生吸合动作；只有当线圈电压高于其额定电压的某一值时衔铁才产生吸合动作。交流过电压继电器在电路中起电压保护作用。对于欠电压继电器，当线圈的承受电压低于其额定电压时衔铁就产生释放动作。其特点是释放电压很低，在电路中做低电压保护。

选用电压继电器时，首先要注意线圈电压的种类和等级应与控制电路一致。另外，根据在控制电路中的作用（是过电压还是欠电压）来选择电压继电器的类型。最后，根据控制电路的要求选触点的类型（是常开还是常闭）和数量。

电压继电器的文字符号为 KV，图形符号如图 1-26 所示。

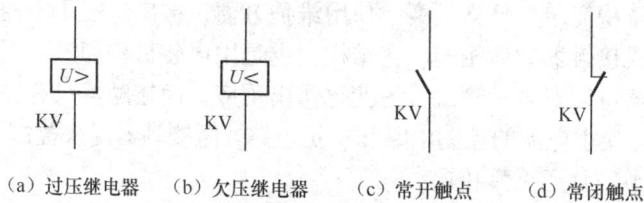

(a) 过压继电器　　(b) 欠压继电器　　(c) 常开触点　　(d) 常闭触点

图 1-26　电压继电器文字符号和图形符号

3. 中间继电器

中间继电器是在控制电路中起信号传递、放大、切换、逻辑控制等作用，主要用于增加触点数量，实现逻辑控制。中间继电器实质上是一种电磁式电压继电器，特点为触点数量较多。中间继电器对动作参数无要求，其主要要求在电压为零时可靠地释放，所以中间继电器无调节装置。中间继电器的工作原理和接触器相同，其种类繁多，除了专用的中间继电器之外，

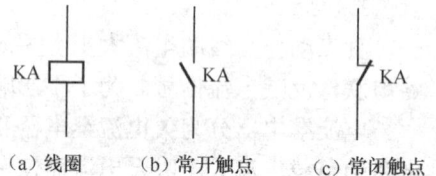

(a) 线圈　　(b) 常开触点　　(c) 常闭触点

图 1-27　中间继电器文字符号和图形符号

额定电流小于 5A 的接触器通常也被作为中间继电器来使用，但是中间继电器一般只用于控制电路中。

中间继电器的文字符号为 KA，图形符号如图 1-27 所示。

中间继电器的主要技术参数有额定电压、额定电流、触点对数、线圈电压种类、规格等。选用时要注意线圈的电压种类和电压等级应与控制电路一致。另外，要根据控制电路的需求来确定触点的形式和数量。当一个中间继电器的触点数量不够用时，也可以将两个中间继电器并联使用，以增加触点的数量。

二、时间继电器

在控制线路中，有时我们需要一定的延时，延时继电器可实现该功能，当给其通上电压或者电流后，需要经过一定的时间（可调节），触点才能吸合或者断开。时间继电器的应用范围很广泛，特别是在电力拖动和自动控制系统中，需要按照一定的时间顺序来进行接通或者断开相应的电器或电机，完成相应的功能。

时间继电器的延时方式有通电延时和断电延时两种。

（1）通电延时

接收输入信号后延迟一定的时间，输出信号才发生变化；当输入信号消失后，输出信号

瞬时复原。

（2）断电延时

接收输入信号时，瞬时产生相应的输出信号；当输入信号消失后，延迟一定的时间，输出信号才复原。

时间继电器的种类很多，按照工作原理分为电磁式时间继电器、电动式时间继电器、空气阻尼式时间继电器、电子式时间继电器等。其中，电子式时间继电器最为常用。

时间继电器的文字符号为 KT，图形符号如图 1-28 所示。

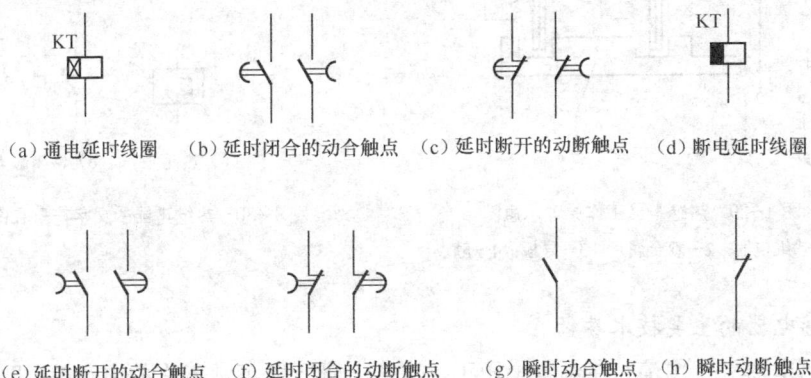

（a）通电延时线圈　（b）延时闭合的动合触点　（c）延时断开的动断触点　（d）断电延时线圈

（e）延时断开的动合触点　（f）延时闭合的动断触点　（g）瞬时动合触点　（h）瞬时动断触点

图 1-28　时间继电器的文字符号和图形符号

电子式时间继电器除执行器外，均由电子元件组成，没有机械部件，因而具有寿命长、精度高、体积小、延时范围大、控制功率小等优点。其类型很多，主要有通电延时型、断电延时型、带瞬动触点的通电延时型等。有些电子式时间继电器采用拨码开关整定延时时间，采用显示器件直接显示定时时间和工作状态，具有直观、准确、使用方便等特点。

三、热继电器

热继电器是利用电流的热效应原理以及发热元件的热膨胀原理设计的一种保护电器，在电路中用作电动机的过载保护。电动机在实际运行中，常遇到过载情况。若过载不太大，时间较短，只要电动机绕组不超过允许温升，这种过载是允许的。但过载时间过长，绕组温升超过了允许值时，将会加剧绕组绝缘老化，缩短电动机的使用年限，严重时甚至会使电动机绕组烧毁。因此，只要电动机长期运行，就需要对其过载提供保护。

1. 热继电器的结构及工作原理

热继电器主要由热元件、双金属片和触点 3 部分组成。双金属片是热继电器的感测元件，它由两种不同线膨胀系数的金属用机械碾压而成。线膨胀系数大的称为主动层，小的称为被动层。图 1-29 所示为热继电器的工作原理示意图。热元件串接在电动机定子绕组中，电动机绕组电流即为流过热元件的电流。当电动机正常运行时，热元件产生的热量虽能使双金属片弯曲，但还不足以使继电器动作。当电动机过载时，流过热元件的电流增大，热元件产生的热量增加，使双金属片产生的弯曲位移增大，经过一定的时间后，双金属片推动导板使继电器触点动作，切断电动机控制电路。

发热元件具有热惯性，所以热继电器在电路中不能作为瞬时过载保护，更不能用于短路保护。其用途为电器的长期过载保护，如电动机的长时间过载等。也正是因为热惯性，使得电动机在启动或者短时过载时，热继电器不会动作，从而保证了电动机的正常运行。

热继电器的文字符号为 FR，图形符号如图 1-30 所示。

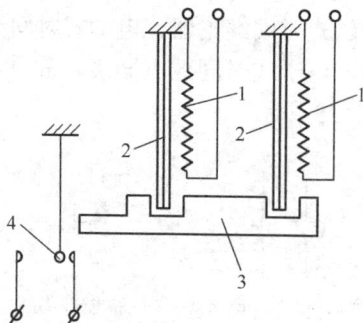

图 1-29　热继电器工作原理示意图
1—热继电器；2—双金属片；3—导板；4—触点

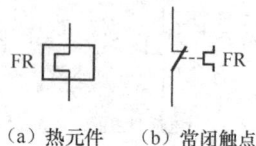

（a）热元件　（b）常闭触点

图 1-30　热继电器的文字符号和图形符号

2. 热继电器的主要技术参数

① 热继电器额定电流：在额定电压下，热继电器所能正常工作的电流值，即热元件的最大整定电流值。

② 热元件额定电流：热元件整定电流的调节范围的最大电流值。

③ 整定电流：热元件在长期通过而不致引起热继电器动作的最大电流值。该值和负载的额定电流值相当。

热继电器的应用广泛，如日常生活中的电热水器，电冰箱的压缩机热保护装置、电动机的热保护等。

3. 热继电器的选用

热继电器选用是否得当，直接影响着对电动机进行过载保护的可靠性。通常选用时应从电动机形式、工作环境、启动情况、负荷情况等几方面综合考虑。

① 原则上热继电器的额定电流应按电动机的额定电流选择。对于过载能力较差的电动机，其配用的热继电器（主要是发热元件）的额定电流可适当小些。通常，选取热继电器的额定电流（实际上是选取发热元件的额定电流）为电动机额定电流的 60%～80%。

② 在不频繁启动场合，要保证热继电器在电动机的启动过程中不产生误动作。通常，当电动机启动电流为其额定电流 6 倍以及启动时间不超过 6s 且很少连续启动时，就可按电动机的额定电流选取热继电器。

③ 当电动机为重复且短时工作制时，要注意确定热继电器的允许操作频率。热继电器的操作频率是很有限的，如果用它保护操作频率较高的电动机，效果很不理想，有时甚至不能使用。

四、速度继电器

速度继电器主要是用来反映电动机等旋转机械的转速和转向变化的继电器。速度继电器通常和接触器等配合来实现电动机的反接制动控制，所以也称为反接制动继电器。

速度继电器由永磁转子、线圈短路的定子组成，如图 1-31 所示。工作时转子和电动机等旋转机械的旋转部分相连接。转子在旋转状态下形成了旋转磁场，线圈短路的定子在旋转磁场的作用下产生电磁转矩。当电磁力大于弹簧反作用力时（转速比较高），在和定子相连的杠杆作用下，使相应的触点动作。由于有限位的作用，所以杠杆和定子只能转动一定的角度。当转速较低时，弹簧反作用力大于电磁力，触点复位。当转向反转时，杠杆和定子向相反方向旋转，使得另一对触点动作。所以速度继电器可以感知一定的转速和转向。

调节螺钉 1 的位置可以调节弹簧的作用力大小，从而可以用来反应不同的转速。一般速度继电器的动作转速不低于 120r/min，复位转速在 100r/min 以下。

速度继电器的文字符号为 KS，图形符号如图 1-32 所示。

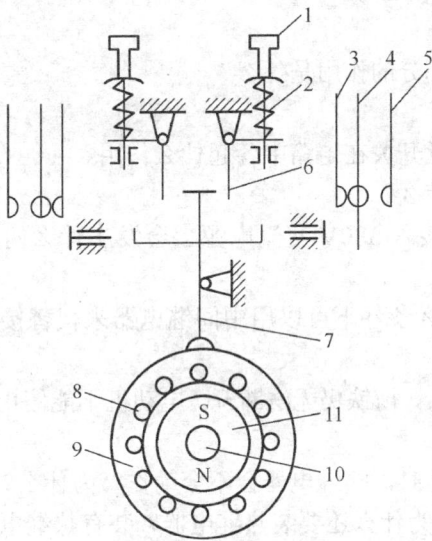

图 1-31　速度继电器

1—调节螺钉；2—反力弹簧；3、5—静触点；6—调速杠杆；

7—杠杆；8—绕组；9—定子；10—转轴；11—转子

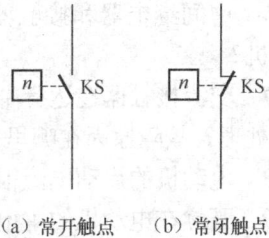

图 1-32　速度继电器的文字符号和图形符号

（a）常开触点　　（b）常闭触点

五、液位继电器

某些锅炉和水柜需根据液位的高低变化来控制水泵电动机的启停，这一控制可由液位继电器来完成。

图 1-33（a）所示为液位继电器的结构示意图。浮筒置于被控锅炉或水柜内，浮筒的一端有一根磁钢，锅炉外壁装有一对触点，动触点的一端也有一根磁钢，与浮筒一端的磁钢相对应。当锅炉或水柜内的水位降低到极限值时，浮筒下落使磁钢端绕支点 A 上翘。由于磁钢同性相斥的作用，使动触点的磁钢端被斥下落，通过支点 B 使触点 1—1 接通，2—2 断开。反之，水位升高到上限位置时，浮筒上浮使触点 2—2 接通，1—1 断开。显然，液位继电器的安装位置决定了被控的液位。液位继电器价格低廉，主要用于不精确的液位控制场合。液位继电器触点的图形符号和文字符号如图 1-33（b）所示。

（a）液位继电器   （b）触点表示符号

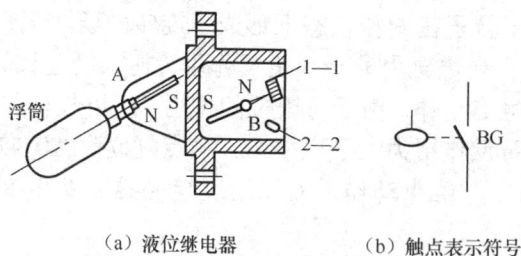

图 1-33   液位继电器结构示意图与触点表示符号

时间继电器、电流继电器、电压继电器、速度继电器

习题与思考题

1-1   电磁式电器主要由哪几部分组成？各部分的作用是什么？

1-2   常用的灭弧方法有哪些？

1-3   控制按钮、转换开关、行程开关、接近开关在电路中各起什么作用？

1-4   三相交流电磁铁要不要装短路环？为什么？

1-5   线圈电压为 220V 的交流接触器，误接入 380V 交流电源上会发生什么问题？为什么？

1-6   中间继电器和接触器有何异同？在什么条件下可以用中间继电器来代替接触器启动电动机？

1-7   交流接触器在运行中有时在线圈断电后，衔铁仍无法断开，电动机不能停止，这时应如何处理？故障原因在哪里？应如何排除？

1-8   电动机的启动电流很大，当电动机启动时，热继电器会不会动作？为什么？

1-9   既然在电动机的主电路中装有熔断器，为什么还要装热继电器？装有热继电器是否就可以不装熔断器？为什么？

1-10   是否可用过电流继电器来作电动机的过载保护？为什么？

第二章 电气控制线路基础

在各种生产机械上，电力拖动自动控制设备被广泛使用，其中大多是对电动机、电磁铁、电热器等进行自动控制，控制内容主要为电动机的启动、正反转、停止、调速或者对其他电器的开关控制和顺序控制等。控制电路是为了完成相应的控制任务设计的一种电路，其根据具体的控制内容进行设计。尽管控制内容不同，控制电路的内容千差万别，但是，几乎所有的控制电路都是由一些基本的控制环节组合而成的。因此，只要掌握控制线路的基本环节以及一些典型线路的工作原理、分析方法和设计方法，就很容易掌握复杂电气控制线路的分析方法和设计方法。结合具体的生产工艺要求，通过基本环节的组合，可设计出复杂的电气控制线路。

本章主要介绍广泛应用的三相笼型异步电动机的启动、运行、调速及制动的基本控制线路和一些典型控制线路。和第一章一样，本章内容同样是电气线路分析和设计的基础。

第一节　电气控制系统图

为了表达生产机械电气控制系统的结构、工作原理等设计意图，同时也为了便于电气系统的安装、调试、使用和维修，需要将电气控制线路中的各种电气元件及其连接按照一定的图形符号和文字符号表达出来，这种图形就是电气控制系统图。

电气控制系统图一般包括电气原理图、电气元件布置图、电气安装接线图等。各种图有其不同的用途和规定的画法，应根据简明易懂的原则，采用国家标准统一规定的图形符号、文字符号和标准画法来绘制。

一、电气图中的图形符号、文字符号和接线端子标记

图形符号用来表示电气元件在某一电路中的功能、特征和状态等，或者某一个设备、某一个概念（如接地）等。国家标准《电气简图用图形符号　第 7 部分：开关、控制和保护器件》（GB/T 4728.7—2008）等规定了电气图中图形符号的画法。

文字符号表示某一类设备或者元件的通用符号。为了区别同种元件或者设备在电路中的不同作用，必须在图形符号旁标注相应的文字，如 KT1、KT2 表示了不同功能的时间继电器。另外，可使用辅助文字符号来进一步表示电气设备、装置、元器件和线路的功能、状态、特性等，如 ON 表示闭合，DC 表示直流等。

接线端子用字母数字符号标记。国家标准《电器接线端子的识别和用字母数字符号标识

接线端子的通则》（GB 4026—1983）规定：

三相交流电源引入端子用 L1、L2、L3、N、PE（保护接地）标记；直流电源正、负、中用 L+、L-和 M 标记；三相动力电气引出线分别用顺序标记。

三相异步电动机的绕组首端分别用 U1、V1、W1，尾端分别用 U2、V2、W2 标记；电动机绕组中间抽头分别用 U3、V3、W3 标记。

对于多台电动机的控制系统，采用在字母前加数字来区别。例如，M1 电动机三相绕组用 1U、1V 和 1W 标记，M2 电动机的三相绕组用 2U、2V 和 2W 标记。两个三相供电系统的导线与三相负载之间有中间单元时，其相互连接线用 U、V 和 W 表示，并且从上到下用从小到大的数字表示。

控制线路中各线号采用数字编号，标注方法按照"等电位"原则进行，顺序按照从左到右、从上到下。凡是被线圈、触点、电阻、电容等元件隔离的接线端子都应标以不同的线号。

二、电气控制原理图

电气控制原理图是表达电路工作原理的图纸，所以应该按照国标进行绘制。图纸的尺寸需符合标准，图中需用图形符号和文字符号绘制出全系统所有的电气元件，不绘制元件的外形和结构。同时也不考虑电气元件的实际位置，而是依据电气绘图标准，依照展开图画法表示元器件之间的连接关系。由于电气原理图具有结构简单，层次分明，适于研究、分析电路的工作原理等优点，所以无论在设计部门还是生产现场都得到了广泛的应用。

电气原理图一般分为主电路和辅助电路两部分。主电路是电气控制线路中强电流通过部分，由电动机等负载和与其相连的电气元件（如刀开关、熔断器、热继电器的热元件、接触器的主触点等）组成。辅助电路就是控制线路中除主电路以外的部分，其流过的电流较小。辅助电路包括控制电路、信号电路、照明电路、保护电路等，由按钮、接触器和继电器的线圈及辅助触点、照明灯、信号灯等电气元件组成。

下面以图 2-1 所示的 CW6132 型普通车床的电气原理图来说明电气原理图的规定画法和应注意的事项。

1. 绘制电气原理图的规则

① 原理图中所有元件均按照国标的图形符号和文字符号表示，不画实际的外形。

② 原理图中主电路用粗实线绘制在图纸的左部或者上部，辅助电路用细实线绘制在图纸右部或者下部。电气元件和部件在控制线路中的位置，应根据便于阅读的原则安排，布局遵守从左到右、从上到下的顺序排列，可水平布置，也可垂直布置。

③ 同一个元件的不同部分，如接触器的线圈和触点，可以绘制在原理图中的不同位置，但必须使用同一文字符号表示。对于多个同类电器，采用文字符号加序号表示，如 KM1、KM2 等。

④ 原理图中所有电器的可动部分（如接触器触点和按钮）均按照没有通电或者无外力的状态下画出。对于继电器、接触器的触点，按吸引线圈不通电状态画，控制器按手柄处于零位时的状态画，按钮、行程开关触点按不受外力作用时的状态画。

⑤ 原理图中尽量减少线条和避免线条交叉；元件的图形符号可以旋转 90°、180° 或 45° 绘制；各导线相连接时用实心圆点表示。

⑥ 原理图中绘制要层次分明，各元件及其触点安排合理，在完成功能和性能的前提下，尽量少用元件，减少能耗，同时要保证线路的运行可靠性、施工和维修的方便性。

2. 图幅区域的划分

图纸下方的 1、2、3…数字是图区编号，它是为了便于检索电气线路，方便阅读分析从而避免遗漏设置的。图区编号也可以设置在图的上方。

图纸上方的"电源开关……"等字样，表明它对应的下方元件或电路的功能，使读者能清楚地知道某个元件或某部分电路的功能，以利于理解全电路的工作原理。

电源开关	主轴	冷却泵	控制	电源指示	照明

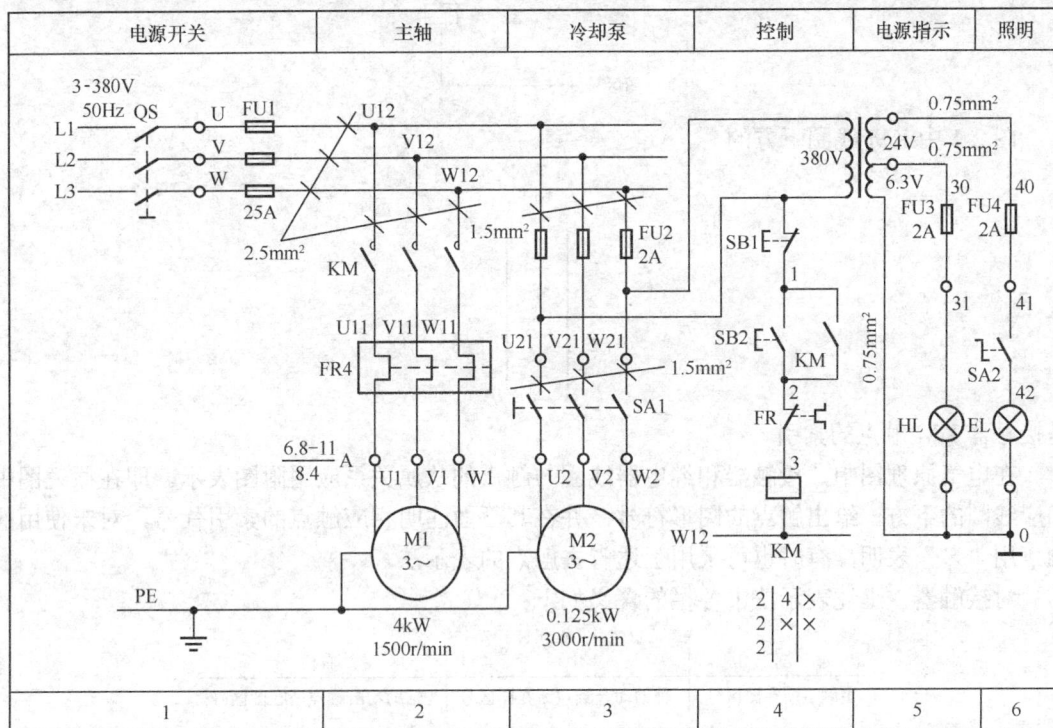

图 2-1　CW6132 型普通车床的电气原理图

3. 符号位置的索引

符号位置的索引用图号、页次和图区编号的组合索引法，索引代号的组成如下。

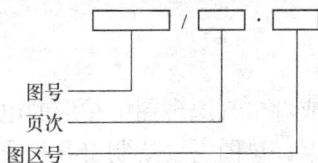

图号
页次
图区号

当某一元件相关的各符号元素出现在不同图号的图纸上，且每个图号仅有一页图纸时，索引代号中可省略页号及分隔符"·"，索引代号简化为

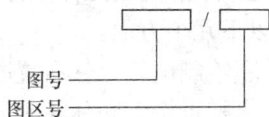

图号
图区号

当某一元件相关的各符号元素出现在同一图号的图纸上，且该图号有几张图纸时，索引代号中可省略图号和分隔符"/"，索引代号简化为

页次 ————
图区号 ————

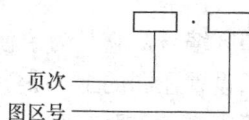

当某一元件的各符号元素出现在只有一张图纸的不同图区时，牵引代号只用图区号表示：

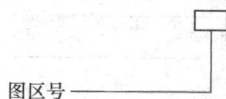

图区号 ————

图 2-1 中 KM 线圈下方的

KM

2	4	×
2	×	×
2		

是接触器 KM 触点的索引。

在电气原理图中，接触器和继电器线圈与触点的从属关系应用附图表示。即在原理图中相应线圈的下方，给出触点的图形符号，并在其下面注明相应触点的索引代号，对未使用的触点用"×"表明，有时也可采用上述省去触点的表示法。

对接触器，上述表示法中各栏的含义如下：

左栏	中栏	右栏
主触点所在图区号	辅助动合触点所在图区号	辅助动断触点所在图区号

对继电器，上述表示法中各栏的含义如下：

左 栏	右 栏
动合触点所在图区号	动断触点所在图区号

三、电气元件布置图

电气元件布置图是控制线路或者电气原理图中相应的电气元件的实际安装位置图，在生产和维护过程中使用该图作为依据。该图需要绘制出各种安装尺寸和公差，并且依据电气元件的外形尺寸按比例绘制，在绘制过程中必须严格按照产品手册标准来绘制，以利于加工、安装等工作，同时需要绘制出适当的接线端子板和插接件，并按一定的顺序标出进出线的接线号。图 2-2 所示为 CW6132 型普通车床的电气元件布置图。

绘制电气元件布置图时要注意以下几个方面。

① 必须遵循相关国家标准设计和绘制电气元件布置图。

② 相同类型的元器件布置时，应把重量大和体积大的元件安装在控制柜或面板的下方。

③ 发热元件应安装在控制柜或面板的上方或后方，以利于散热。但热继电器一般安装在接触器的下面，以方便与电动机和接触器连接。

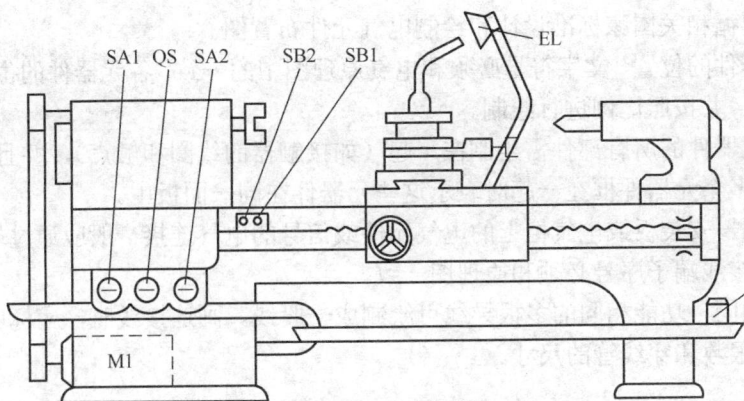

图 2-2 CW6132 型普通车床的电气元件布置图

④ 强电和弱电应该分开走线，注意弱电的屏蔽问题和强电的干扰。

⑤ 需要经常维护、整定和检修的电气元件、操作开关、监视仪器仪表，其安装位置应高低适宜，以便工作人员操作。

⑥ 电气元件的布置应考虑安装间隙，并尽可能做到整齐、美观。

四、电气安装接线图

电气安装接线图用于电气元件安装接线和线路维护等方面，通常和电气原理图、电气元件布置图同时使用。该图需标明各个项目的相对位置和代号，端子号、导线号和类型、截面面积等内容。图中的各个项目，包括元器件、部件、组件、配套设备等，均采用简化图表示，但在其旁边需标注代号（和原理图中一致），如图 2-3 所示。

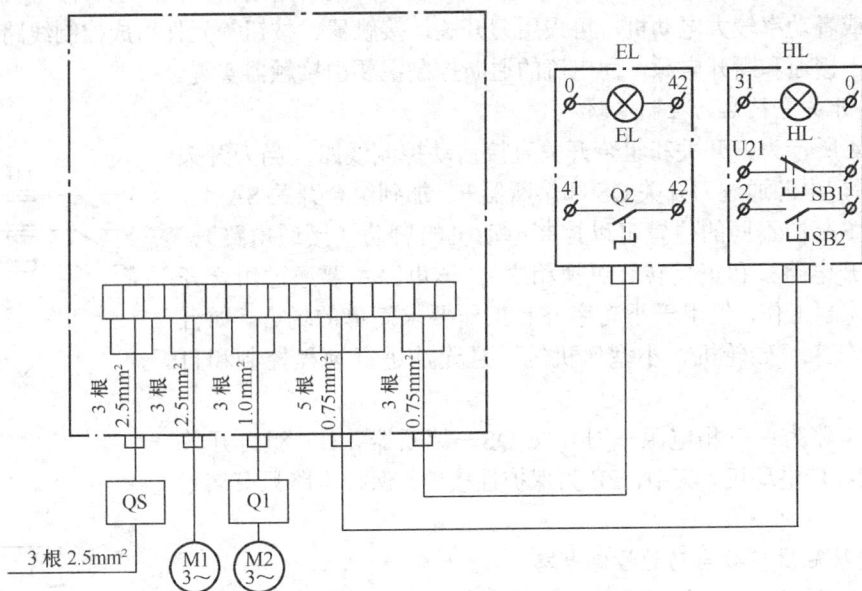

图 2-3 CW6132 型普通车床的电气安装接线图

电气接线图的绘制中需注意以下各方面。

① 必须遵循相关国家标准设计和绘制电气元件布置图。

② 各元器件的位置、文字符号必须和电气原理图中的一致，各元器件的位置必须和实际安装位置一致，并按照比例进行绘制。

③ 同一元器件的所有部件需绘制在一起（如接触器的线圈和触点），并且用点画线图框框在一起，当多个元器件框在一起时表示这些元器件在同一面板中。

④ 不在同一安装板或电气柜上的电气元件或信号的电气连接一般应通过端子排连接，各元器件代号和接线端子序号必须和原理图一致。

⑤ 走向相同、功能相同的多根导线可绘制成一股线。画连接线时，应标明导线的规格、型号、颜色、根数和穿线管的尺寸。

第二节 三相笼型异步电动机全压启动控制

三相笼型异步电动机由于结构简单、价格低廉、坚固耐用等一系列优点获得了广泛的应用。它的控制线路大都由继电器、接触器、按钮等有触点电器组成。对它的控制有全压启动和降压启动两种方式，本节主要以三相异步电动机的启动、停止和正反转控制等实例介绍其基本控制线路。

一、全压启动控制线路

三相笼型异步电动机的启动电流为其额定电流的 4～7 倍，过大的启动电流会影响到其他电器和线路的正常工作，同时也对电动机的寿命造成一定影响，并且对供电线路的冲击相当大。所以，在一般情况下，15kW 以下的电动机才能使用直接启动。

对于数十瓦至数千瓦的电动机，由于电流较小，触点的闭合和断开所产生的电弧都很小，在很多连续工作的情况下，可采用刀开关或者组合开关与熔断器直接启动和停止。而对于远距离控制或者功率较大电动机，可采用刀开关、接触器、按钮等元件组成控制线路，其中刀开关仅用于接通和断开电源，而电流的通断控制主要由接触器实现。

1. 用开关直接启动控制电路

图 2-4 所示为刀开关和组合开关直接启动控制线路，当刀开关 QS 闭合后，电源通过刀开关 QS 和熔断器 FU 加到组合开关 SA 上，组合开关 SA 在不同的位置可以控制电动机的启动（接通电路）、停止（断开电路）和正反转（更换相序）。该电路主要通过组合开关 SA 来控制工作，仅用于小功率并且工作要求简单的场合，如台钻、木工车床、砂轮机、小型风机等，且无法进行远程控制和自动控制。

图中电路为：三相电源→刀开关 QS→熔断器 FU→组合开关 SA→三相异步电动机。其中，PE 为保护性接地，保护电路只有熔断器 FU。

2. 用接触器直接启动的控制电路

图 2-5 所示为用接触器控制的三相笼型异步电动机直接启动控制线路，该线路可用于远程控制和功率从数十瓦至数千瓦的电动机

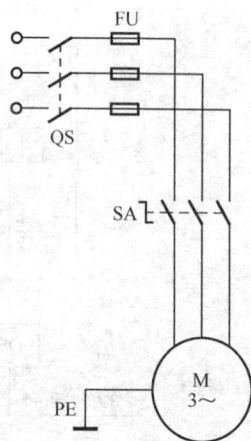

图 2-4 直接启动线路

的直接启动控制。由于该电路具有启动（通过启动按钮可以启动电动机的运行）、保持（启动按钮复位后保持运行）和停止的功能，所以我们通常称其为启保停电路。该电路应用广泛，在各种生产机械上使用很多，如各种机床、起重机、远程电动机等负载的控制中。其主电路由刀开关 QS、主熔断器 FU1、接触器 KM 的主触点、热继电器 FR 与三相异步电动机 M 构成。控制电路由副熔断器 FU2、热继电器的常闭触点、停止按钮 SB1、启动按钮 SB2、接触器 KM 的常开辅助触点及其线圈组成。

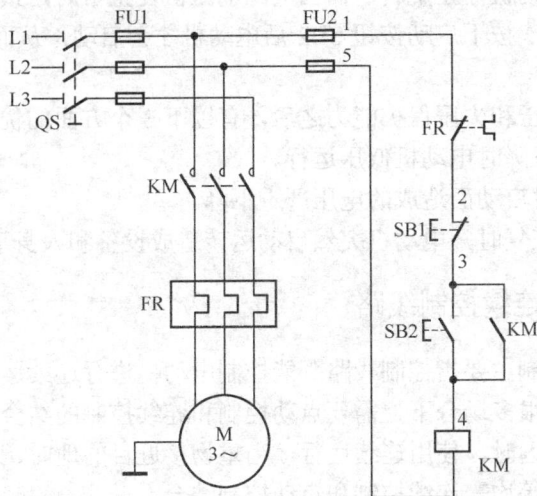

图 2-5　接触器控制三相异步电动机直接启动控制线路

（1）控制线路的工作原理

当合上刀开关或者组合开关 QS 后，引入三相电源。当按下启动按钮 SB2 后，电流通过热保护器 FR 和常闭按钮（停止按钮）SB1 后，接触器 KM 线圈通电，衔铁在电磁力作用下吸合，其中 3 个主触点和辅助触点均闭合，电动机开始启动。当松开启动按钮 SB2 后，接触器线圈仍能通过其辅助触点通电，并保持吸合，电动机持续运行。这种依靠接触器自身辅助触点而使其线圈保持通电的现象称为自锁。起自锁作用的辅助触点称为自锁触点。

如果需要电机停止运行，必须切断接触器线圈的供电，图中和线圈串联的按钮 SB1（常闭按钮）就是起停止作用的。按下 SB1 后，线圈失电，接触器的主触点和辅助触点均断开，电动机断电而停止转动。

启动按钮和停止按钮必须使用两个独立的按钮来实现，也可以使用两个互锁（当一个按钮按下时，另一个按钮自动释放）的按钮来实现，但是绝对不能使用同一个按钮的常开触点和常闭触点来实现启动和停止。

电路中的刀开关 QS 或者组合开关仅用来接通和断开电源，不做控制使用。

（2）控制线路的保护环节

① 熔断器 FU 作为电路短路保护。当电动机短路时，熔断器的熔丝会在很短的时间内熔断，从而实现了对电动机的短路保护功能，但达不到过载保护的目的。这是因为一方面熔断器的规格必须根据电动机启动电流大小作适当选择；另一方面还要考虑熔断器保护特性的反时限特性和分散性。所谓分散性，是指各种规格的熔断器的特性曲线差异较大，即使是同一种规格的熔断器，其特性曲线也往往不同。

② 热继电器 FR 具有过载保护作用。由于热继电器的热惯性比较大，即使热元件流过几倍额定电流，热继电器也不会立即动作。因此在电动机启动时间不太长的情况下，热继电器是经得起电动机启动电流冲击而不动作的。只有在电动机长时间过载下 FR 才动作，断开控制电路，使接触器断电释放，电动机停止旋转，实现电动机过载保护。

③ 欠压保护与失压保护是依靠接触器本身的电磁机构来实现的。当电源电压由于某种原因而严重欠压或失压时，接触器线圈所产生的电磁力不足以吸合衔铁，使得触点断开，接触器的衔铁自行释放，电动机停止旋转。而当电源电压恢复正常时，接触器线圈也无法自动通电，只有在操作人员再次按下启动按钮 SB2 后电动机才会启动，从而实现了欠压保护功能。

控制线路具备了欠压和失压保护能力之后，有以下 3 个方面的优点。

① 防止电压严重下降时电动机低压运行。

② 避免电动机同时启动而造成的电压严重下降。

③ 防止电源电压恢复时，电动机突然启动运转造成设备和人身事故。

电动机的连续
运行控制

二、点动控制与连续控制线路

点动控制和连续控制主要指控制线路既能控制电动机进行连续运转，也能通过点动按钮断续工作。在生产中的很多场合下，需要点动控制和连续控制的结合，例如，起重机起吊重物时，在距离目的地很远时，使用连续运行，当重物接近目的地时，使用点动来准确地置放重物。机床的对刀调整等均需连续控制和点动控制结合。

在电动机的直接启动控制中我们可以看出，启动以后就是连续工作，停止以后只能再次启动，那如何实现连续控制和点动控制的结合呢？图 2-6 所示为实现点动控制的几种电气控制线路。

图 2-6（a）所示为最基本的点动控制线路。当按下点动启动按钮 SB 时，接触器 KM 线圈得电，主触点吸合，电动机启动旋转。当松开按钮时，接触器 KM 线圈断电，主触点断开，电动机被切断而停止旋转。

图 2-6（b）所示为带手动开关 SA 的点动控制线路。当需要点动时，将开关 SA 打开，操作 SB2 即可实现点动控制。当需要连续工作时合上 SA，将自锁触点接入，即可实现连续控制。

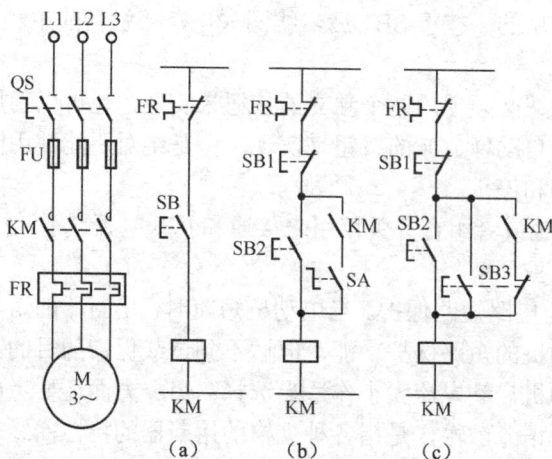

图 2-6 点动控制和连续控制线路

图 2-6（c）中增加了一个复合按钮 SB3，如果需要点动控制，则在电动机停止后，由于 SB1 常闭，SB2 常开，这样，按下点动按钮 SB3，其常闭触点先断开自锁电路，常开触点后闭合，接通启动控制电路，KM 线圈通电，主触点闭合，电动机启动旋转。当松开 SB3 时，KM 线圈断电，主触点断开，电动机停止运行，实现了点动控制。当需要电动机连续工作时，按下按钮 SB2 即可；当需要停止转动时，按下 SB1 按钮。

电动机的点动控制

三、正反转控制线路

在生产加工过程中，经常需要电动机能够实现可逆运行，以满足工业生产要求，如机床工作台的前进和后退、主轴的正转和反转，混凝土搅拌机的正反转，起重机的升降等。所有这些都要求电动机能够正反转工作。根据三相异步电动机的转动原理可知：只要将三相异步电动机的电源线的任意两根对调，就能够使电动机实现反转要求，所以控制电路只要能将任意两根电源线对调即可。

对于小功率电动机（数十瓦至数百瓦），由于电流较小，可以直接使用组合开关来实现正反转。而对经常需要正反转进行切换的电路，要实现两根线对调，就需要用两个接触器来实现，一个实现正转，另一个实现反转。为了防止电源短路，所以在同一时间只能有一个接触器吸合。图 2-7 所示为电动机正反转控制线路。

在图 2-7（a）中，SB2 为正转启动按钮，SB3 为反转启动按钮。该图两个接触器的常闭触点 KM1 和 KM2 起相互控制作用，即利用一个接触器通电时，其常闭辅助触点的断开来锁住对方线路的电路。这种利用两个接触器的常闭触点互相控制的方法叫做互锁，而两对起互锁作用的触点叫做互锁触点。在图 2-7（b）中，KM1 为正转接触器，KM2 为反转接触器。

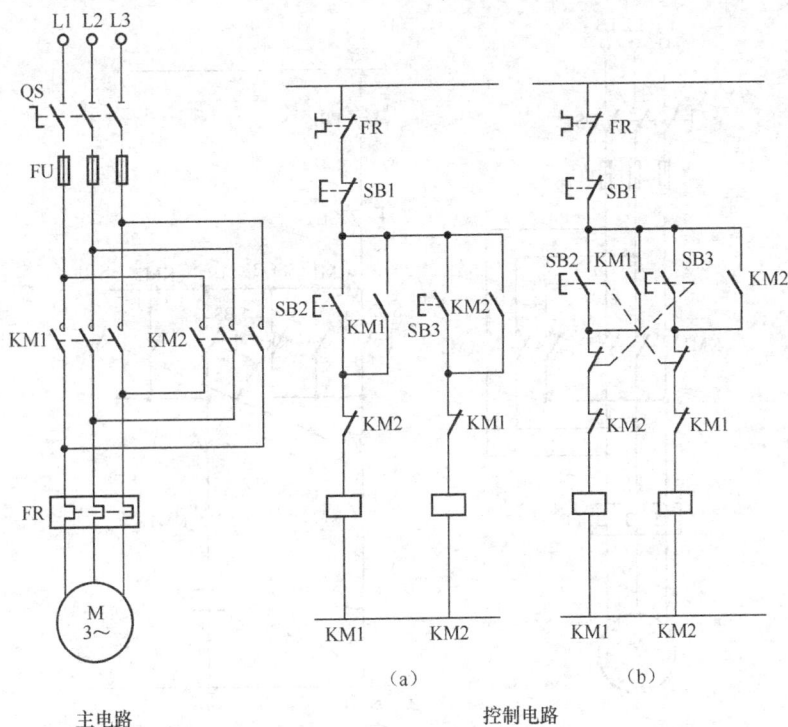

图 2-7 正反转控制线路

正转：按下正转启动按钮 SB2，正转接触器 KM1 的线圈得电，KM1 的主触点和常开辅助触点闭合，常闭辅助触点断开。此时即使按下 SB3，由于串联的触点（KM1 的辅助触点）断开，接触器 KM2 也无法得电吸合，电动机正转运行。

反转：按下停止按钮 SB1，电动机停止运行，所有元件复位。再按下反转启动按钮 SB3，反转接触器 KM2 的线圈得电，其主触点和常开辅助触点闭合。电动机反转运行，同样，此时即使按下正转按钮 SB2，接触器 KM1 也无法吸合。

上述控制电路，在正转时要实现反转，必须先按下停止按钮 SB1 后才能进入反转。为了使电动机能够在正转状态下直接反转，设计了图 2-7（b）所示的改进电路。在该图中，启动按钮 SB2 和 SB3 的联动常闭触点交叉地串联在 KM1 和 KM2 的线圈回路中。在复位状态下，当按下 SB2 时，电动机开始正转运行，并且反转回路在按下 SB2 时会自行切断；在正转状态下，如果按下反转按钮 SB3，首先会切断正转供电回路（在惯性作用下，电动机会保持正转），正转停止；与此同时，反转接触器 KM2 吸合，电动机得到反相序供电，电动机快速制动并反转。同理，电动机也可以在反转过程中立即进行正转运行或者停止。

电动机的正反转控制

四、自动往复控制线路

在生产实践中，有些生产机械的工作台需要自动往复运动，如龙门刨床、导轨磨床等。自动往复控制线路是指控制线路能够控制工作部件在一定的行程范围内自动往复工作。图 2-8 所示为最基本的自动往复循环控制线路，它是利用行程开关实现往复运动控制的，通常被叫作行程控制原则。行程开关如何控制工作台的往复运动和电动机的正反转控制线路是相似的，只不过正反转控制电路是由人工按动按钮，而往复运动是由挡块碰压行程开关所控制的。

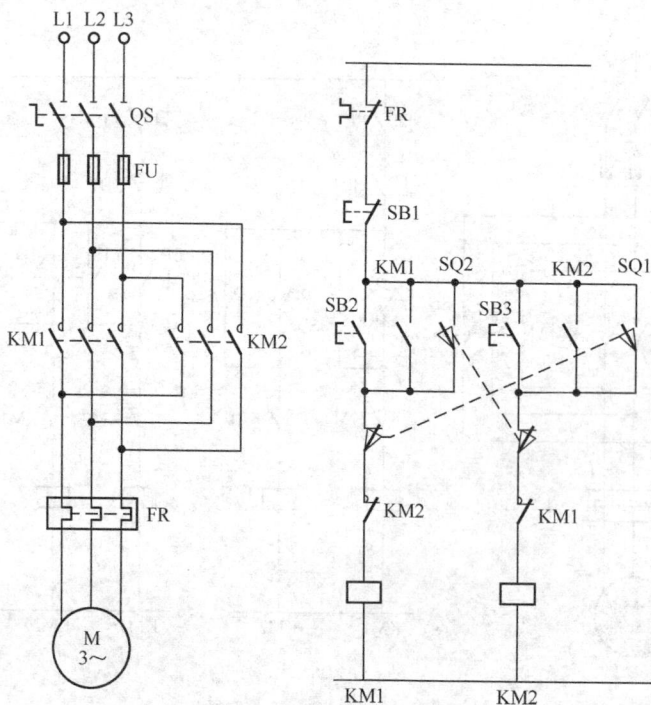

图 2-8　自动往复循环控制线路

限位开关 SQ1 放在左端需要反向的位置，而 SQ2 放在右端需要反向的位置，机械挡铁要装在运动部件上。启动时，利用正向或反向启动按钮，如按正转按钮 SB2，KM1 通电吸合并自锁，电动机作正向旋转带动机床运动部件左移。当运动部件移至左端并碰到 SQ1 时，将 SQ1 压下，其常闭触点断开，切断 KM1 接触器线圈电路，同时其常开触点闭合，接通反转接触器 KM2 线圈电路。此时电动机由正向旋转变为反向旋转，带动运动部件向右移动，直到压下 SQ2 限位开关电动机由反转又变成正转，这样驱动运动部件进行往复的循环运动。

由上述控制情况可以看出，运动部件每经过一个自动往复循环，电动机要进行两次反接制动过程，将出现较大的反接制动电流和机械冲击。因此，这种线路只适用于电动机容量较小、循环周期较长、电动机转轴具有足够刚性的拖动系统中。另外，在选择接触器容量时应比一般情况下选择的容量大一些。

除了利用限位开关实现往复循环之外，还可利用限位开关控制进给运动到预定点后自动停止的限位保护等电路，其应用相当广泛。

自动往返控制电路

五、多点控制系统

有些机械和生产设备，由于种种原因常要在两地或两个以上的地点进行操作。例如，重型龙门刨床，有时在固定的操作台上控制，有时需要站在机床四周用悬挂按钮控制；有些场合，为了便于集中管理，由中央控制台进行控制，但在每台设备调整检修时，又需要就地进行机旁控制等。

要在两地进行控制，就应该有两组按钮。这两组按钮的连接原则必须：接通电路使用的常开按钮应并联，即逻辑"或"的关系；断开电路使用的常闭按钮应串联，即逻辑"与非"的关系。图 2-9 所示为实现两地控制的控制电路。这一原则也适用于三地或更多地点的控制。

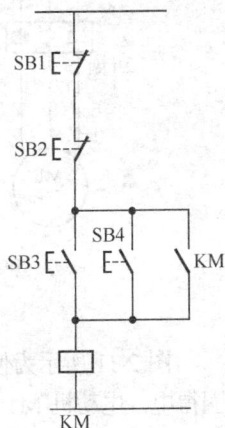

六、顺序控制线路

图 2-9 多地点控制线路

顺序控制是指控制电路按照一定的时序顺序启动或者停止相应的负载。在生产过程中，为了保证生产的工艺性，需要对不同的机械装置按照先后顺序工作，也就是说只有前一步工作完成之后，后续电动机才能运行。这种控制电路称为顺序控制电路，如全自动洗衣机，它的工作流程为：加水阀动作→开始加水→水位继电器动作→加洗衣粉→开始正转 5min→停止→反转 5min→循环动作 30min→停止→放水→甩干电动机动作 5min→停止→声光显示洗衣结束 1min→停止。在工业生产中有很多的顺序控制电路应用，下面介绍顺序控制电路。

图 2-10 所示为两台电动机的顺序控制电路。其中接触器 KM1 和 KM2 分别为两台电动机的控制接触器，该电路的特点是电动机 M2 的控制电路是接在接触器 KM1 的常开辅助触点之后。这就保证了只有当 KM1 接通，电动机 M1 启动后，电动机 M2 才能启动。电动机 M1 不能比电动机 M2 先停止。如图 2-10（b）所示，如果先按下启动按钮 SB2 后，接触器 KM1 得电并自锁，电动机 M1 运行，此时，按下启动按钮 SB4 后，电动机 M2 才能运行。如果两台电动机均为停止状态，先按下 SB4 时，由于 KM1 的辅助触点不动作，所以电动机 M2 无法运行，实现了顺序启动。当需要停止时，如果先按下 SB3，电动机 M2 停止，电动机 M1

继续运行；如果先按下 SB1，电动机 M1 和 M2 将会同时停止。

图 2-10（c）所示的控制电路的特点是只有在先停止 M2 后才能停止 M1。

上述顺序控制仅要求启动和停止的先后顺序，对时间并无要求。但是在很多情况下，如自动加工中，需要第一台电动机启动或者停止一定的时间后，第二台才能启动或者停止，这时就需要使用时间继电器来实现控制电路功能。

电动机顺序控制

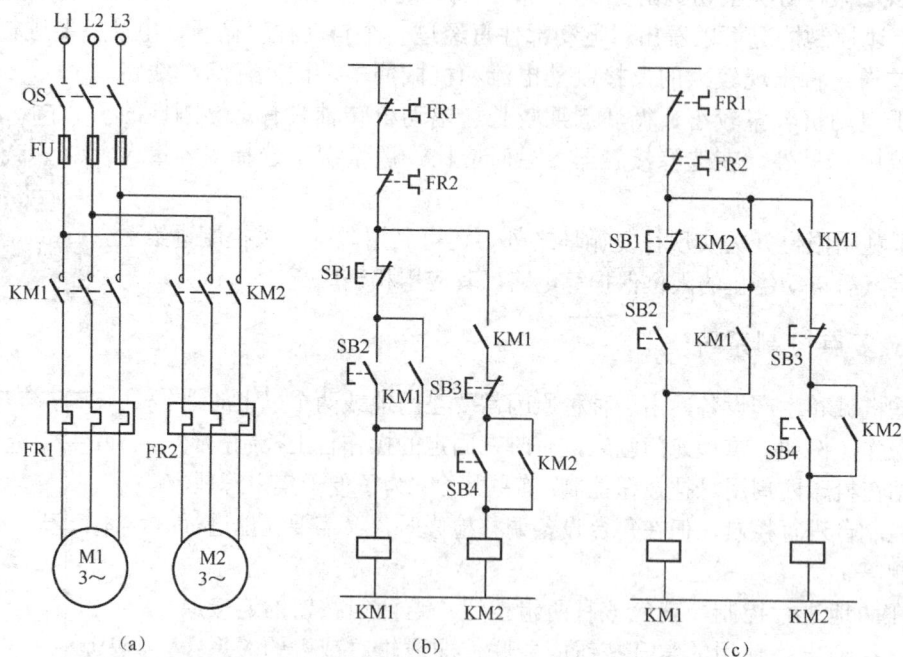

图 2-10 电动机顺序控制电路

图 2-11 所示为使用时间继电器的顺序控制电路。当按下启动按钮 SB2 后，接触器 KM1 的线圈得电，电动机 M1 运行。同时，时间继电器得电，经过一定时间 T 后，时间继电器触点闭合，KM2 的线圈得电，电动机 M2 运行。而停止是在按下停止按钮 SB1 后，两台电动机同时停止。

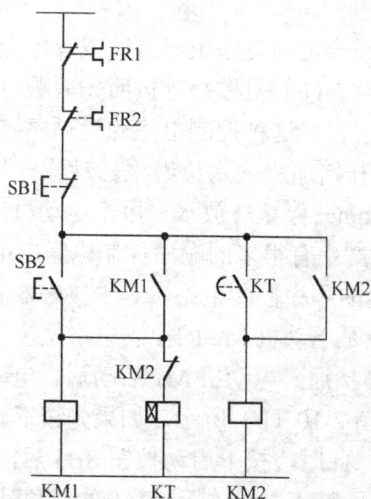

图 2-11 使用时间继电器的顺序控制电路

第三节　三相笼型异步电动机降压启动控制

　　较大容量的笼型异步电动机（大于 10 kW）直接启动时，电流为其标称额定电流的 4～8 倍，启动电流较大，会对电网产生巨大冲击，所以一般都采用降压方式来启动。启动时降低加在电动机定子绕组上的电压，启动后再将电压恢复到额定值，使之在正常电压下运行。因电枢电流和电压成正比，所以，降低电压可以减小启动电流，防止在电路中产生过大的电压降，减少对线路电压的影响。

　　降压启动方式有定子电路串电阻（或电抗）、星形—三角形、自耦变压器、延边三角形、使用软启动器等多种。其中，定子电路串电阻和延边三角形启动方法已基本不用，常用的方法是星形—三角形降压启动和使用软启动器。

三相异步电动机降压
启动控制电路

　　1. 三相异步电动机星形—三角形降压启动控制线路

　　正常运行时定子绕组接成三角形的笼型异步电动机，可采用星形—三角形降压启动方式来限制启动电流。

　　启动时将电动机定子绕组接成星形，加到电动机的每相绕组上的电压为额定值的 $1/\sqrt{3}$，从而减小了启动电流对电网的影响。当转速接近额定转速时，定子绕组改接成三角形，使电动机在额定电压下正常运转，星形—三角形降压启动的控制线路如图 2-12 所示。该线路的设计思想是按时间原则控制启动过程，待启动结束后按预先整定的时间换接成三角形接法。

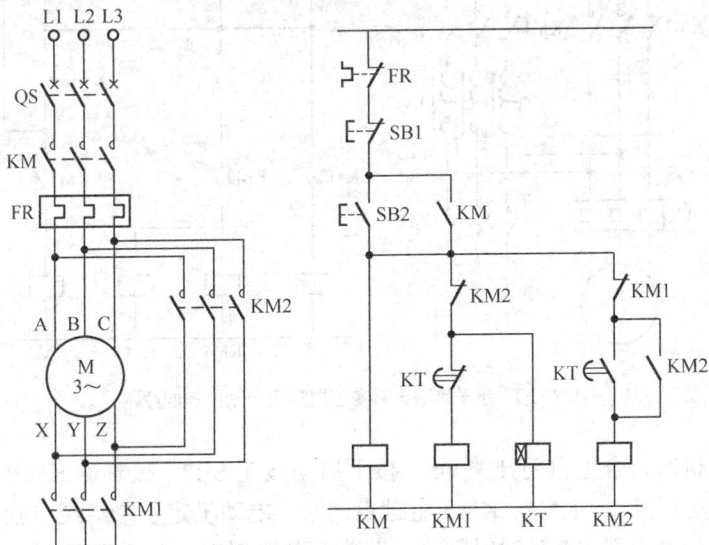

图 2-12　星形—三角形启动的控制线路

　　当启动电动机时，合上电源开关 QS，按下启动按钮 SB2，接触器 KM 的线圈得电，KM 吸合并自锁，随即接触器 KM1 和时间继电器 KT 的线圈同时得电，而 KM2 由于 KT 的触点断开而断电，其自锁触点也断开。KM1 的主触点将电动机接成星形并经过 KM 的主触点接至电源，电动机降压启动。当 KT 的延时时间到，KT 的常闭触点断开，KM1 断电释放，同时，KT 的另一对常开触点延时闭合，KM2 通电并自锁，电动机主回路换接成三角形接法，电动

机投入正常运转。KM2 的常闭触点断开，使得 KM1 和 KT 在电动机三角形连接运行时处于断电状态，从而使电路工作更可靠。

星形—三角形启动的优点是星形启动电流降为原来三角形接法直接启动时的 1/3，启动电流为电动机额定电流的 2 倍左右，启动电流特性好、结构简单、价格低。缺点是启动转矩也相应下降为原来三角形直接启动时的 1/3，转矩特性差。因而本线路适用于电动机空载或轻载启动的场合。同时，这种降压启动方法，只能适用于正常运转时定子绕组接成三角形的笼型异步电动机。

2. 自耦变压器降压启动控制线路

在自耦变压器降压启动的控制线路中，电动机启动电流的限制是靠自耦变压器降压作用来实现的。电动机启动的时候，定子绕组得到的电压是自耦变压器的二次电压，一旦启动完毕，自耦变压器便被短接，额定电压及自耦变压器的一次电压直接加于定子绕组，电动机进入全电压正常工作。

定子串联自耦变压器降压启动的控制线路如图 2-13 所示。

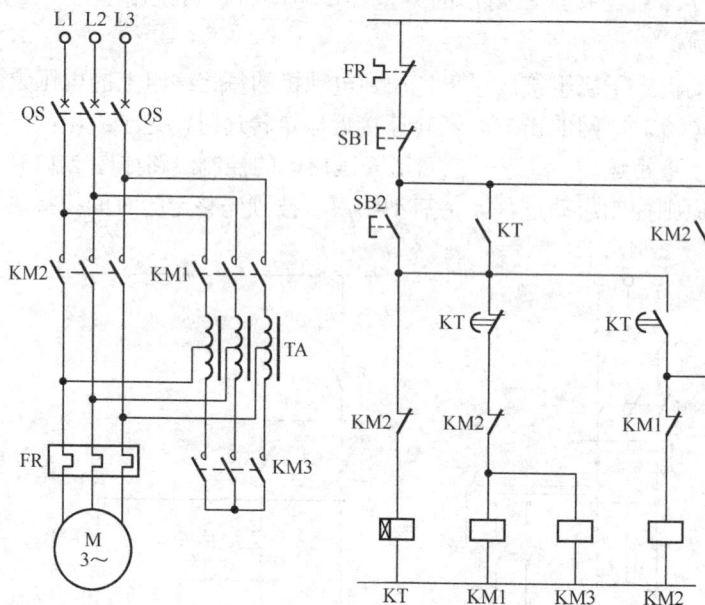

图 2-13　定子串联自耦变压器降压启动的控制线路

当启动电动机时，合上自动开关 QS，按下启动按钮 SB2，接触器 KM1、KM3 与时间继电器 KT 的线圈同时得电，KM1、KM3 主触点闭合，电动机定子绕组经自耦变压器接至电源降压启动。当时间继电器 KT 延时时间到，其常闭的延时触点打开，KM1、KM3 线圈失电，KM1、KM3 主触点断开，将自耦变压器切除；同时，KT 的常开延时触点闭合，接触器线圈 KM2 得电，KM2 主触点闭合，电动机投入正常运转。

串联自耦变压器启动的优点是启动时对电网的电流冲击小，功率损耗小，启动转矩可以通过改变抽头的连接位置得到改变。缺点是自耦变压器相对结构复杂，价格较高，而且不允许频繁启动。这种方式主要用于较大容量的正常工作接成星形或三角形的电动机，以减小启动电流对电网的影响。

综合以上几种启动方法可见，一般均采用时间继电器，按照时间原则切换电压，由此实现降压启动。由于这种线路工作可靠，受外界因素（如负载，飞轮转动惯量以及电网电压）的影响较小，线路及时间继电器的结构都比较简单，因而在电动机启动控制线路中多采用时间顺序原则控制其启动过程。

3. 软启动器及其使用

上述几种传统的三相异步电动机的启动线路比较简单，不需要增加额外启动设备；但其启动电流冲击一般很大，启动转矩较小而且固定不可调。电动机停机时都是控制接触器触点断开，切掉电动机电源，电动机自由停车，这样也会造成剧烈的电网波动和机械冲击。因而这些方法经常用于对启动特性要求不高的场合。

在一些对启动特性要求较高的场合，可选用软启动装置。该装置采用电子启动方法，其主要特点是具有软启动和软停车功能，启动电流、启动转矩可调节，另外还具有电动机过载保护等功能。

（1）软启动器的工作原理

图 2-14 所示为软启动器内部原理示意图。它主要由三相交流调压电路和控制电路构成。其基本原理是利用晶闸管的移相控制原理，通过控制晶闸管的导通角，改变其输出电压，达到通过调压方式来控制启动电流和启动转矩的目的。控制电路按预定的不同启动方式，通过检测主电路的反馈电流，控制其输出电压，可以实现不同的启动特性。最终软启动器输出全压，电动机全压运行。由于软启动器为电子调压并对电流实时检测，因此它还具有对电动机和软启动器本身的热保护、限制转矩和电流冲击、三相电源不平衡、缺相、断相等保护功能，并可实时检测和显示电流、电压、功率因数等参数。

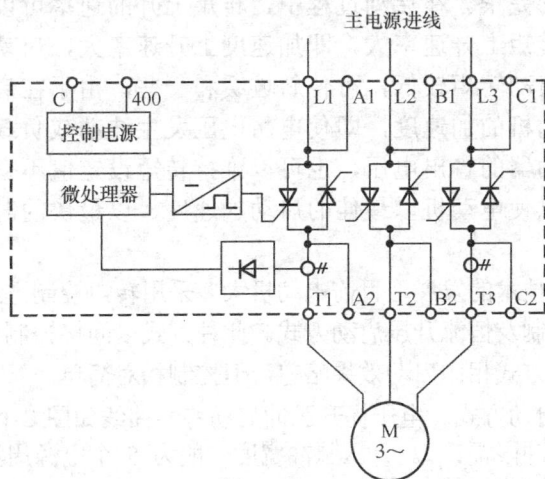

图 2-14 软启动器内部原理示意图

（2）软启动器的控制功能

异步电动机在软启动过程中，软启动器通过控制加到电动机上的电压来控制电动机的启动电流和转矩；启动转矩逐渐增加，转速也逐渐增加。一般软启动器可以通过改变参数设定得到不同的启动特性，以满足不同的负载特性要求。

① 斜坡升压启动方式。斜坡升压启动特性曲线如图 2-15 所示。此种启动方式一般可设

定启动初始电压 U_{qo} 和启动时间 t_1。这种启动方式断开电流反馈，属开环控制方式。在电动机启动过程中，电压线性逐渐增加，在设定的时间内达到额定电压。这种启动方式主要用于一台软启动器并接多台电动机，或电动机功率远低于软启动器额定值的应用场合。

② 转矩控制及启动电流限制启动方式。转矩控制及启动电流限制启动特性曲线如图 2-16 所示。此种启动方式一般可设定启动初始力矩 T_{qo}、启动阶段力矩限幅 T_{L1}、力矩斜坡上升时间 t_1 和启动电流限幅 I_{L1}。这种启动方式引入电流反馈，通过计算间接得到负载转矩，属闭环控制方式。由于控制目标为转矩，故软启动器输出电压为非线性上升。图 2-16 同时呈现了启动过程中转矩 T、电压 U、电流 I 和电动机转速 n 的曲线，其中转速曲线以恒加速度上升。

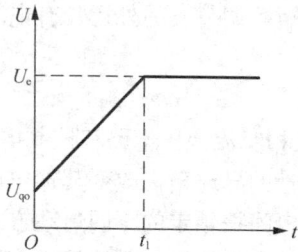

图 2-15　斜坡升压启动特性曲线　　　　图 2-16　转矩控制及启动电流限制启动特性曲线

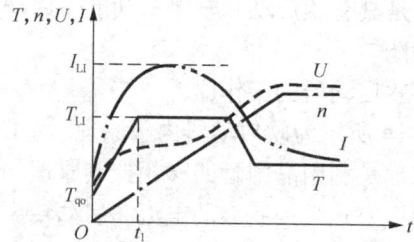

在电动机启动过程中，保持恒定的转矩使电动机转速以恒定加速度上升，实现平稳启动。在电动机启动的初始阶段，启动转矩逐渐增加，当转矩达到预先所设定的限幅值后保持恒定，直至启动完毕。在启动过程中，转矩上升的速率可以根据电动机负载情况调整设定。斜坡陡，转矩上升速率大，即加速度上升速率大，启动时间短。当负载较轻或空载启动时，所需启动转矩较低，可使斜坡缓和一些。由于在启动过程中，控制目标为电动机转矩，即电动机的加速度，即使电网电压发生波动或负载发生波动，经控制电路自动增大或减小启动器的输出电压，也可以维持转矩设定值不变，保持启动的恒加速度。此种控制方式可以使电动机以最佳的启动加速度、以最快的时间完成平稳的启动，故应用较广。

随着软启动器控制技术的发展，目前电动机大多采用转矩控制方式，也有的采用电流控制方式，即电流斜坡控制及恒流升压启动方式。此种方式以间接控制电动机电流来达到控制转矩目的，与转矩控制方式相比启动效果略差，但控制相对简单。

③ 电压提升脉冲启动方式。电压提升脉冲启动特性曲线如图 2-17 所示。此种启动方式一般可设定电压提升脉冲限幅 U_{L1}。升压脉冲宽度一般为 5 个电源周波，即 100ms。在启动开始阶段，晶闸管在极短时间内按设定升压幅值启动，可得到较大的启动转矩，此阶段结束后，转入转矩控制及启动电流限制启动。该启动方法适用于重载并需克服较大静摩擦的启动场合。

④ 转矩控制软停车方式。当电动机需要停车时，立即切断电动机电源，属自由停车。传统的控制方式大都采用这种方法。但在许多应用场合，不允许电动机瞬间停机。例如，高层建筑、楼宇的水泵系统，要求电动机逐渐停机，采用软启动器可满足这一要求。

软停车方式通过调节软启动器的输出电压逐渐降低而切断电源，这一过程时间较长且一般大于自由停车时间，故称作软停车方式。转矩控制软停车方式，是在停车过程中，匀速调整电动机转矩的下降速率，实现平滑减速。图 2-18 所示为转矩控制软停车特性曲线。减速时间 t_1 一般是可设定的。

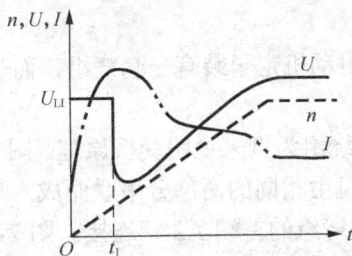

图 2-17 电压提升脉冲启动特性曲线

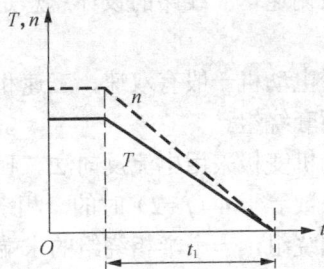

图 2-18 转矩控制软停车特性曲线

⑤ 制动停车方式。当电动机需要快速停机时，软启动器具有能耗制动功能。在实施能耗制动时，软启动器向电动机定子绕组通入直流电，由于软启动器是通过晶闸管对电动机供电，因此很容易通过改变晶闸管的控制方式而得到直流电。图 2-19 所示为制动停车方式特性曲线，一般可设定制动电流加入的幅值 I_{L1} 和时间 t_1，但制动开始到停车时间不能设定，时间长短与制动电流有关，应根据实际应用情况，调节加入的制动电流幅值和时间来调节制动时间。

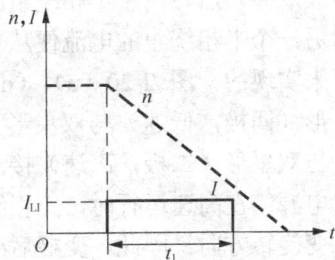

图 2-19 制动停车方式特性曲线

第四节 三相笼型异步电动机速度控制线路

在很多领域中，要求三相笼型异步电动机的速度为无级调节，其目的是实现自动控制、节能，以提高产品质量和生产效率。例如，钢铁行业的轧钢机、鼓风机，机床行业中的车床、机械加工中心等，都要求三相笼型异步电动机可调速。从广义上讲，电动机调速可分为两大类，即定速电动机与变速联轴节配合的调速方式和自身可调速的调速方式。前者一般都采用机械式或油压式变速器，电气式只有一种即电磁转差离合器。其缺点是调速范围小、效率低。后者为电动机直接调速，其调速方法很多，如变更定子绕组极对数的变极调速和变频调速方式。变极调速控制最简单，价格低但不能实现无级调速。变频调速控制最复杂，但性能最好，随着其成本日益降低，目前已广泛应用于工业自动控制领域中。

1. 基本概念

三相笼型异步电动机的转速公式为

$$n = n_0(1-s) = \frac{60f_1}{p}(1-s) \qquad (2\text{-}1)$$

式中， n_0 ——电动机同步转速；

p ——极对数；

s ——转差率；

f_1 ——供电电源频率。

从式（2-1）可以看出，三相笼型异步电动机调速的方法有 3 种：改变极对数 p 的变极调速、改变转差率 s 的降压调速和改变电动机供电电源频率 f_1 的变频调速。

2. 变极调速控制线路

变极调速这一线路的设计思想是通过接触器触点改变电动机绕组的接线方式来达到调速目的的。

变极电动机一般有双速、三速和四速之分，双速电动机定子装有一套绕组，而三速和四速则为两套绕组。

电动机变极采用电流反向法。下面以电动机-单相绕组为例来说明变极原理。图 2-20（a）所示为极数等于 4（$p=2$）时的一相绕组的展开图，绕组由相同的两部分串联而成，两部分各称作半相绕组，一个半相绕组的末端 X1 与另一个半相绕组的首端 A2 相连接。图 2-20（b）所示为绕组的并联连接方式展开图，则磁极数目减少一半，由 4 极变成 2（$p=1$）极。从图 2-20（a）、（b）可以看出，串联时两个半相绕组的电流方向相同，都是从首端进、末端出，改成并联后，两个半相绕组的电流方向相反。当一个半相绕组的电流从首端进、末端出时，另一个半相绕组的电流便从末端进、首端出。因此，改变磁极数目是将半相绕组的电流反向来实现的。图 2-20（c）、（d）所示为双速电动机三相绕组连接图。图 2-20（c）所示为三角形（四极，低速）与双星形（二极，高速）接法；图 2-20（d）所示为星形（四极，低速）与双星形（二极，高速）接法。若低速运行时，电动机三相绕组端子的 1、2、3 端接入三相电源；在高速运行时，三相绕组端子的 4、5、6 端接入三相电源。这会使电动机因变极而改变旋转方向，因此，变极后必须改变绕组的相序。

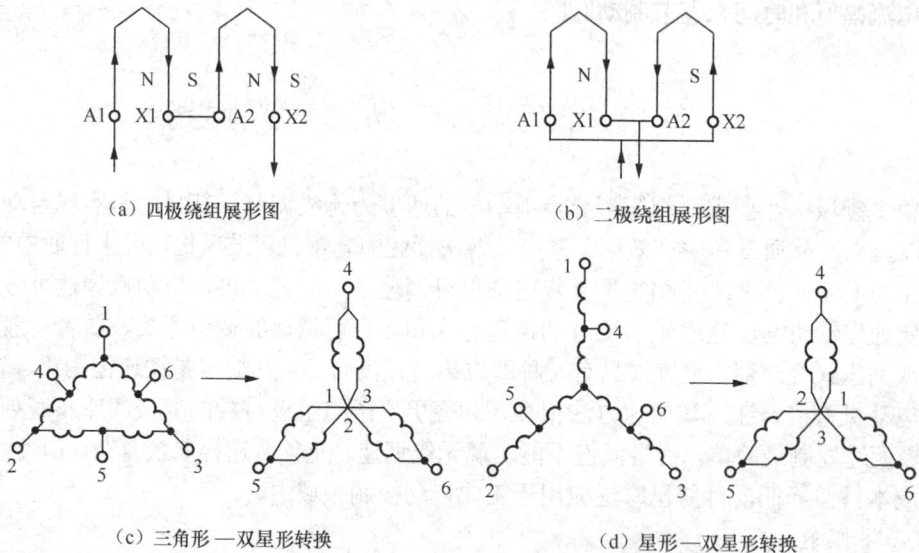

（a）四极绕组展形图　　　　　　　　　　（b）二极绕组展形图

（c）三角形 — 双星形转换　　　　　　　（d）星形 — 双星形转换

图 2-20　双速电动机改变极对数的原理

双速电动机调速控制线路如图 2-21 所示。图中接触器 KM1 工作时，电动机为低速运行；接触器 KM2，KM3 工作时，电动机为高速运行。SB2、SB3 分别为低速和高速启动按钮。按低速按钮 SB2，接触器 KM1 通电并自锁，电动机接成三角形，低转运转；若按高速启动按钮 SB3，则直接启动，接触器首先使 KM1 通电自锁，时间继电器 KT 线圈通电自锁，电动机则先低速运转。当 KT 延时时间到，其常闭触点打开，切断接触器 KM1 线圈电源，其常闭触点闭合，接触器 KM2、KM3 线圈通电自锁，KM3 的通电使时间继电器 KT 线圈断电，故自动切换使 KM2、KM3 工作，电动机高速运转，这样先低速后高速的控制，目的是限制启动电流。

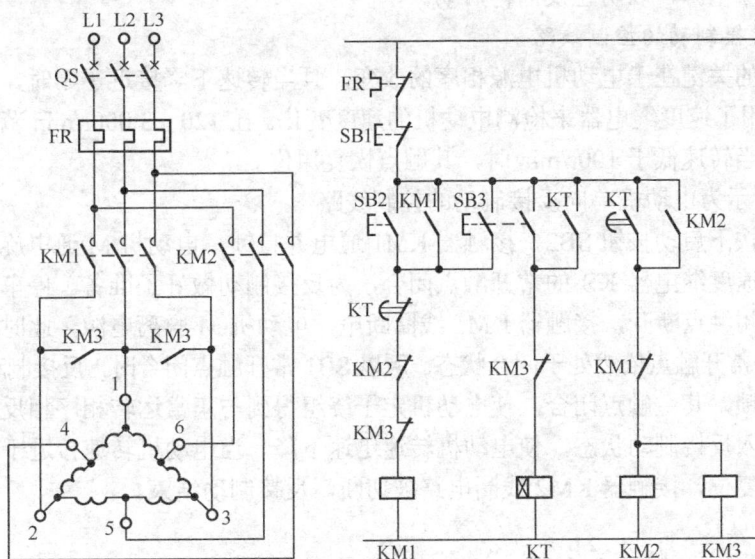

图 2-21　双速电动机调速控制线路

双速电动机调速的优点是可以适应不同负载性质的要求。例如，需要恒功率可采用三角形—双星形接法，需要恒转矩调速时用星形—双星形接法。双速电动机调速线路简单、维修方便；缺点是其调速方式为有级调速。变极调速通常要与机械变速配合使用，以扩大其调速范围。

第五节　三相异步电动机的制动控制

三相异步电动机从切除电源到完全停止旋转，由于惯性的关系，总要经过一段时间才能完全停住，这往往不能适应某些生产机械工艺的要求。例如，万能铣床、卧式镗床、组合机床等，无论是从提高生产效率，还是从安全及准确停位等方面考虑，都要求电动机能迅速停车，对电动机进行制动控制。制动方法一般有两大类：机械制动和电气制动。机械制动是用机械装置来强迫电动机迅速停车，电气制动是在电动机停车时，产生一个与原来旋转方向相反的制动转矩，迫使电动机转速迅速下降。由于机械制动的电气控制比较简单，下面我们着重介绍电气制动控制线路。它包括反接制动和能耗制动。

一、反接制动控制线路

反接制动是利用改变电动机电源的相序，使定子绕组产生相反方向的旋转磁场，因而产生制动转矩的一种制动方法。

由于反接制动时，转子与旋转磁场的相对速度接近于两倍的同步转速，所以定子绕组中流过的反接制动电流相当于全电压直接启动时电流的两倍，因此反接制动特点之一是制动迅速、效果好、冲击大，通常仅适用于 10kW 以下的小容量电动机。为了减小冲击电流，通常要求在电动机主电路中串接一定的电阻以限制反接制动电流。这个电阻称为反接制动电阻。

反接制动电阻的接线方法有对称和不对称两种接法。采用对称电阻接法可以在限制制动转矩的同时，也限制了制动电流；而采用不对称制动电阻的接法，只是限制了制动转矩，未加制动电阻的那一相，仍具有较大的电流。反接制动的另一个要求是在电动机转速接近于零时，及时切断反相序电源，以防止反向再启动。

1. 单向反接制动的控制线路

反接制动的关键在于电动机电源相序的改变，且当转速下降接近于零时，能自动将电源切除。为此采用了速度继电器来检测电动机的速度变化。在 120～3 000r/min 范围内速度继电器触点动作，当转速低于 100r/min 时，其触点恢复原位。

图 2-22 所示为电动机单向反接制动的控制线路。

启动时，按下启动按钮 SB2，接触器 KM1 通电并自锁，电动机 M 通电旋转。在电动机正常运转时，速度继电器 KS 的常开触点闭合，为反接制动做好了准备。停车时，按下停止按钮 SB1，常闭触点断开，接触器 KM1 线圈断电，电动机 M 脱离电源，此时电动机的惯性还很高，KS 的常开触点依然处于闭合状态。所以 SB1 常开触点闭合时，反接制动接触器 KM2 线圈通电并自锁，其主触点闭合，使电动机定子绕组得到与正常运转相序相反的三相交流电源。电动机进入反接制动状态，使电动机转速迅速下降，当电动机转速接近于零时，速度继电器常开触点复位，接触器 KM2 线圈电路被切断，反接制动结束。

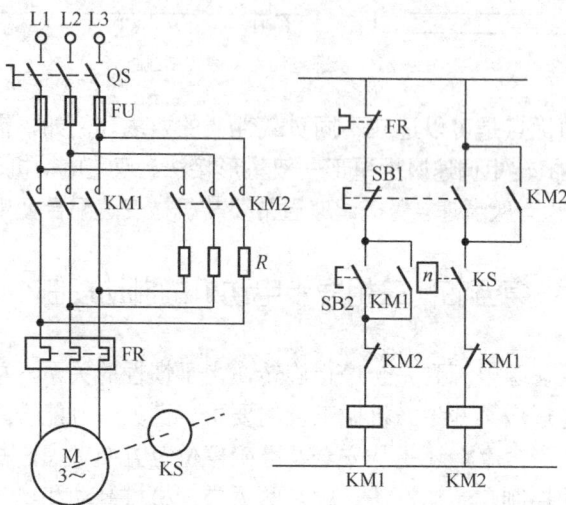

图 2-22　电动机单向反接制动控制线路

2. 电动机可逆运行的反接制动控制线路

图 2-23 所示为电动机可逆运行的反接制动控制线路。在电动机依靠正转接触器 KM1 闭合而得到正序三相交流电源开始运转时，速度继电器 KS-1 正转的常闭触点和常开触点均已动作，分别处于打开和闭合的状态。但是，反转接触器 KM2 线圈电路起联锁作用的 KM1 常闭辅助触点比正转的 KS-1 常开触点动作时间早，所以正转 KS-1 的常开触点仅仅起到使 KM2 准备通电的作用，即并不可能使它立即通电。当按下停止按钮 SB1 时，由于 KM1 线圈断电，反向接触器 KM2 线圈便通电，定子绕组得到反序的三相交流电源，电动机进入正向反接制动状态。由于速度继电器的常闭触点已打开，所以此时反向接触器 KM2 线圈并不可能依靠自锁触点而锁住电源。当电动机转子惯性速度接近于零时，KS-1 的正转常闭触点和常开触

点均恢复为原来的常闭和常开状态，KM2 线圈的电源被切断，正向反接制动过程结束。这种线路的缺点是主电路没有限流电阻，冲击电流大。

图 2-24 所示为具有反接制动电阻的正反向反接制动控制线路，图中电阻 R 是反接制动电阻，同时也具有限制启动电流的作用。该线路工作原理如下：合上电源开关 QS，按下正转启动按钮 SB2，中间继电器 KA3 线圈通电并自锁，其常闭触点打开，互锁中间继电器 KA4 线圈电路，KA3 常开触点闭合，使接触器 KM1 线圈通电，KM1 的主触点闭合使定子绕组经电阻 R 接通正序三相电源，电动机开始降压启动，此时虽然中间继电器 KA1 线圈

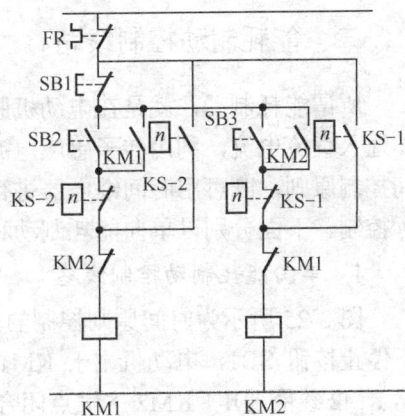

图 2-23 电动机可逆运行的反接制动控制线路

电路中 KM1 常开辅助触点已闭合，但是 KA1 线圈仍无法通电。因为速度继电器 KS-1 的正转常开触点尚未闭合，当电动机转速上升到一定值时，KS-1 的正转常开触点闭合，中间继电器 KA1 通电并自锁，这时由于 KA1、KA3 等中间继电器的常开触点均处于闭合状态，接触器 KM3 线圈通电，于是电阻 R 被短接，定子绕组直接加以额定电压，电动机转速上升到稳定的工作转速。在电动机正常运行的过程中，若是按下停止按钮 SB1，则 KA3、KM1、KM3 三只线圈相继断电。由于此时电动机转子的惯性转速仍然很高，速度继电器 KS-1 的正转常开触点尚未复原，中间继电器 KA1 仍处于工作状态，所以接触器 KM1 常闭触点复位后，接触器 KM2 线圈便通电，其常开主触点闭合，使定子绕组经电阻 R 获得反序的三相交流电源，对电动机进行反接制动。转子速度迅速下降，当其转速小于 100r/min 时，KS-1 的正转常开触点恢复断开状态，KA1 线圈断电，接触器 KM2 释放，反接制动过程结束。

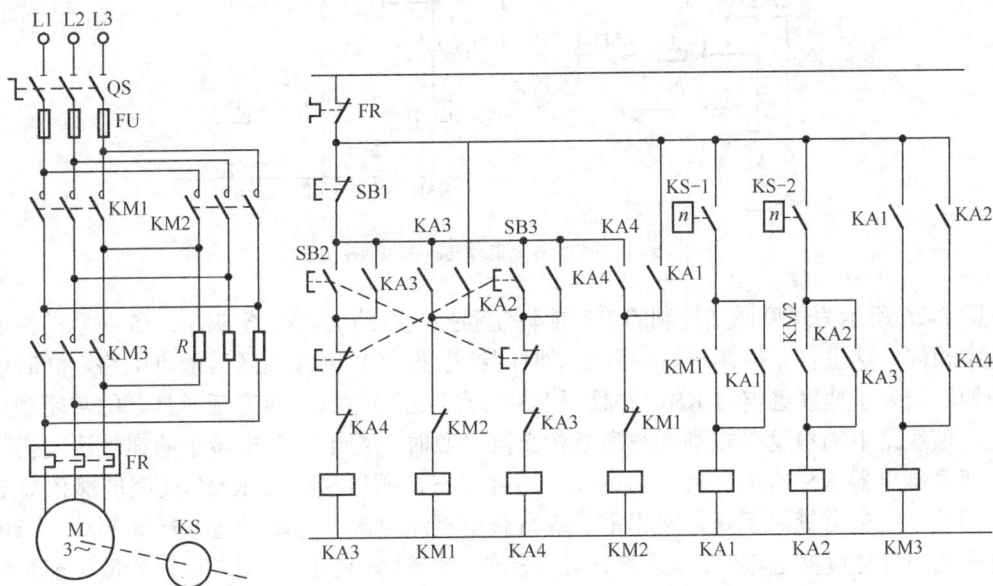

图 2-24 具有反接制动电阻的正反向反接制动控制线路

二、能耗制动控制线路

所谓能耗制动，就是在电动机脱离三相交流电源之后，在定子绕组上加一个直流电压，即通入直流电流，利用转子感应电流与静止磁场的作用以达到制动的目的。根据能耗制动时间控制原则，既可用时间继电器进行控制，也可以根据能耗制动速度原则，用速度继电器进行控制。下面分别以单向能耗制动和正反向能耗制动控制线路为例来说明。

1. 单向能耗制动控制线路

图 2-25 所示为时间原则控制的单向能耗制动控制线路。在电动机正常运行的时候，若按下停止按钮 SB1，电动机由于 KM1 断电释放而脱离三相交流电源，而直流电源则由于接触器 KM2 线圈通电，KM2 主触点闭合而加入定子绕组，时间继电器 KT 线圈与 KM2 线圈同时通电并自锁，于是电动机进入能耗制动状态。当其转子的惯性速度接近于零时，时间继电器延时打开的常闭触点断开接触器 KM2 线圈电路。由于 KM2 常开辅助触点的复位，时间继电器 KT 线圈的电源也被断开，电动机能耗制动结束。图中 KT 的瞬时常开触点的作用是当 KT 线圈断线或机械卡住故障时，电动机在按下按钮 SB1 后电动机能迅速制动，两相的定子绕组不致长期接入能耗制动的直流电流。该线路具有手动控制能耗制动的能力，只要使停止按钮 SB1 处于按下的状态，电动机就能实现能耗制动。

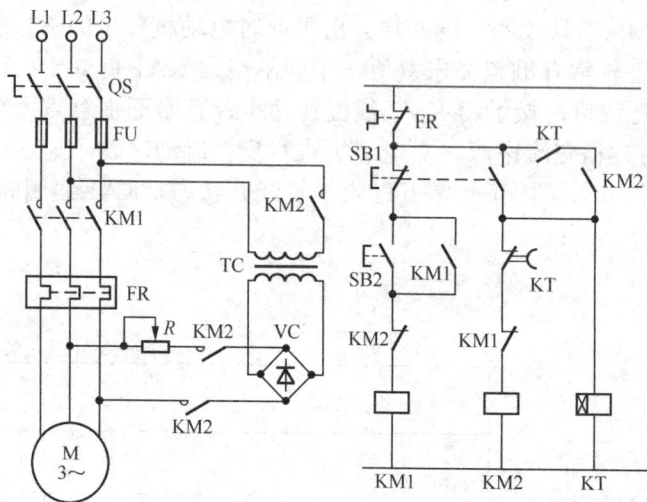

图 2-25　时间原则控制的单向能耗制动控制线路

图 2-26 所示为速度原则控制的单向能耗制动控制线路。该线路与图 2-25 所示的控制线路基本相同，这里仅是控制电路中取消了时间继电器 KT 的线圈及其触点电路，同时电动机轴伸端安装了速度继电器 KS，并且用 KS 的常开触点取代了 KT 延时打开的常闭触点。因此，该线路中的电动机在刚刚脱离三相交流电源时，由于电动机转子的惯性速度仍然很高，速度继电器 KS 的常开触点仍然处于闭合状态，所以接触器 KM2 线圈能够依靠 SB1 按钮的按下通电自锁。于是，两相定子绕组获得直流电源，电动机进入能耗制动。当电动机转子的惯性速度接近零时，KS 常开触点复位，接触器 KM2 线圈断电而释放，能耗制动结束。

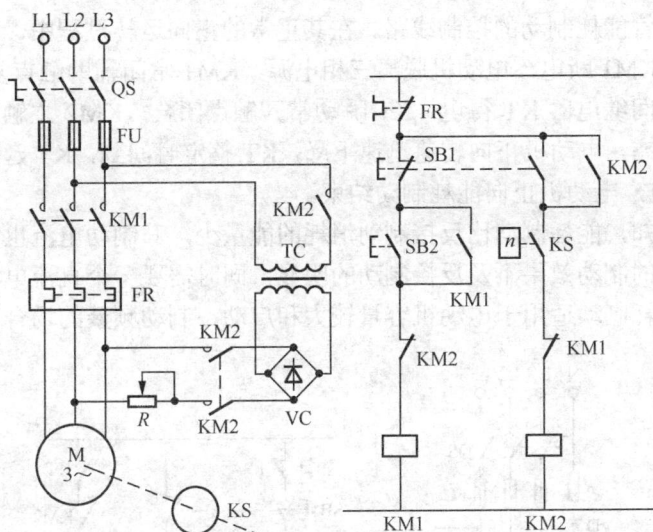

图 2-26　速度原则控制的单向能耗制动控制线路

2. 电动机可逆运行能耗制动控制线路

图 2-27 所示为电动机按时间原则控制的可逆运行能耗制动控制线路。在其正常的正向运转过程中，需要停止时，可按下停止按钮，KM1 断电，KM3 和 KT 线圈通电并自锁，KM3常闭触点断开，锁住电动机启动电路；KM3 常开主触点闭合，使直流电压加至定子绕组，电动机进行正向能耗制动。电动机正向转速迅速下降，当其接近零时，时间继电器延时打开的常闭触点 KT 断开接触器 KM3 线圈电源。由于 KM3 常开辅助触点的复位，时间继电器 KT线圈也随之失电，电动机正向能耗制动结束。

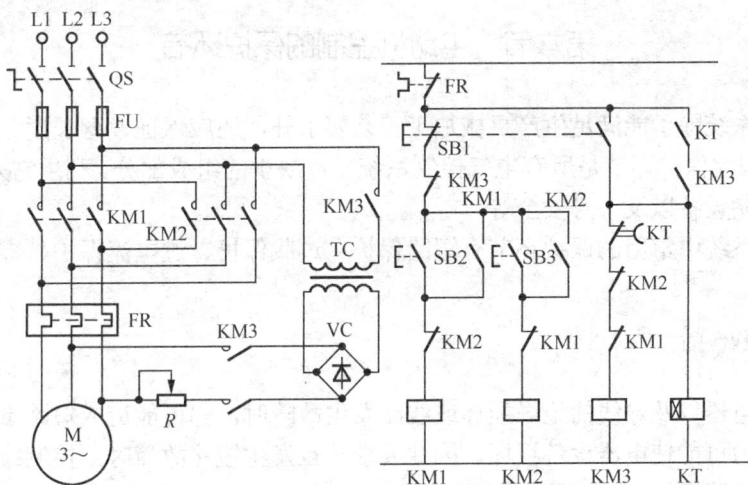

图 2-27　电动机可逆运行能耗制动控制线路

3. 无变压器单管能耗制动控制线路

上述介绍的能耗制动均为带变压器的单相桥式整流电路，其制动效果较好。对于功率较大的电动机应采用三相整流电路，但所需设备多，成本高，对于 10kW 以下电动机，在制动要求不高时，可采用无变压器单管能耗控制线路，这样设备简单，体积小，成本低。图 2-28

所示为无变压器单管能耗制动的控制线路。在其正常的正向运转过程中，需要停止时，可按下停止按钮 SB1，KM1 断电，电动机脱离三相电源，KM1 常闭辅助触点复原，KM2 得电并自锁，通电延时时间继电器 KT 得电，KT 瞬动常开触点闭合，KM2 主触点闭合，电动机进入正向能耗制动状态，电动机正向转速迅速下降，KT 整定时间到，KT 延时断开常闭触点断开，KM2 线圈失电，电动机正向能耗制动结束。

由以上分析可知，能耗制动比反接制动消耗的能量少，其制动电流也比反接制动电流小得多，但能耗制动的制动效果不及反接制动的明显，同时需要一个直流电源，控制线路相对比较复杂，通常能耗制动适用于电动机容量较大和启动、制动频繁的场合。

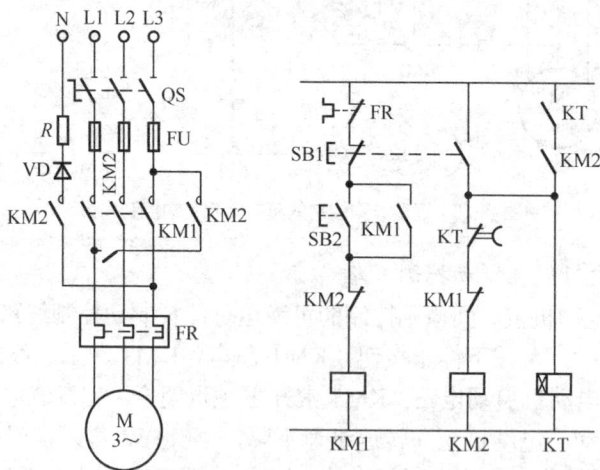

图 2-28　无变压器单管能耗制动控制线路

第六节　电动机控制的保护环节

电气控制系统除了能满足生产机械加工工艺要求外，还应保证设备长期、安全、可靠无故障地运行，因此保护环节是所有电气控制系统不可缺少的组成部分。利用它来保护电动机、电网、电气控制设备以及人身安全等。

电气控制系统中常用的保护环节有短路保护、过载保护、过电流保护、零电压和欠电压保护等。

一、短路保护

电动机、电器以及导线的绝缘损坏或线路发生故障时，都可能造成短路事故。很大的短路电流和电动力可能使电器设备损坏。因此要求一旦发生短路故障时，控制线路能迅速切除电源。常用的短路保护元件有熔断器和自动开关。

二、过载保护

电动机长期超载运行，绕组温升将超过其允许值，造成绝缘材料变脆，寿命减小，严重时会使电动机损坏，过载电流越大，达到允许温升的时间就越短。常用的过载保护元件是热继电器。

由于热惯性的原因，热继电器不会受电动机短时过载冲击电流或短路电流的影响而瞬时动作，所以在使用热继电器作过载保护的同时，还必须设有短路保护，并且选作短路保护的熔断器熔体的额定电流不应超过 4 倍热继电器发热元件的额定电流。

三、过电流保护

过电流保护广泛用于直流电动机或绕线式异步电动机。对于三相笼型异步电动机，由于其短时过电流不会产生严重后果，故可不设置过电流保护。

过电流保护往往是由于不正确的启动和过大的负载引起的，一般比短路电流要小，在电动机运行中产生过电流比发生短路的可能性更大，尤其是在频繁正反转启动的重复短时工作制电动机中更是如此。

必须强调指出，短路、过电流、过载保护虽然都是电流保护，但由于故障电流、动作值、保护持性、保护要求以及使用元件的不同，它们之间是不能相互取代的。

四、零电压和欠电压保护

在电动机运行中，如果电源电压因某种原因消失，那么在电源电压恢复时，如果电动机自行启动，既可能使生产设备损坏，也可能造成人身事故。对供电系统的电网，同时有许多电动机及其他用电设备自行启动也会引起不允许的过电流及瞬间网络电压下降。为了防止电网失电后恢复供电时电动机自行启动的保护叫做零压保护。

当电动机正常运行时，电源电压过分地降低将引起一些电器释放，造成控制线路工作不正常，甚至产生事故；电网电压过低，如果电动机负载不变，则会造成电动机电流增大，引起电动机发热，严重时甚至烧坏电动机。此外，电源电压过低还会引起电动机转速下降，甚至停转。因此，在电源电压降到允许值以下时，需要采用保护措施，及时切断电源，这就是欠电压保护。通常是采用欠电压继电器，或设置专门的零电压继电器来实现。图 2-29 所示的中间继电器就是起零压保护作用的。

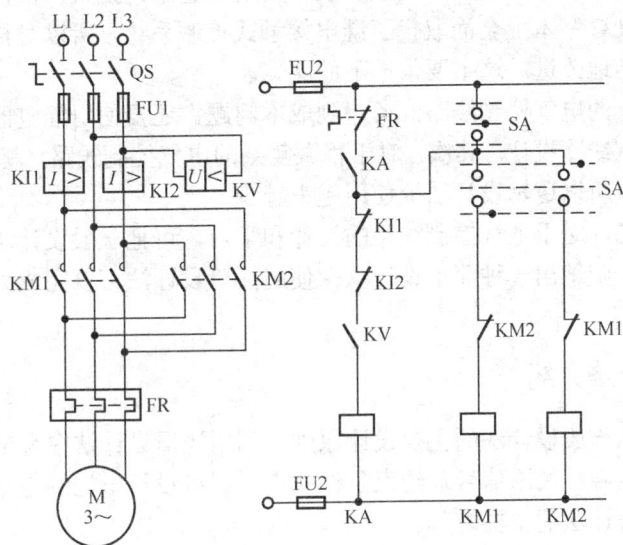

图 2-29　电动机常用保护线路

在许多机床中不是用控制开关操作，而是用按钮操作发令，利用按钮的自动恢复作用和接触器的自锁作用进行操作，可不必另加零压保护继电器，电路本身已兼备了零压保护环节。

图 2-29 所示为电动机常用保护的接线。图中各电气元件所起的保护作用分别为：

短路保护——熔断器 FU；

过载保护——热继电器 FR；

过流保护——过电流继电器 KI1、KI2；

零压保护——中间继电器 KA；

欠压保护——欠电压继电器 KV；

联锁保护——通过 KM1 与 KM2 互锁点实现。

第七节 电气控制线路的简单设计法

电气控制系统的设计一般包括确定拖动方案、选择电动机容量和设计电气控制线路。电气控制线路的设计又分为主电路设计和控制电路设计。一般情况下，我们所说的电气控制线路设计主要指的是控制电路的设计。电气控制线路的设计通常有两种方法，即一般设计法和逻辑设计法。

一般设计法又称作经验设计法。它主要是根据生产工艺要求，利用各种典型的线路环节，直接设计控制电路。这种方法比较简单，但要求设计人员必须熟悉大量的控制线路，掌握多种典型线路的设计资料；同时具有丰富的经验，在设计过程中往往还要经过多次反复的修改、试验，才能使线路符合设计的要求。即使这样，设计出来的线路可能还不是最简单的，所用的电气触点不一定最少，所得出的方案也不一定是最佳方案。

逻辑设计法是根据生产工艺的要求，利用逻辑代数来分析、设计控制线路。用这种方法设计出来的线路比较合理，特别适合完成较复杂的生产工艺所要求的控制线路设计。但是相对而言，逻辑设计法难度较大，不易掌握，所设计出来的电路不太直观。

随着 PLC 的出现和 PLC 技术的飞速发展，其功能越来越强大，价格也越来越低。在电气控制技术领域，PLC 基本上全面取代了继电接触式控制系统，所以对传统的电气控制线路的设计方法也要适当地改进。这主要依据下面两点。

首先，对于简单的电气控制线路，考虑到成本问题，还要使用继电器组成控制系统，所以仍要进行电气控制线路设计。其次，对于稍微复杂的电气控制线路，就要用 PLC 而不再使用继电器控制系统，所以逻辑设计法地使用越来越少。

基于上面的考虑，对于电气控制线路的设计和学习，可把一般设计法的简单和逻辑设计法的严谨结合起来，归纳出一种简单设计法。使用简单设计法可以完成大多数电气控制电路的设计。

一、简单设计法介绍

简单设计法遵从一般设计法的主要设计原则，利用逻辑设计法中继电器开关逻辑函数，把控制对象的启动信号、关断信号及约束条件找出，即可设计出控制电路。下面将简要介绍一般设计法和逻辑设计法的主要内容。

1. 一般设计法的几个主要原则

① 最大限度地实现生产机械和工艺对电气控制线路的要求。

② 在满足生产要求的前提下，控制线路力求简单、经济、安全可靠。

a. 尽量减少电器的数量。尽量选用相同型号的电器和标准件，以减少备品量；尽量选用标准的、常用的或经过实际考验过的线路和环节。

b. 尽量减少控制线路中电源的种类。尽可能直接采用电网电压，以省去控制变压器。

c. 尽量缩短连接导线的长度和数量。设计控制线路时，应考虑各个元件之间的实际接线。如图 2-30 所示，图 2-30（a）所示接线是不合理的，因为按钮在操作台或面板上，而接触器在电气柜内，这样接线就需要由电气柜二次引出接到操作台的按钮上。将图 2-30（a）所示接线方式改为图 2-30（b）所示接线方式后，可减少一些引出线。

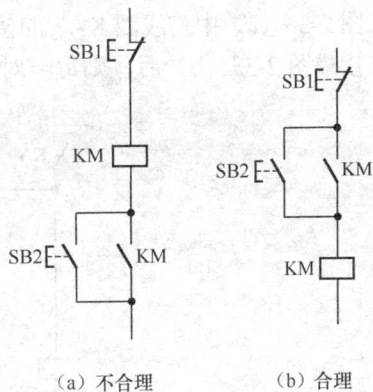

（a）不合理　　　　（b）合理

图 2-30　电气连接图

d. 正确连接触点。在控制电路中，应尽量将所有触点接在线圈的左端或上端，线圈的右端或下端直接接到电源的另一根母线上（左右端和上下端是针对控制电路水平绘制或垂直绘制而言的）。这样既可以减少线路内产生虚假回路的可能性，还可以简化电气柜的出线。

e. 正确连接电器的线圈。在交流控制电路中不能串联两个电器的线圈，如图 2-31（a）所示。因为每一个线圈上所分到的电压与线圈阻抗成正比，两个电器动作总是有先有后，不可能同时吸合。例如，交流接触器 KM2

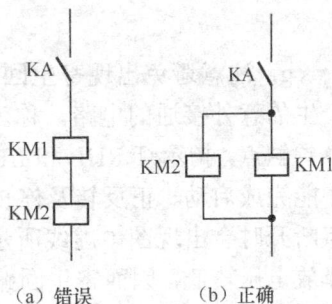

（a）错误　　　　（b）正确

图 2-31　线圈的连接

吸合，由于 KM2 的磁路闭合，线圈的电感显著增加，因而在该线圈上的电压降也显著增大，从而使另一接触器 KM1 的线圈电压达不到动作电压。因此两个电器需要同时动作时，其线圈应该并联，如图 2-31（b）所示。

在直流控制电路中，对于电感较大的电磁线圈，如电磁阀、电磁铁或直流电动机励磁线圈等不宜与相同电压等级的继电器直接并联工作。图 2-32（a）所示为直流电磁铁 YA 与继电器 KA 并联，在 KM1 触点闭合，接通电源时，可正常工作，但在 KM1 触点断开后，由于电磁铁线圈的电感比继电器线圈的电感大得多，所以在断电时，继电器很快释放。但电磁铁线圈产生的自感电动势可能使继电器又吸合一段时间，从而造成继电器的误动作。图 2-32（b）和图 2-32（c）所示的电路可以可靠工作。

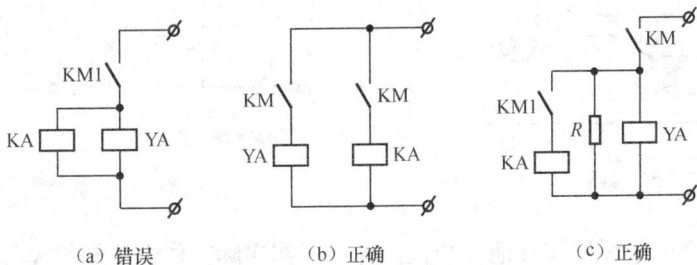

（a）错误　　　　　　（b）正确　　　　　　（c）正确

图 2-32　电磁铁与继电器线圈的连接

  f. 元器件的连接。应尽量减少多个元件依次通电后才接通另一个电气元件的情况。在图 2-33（a）中，线圈 KA3 的接通要经过 KA、KA1、KA2 三个常开触点。将图 2-23（a）改接成图 2-33（b）后，则每一对线圈通电只需要经过一对常开触点，工作较可靠。

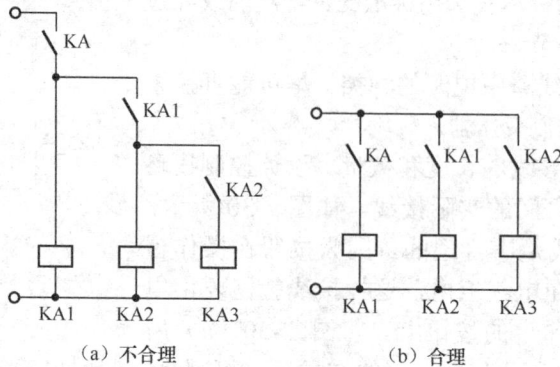

图 2-33　元器件的连接

  g. 注意避免出现寄生回路。在控制电路的动作过程中，如果出现不是由于误操作而产生的意外接通的电路，称为寄生回路。图 2-34 所示为电动机可逆运行控制线路，为了节省触点，指示灯 RHL 和 LHL 采用图中所示接法。此线路只有在电动机正常工作情况下才能完成启动、正反转及停止操作。如果电动机在正转中（KMR 吸合）发生过载，FR 触点断开时会出现图中虚线所示的寄生回路。由于 RHL 电阻较小，接触器在吸合状态下的释放电压较低，因而寄生回路的电流可能使 KMR 无法释放，电动机在过载时得不到保护而烧毁。

  h. 防止竞争现象。继电器、接触器控制电路如果用自身触点切断线圈的导电电路，在电气导通时就会产生竞争现象。图 2-35（a）所示的反身自停电路，存在电气导通的竞争现象，图 2-35（b）所示为无竞争的反身自停电路。

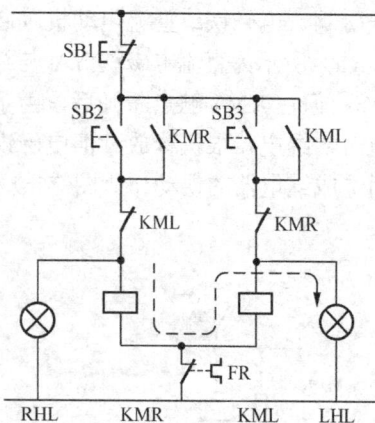

图 2-34　寄生回路

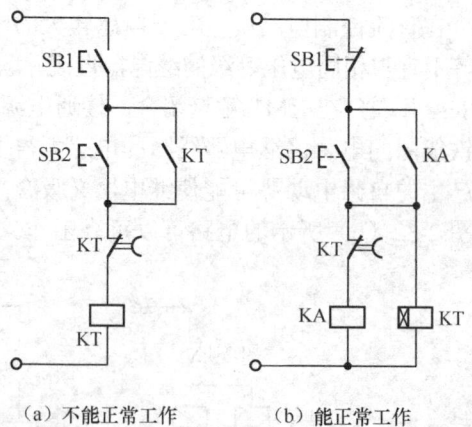

图 2-35　反身自停电路

  要注意电器之间的联锁和其他安全保护环节。在实际工作中，一般设计法还有许多要注意的地方，本书不再详细介绍。

2. 逻辑设计法中的继电器开关逻辑函数

逻辑设计法主要依据逻辑代数运算法则的化简办法求出控制对象的逻辑方程，然后由逻辑方程画出电气控制原理图。其中，电气开关的逻辑函数以执行元件作为逻辑函数的输出变量，而以检测信号中间单元及输出逻辑变量的反馈触点作为逻辑变量，按一定规律列出其逻辑函数表达式。继电器开关逻辑函数是电气控制对象的典型代表。图 2-36 所示为它的开关逻辑函数（启保停电路）。

线路中 SB1 为启动信号按钮，SB2 为关断信号按钮，KM 的常开触点为自保持信号。它的逻辑函数为

$$F_{KM} = (SB1 + KM) \cdot SB2 \qquad (2\text{-}2)$$

若把 KM 替换成一般控制对象 K，启动 / 关断信号换成一般形式 X，则式（2-2）的开关逻辑函数的一般形式为

$$F_K = (X_{开} + K) \cdot \overline{X}_{关} \qquad (2\text{-}3)$$

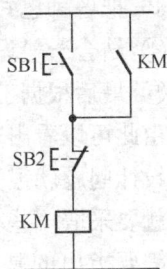

图 2-36　继电器开关逻辑电路

扩展到一般控制对象。

$X_{开}$ 为控制对象的开启信号，应选取在开启边界线上发生状态改变的逻辑变量；$X_{关}$ 为控制对象的关断信号，应选取在控制对象关闭边界线上发生状态改变的逻辑变量。在线路图中使用的触点 K 为输出对象本身的常开触点，属于控制对象的内部反馈逻辑变量，起自锁作用，以维持控制对象得电后的吸合状态。

$X_{开}$ 和 $X_{关}$ 一般要选短信号，这样可以有效防止启 / 停信号波动的影响，保证了系统的可靠性，波形如图 2-37 所示。

在某些实际应用中，为进一步增加系统的可靠性和安全性，$X_{开}$ 和 $X_{关}$ 往往带有约束条件，如图 2-38 所示。

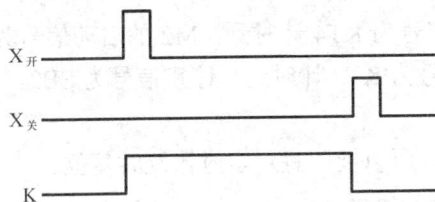

图 2-37　典型开关逻辑函数波形

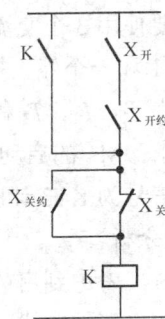

图 2-38　带约束条件的控制对象开关逻辑电路

其逻辑函数为

$$F_K = (X_{开} \cdot X_{开约} + K) \cdot \left(\overline{X}_{关} + \overline{X}_{关约} \right) \qquad (2\text{-}4)$$

式（2-4）基本上全面代表了控制对象的输出逻辑函数。由式（2-4）可以看出，对开启信号来说，开启的主令信号不止一个，还需要具备其他条件才能开启；对关断信号来说，关断的主令信号也不只有一个，还需要具备其他的关断条件才能关断。这样就增加了系统的可靠性和安全性。当然 $X_{开约}$ 和 $X_{关约}$ 也不一定同时存在，关键是要具体问题具体分析。

3. 简单设计法

一般设计法中的重要设计原则和逻辑设计法中的控制对象的开关逻辑函数就组成了简单设计法。简单设计法要求在设计控制线路时做到以下几点。

① 找出控制对象的开启信号、关断信号。

② 如果有约束条件，则找出相应的开启约束条件和关断约束条件。

③ 把各种已知信号带入式（2-4）中，写出控制对象的逻辑函数。

④ 结合一般设计法的设计原则和逻辑函数，画出该控制对象的电气线路图。

⑤ 最后根据工艺要求做进一步的检查工作。

由此可以看出，简单设计法的核心内容是找出控制对象的开启条件和关断条件，然后所有的设计问题就很简单了。当然一些控制对象的开启条件和关断条件的短信号不容易找出来，这时就要采取一些其他技巧和措施配合使用才能解决问题。

需要指出的是，简单设计法设计出来的电路不一定是最合理的。对稍复杂的电路已经被 PLC 取代了，所以现在对简单的电路进行最优化设计已不是最主要的问题，重要的是要理解电气控制线路设计的实质，力求用简单的方法对简单电控系统设计出较好的控制电路。

二、简单设计法设计举例

1. 题目

现有 M1、M2 和 M3 共 3 台电动机，要求启动顺序为：先启动 M1，经 T_1 后启动 M2，再经 T_2 后启动 M3；停车时要求：先停 M3，经 T_3 后再停 M2，再经 T_4 后停 M1。3 台电动机使用的接触器分别为 KM1、KM2 和 KM3。试设计该 3 台电动机的启 / 停控制线路。

2. 题目分析

该系统要使用 3 个交流接触器 KM1、KM2 和 KM3 来控制 3 台电动机的启 / 停。有一个启动按钮 SB1 和一个停止按钮 SB2，另外要用 4 个时间继电器 KT1、KT2、KT3 和 KT4，其定时值依次为 T_1、T_2、T_3 和 T_4。

控制要求：M1 的启动信号为 SB1，停止信号为 KT4 计时到；M2 的启动信号为 KT1 计时到，停止信号为 KT3 计时到；M3 的启动信号为 KT2 计时到，停止信号为 SB2。

3. 解题分析

在设计时，考虑到启 / 停信号要用短信号，所以要注意对定时器及时复位。

该系统的电气控制线路原理图如图 2-39（b）所示。

图 2-39（b）中的 KT1、KT2 线圈上方串联了接触器 KM2 和 KM3 的常闭触点，这是为了得到启动短信号而采取的措施；KT2、KT1 线圈上的常闭触点 KT3 和 KT4 的作用是为了防止 KM3 和 KM2 断电后，KT2 和 KT1 的线圈重新得电而采取的措施。因为若 $T_2 < T_3$ 或 $T_1 < T_4$ 时，有可能造成 KM3 和 KM2 重新启动。设计中的难点是找出 KT3、KT4 开始工作的条件，以及 KT1、KT2 的逻辑。

FR1～FR3 分别为 3 台电动机的热继电器常闭触点，它们是为了防止过载而采取的措施。若对过载没有太多要求，则可把它们去掉。

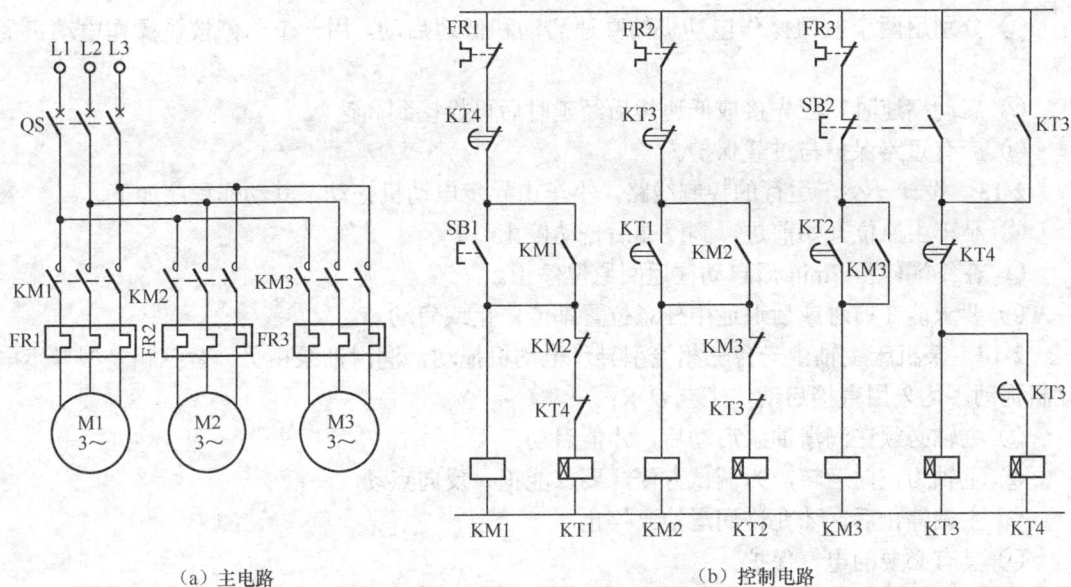

（a）主电路　　　　　　　　　　　　　　（b）控制电路

图 2-39　3 台电动机顺序启/停控制电路

习题与思考题

2-1　电气原理图中 QS、FU、KM、KI、KT、SB、SQ 分别是什么电气元件的文字符号？

2-2　电气原理图中，电气元件的技术数据如何标注？

2-3　画出带有热继电器过载保护的笼型异步电动机正常运转的控制线路。

2-4　如何决定异步电动机是否可采用直接启动法？

2-5　画出具有双重联锁的异步电动机正、反转控制线路。

2-6　什么叫反接制动？什么叫能耗制动？各有什么特点及其适用场合？

2-7　为什么在异步电动机脱离电源后，在定子绕组中通入直流电，电动机能迅速停止？

2-8　接触器两个线圈为何不允许串联后接于控制电路？

2-9　设计一个控制线路，要求第一台电动机启动 10s 后，第二台电动机自动启动，运行 5s，第一台电动机停止并同时使第三台电动机自行启动，再运行 15s 后，电动机全部停止。

2-10　有一台四级皮带运输机，分别由 M1、M2、M3、M4 四台电动机拖动，其动作顺序如下。

① 启动时要求按 M1→M2→M3→M4 顺序启动。

② 停车时要求按 M4→M3→M2→M1 顺序停车。

③ 上述动作要求有一定时间间隔。

按上述要求设计控制线路。

2-11　为两台异步电动机设计一个控制线路，其要求如下。

① 两台电动机互不影响地独立操作。

② 能同时控制两台电动机的启动与停止。

③ 当一台电动机发生过载时，两台电动机均停止。

2-12　现有一台双速电动机，试按下述要求设计控制线路。

① 分别用两个按钮操作电动机的高速启动和低速启动，用一个总停按钮操作电动机的停止。

② 启动高速时，应先接成低速然后经延时后再换接到高速。

③ 应有短路保护与过载保护。

2-13 设计一小车运行的控制线路，小车由异步电动机拖动，其动作程序如下。

① 小车由原位开始前进，到终端后自动停止。

② 在终端停留 2min 后自动往返回原位停止。

③ 要求能在前进或后退途中任意位置都能停止或启动。

2-14 某机床主轴由一台三相笼型异步电动机拖动，润滑油泵由另一台三相笼型异步电动机拖动，均采用直接启动，工艺要求：

① 主轴必须在润滑油泵启动后，才能启动。

② 主轴为正向运转，为调试方便，要求能正、反向点动。

③ 主轴停止后，才允许润滑油泵停止。

④ 具有必要的电气保护。

2-15 M1 和 M2 均为三相笼型异步电动机，可直接启动，按下列要求设计主电路和控制电路。

① M1 先启动，经一段时间后 M2 自行启动。

② M2 启动后，M1 立即停车。

③ M2 能单独停车。

④ M1 和 M2 均能点动。

第三章　典型生产机械电气控制线路分析

生产机械种类繁多，其拖动控制方式和控制线路各不相同。本节通过典型生产机械电气控制线路的实例分析，进一步阐述电气控制系统的分析方法与分析步骤，使读者掌握阅读分析电气控制图的方法，培养读图能力，并掌握几种有代表性的典型生产机械控制线路的原理，了解电气控制系统中机械、液压与电气控制配合的意义，为电气控制的设计、安装、调试、维护打下基础。

第一节　电气控制线路分析基础

一、电气控制线路分析的内容与要求

分析电气控制线路是通过对各种技术资料的分析来掌握电气控制线路的工作原理、技术指标、使用方法、维护要求等。分析电气控制线路的具体内容和要求主要包括以下几个方面。

1. 设备说明书

设备说明书由机械（包括液压部分）与电气两部分组成。在分析时首先要阅读这两部分说明书，了解以下内容。

① 设备的结构组成及工作原理、设备传动系统的类型及驱动方式、主要技术性能、规格和运动要求等。

② 电气传动方式，电动机、执行电器的数目、规格型号、安装位置、用途及控制要求等。

③ 设备的使用方法，各操作手柄、开关、旋钮、指示装置的布置及其在控制线路中的作用。

④ 与机械、液压部分直接关联的电器（行程开关、电磁阀、电磁离合器、传感器等）的位置、工作状态及其与机械、液压部分的关系，在控制中的作用等。

2. 电气控制原理图

电气控制原理图是控制线路分析的中心内容。它一般由主电路、控制电路、辅助电路、保护及联锁环节、特殊控制电路等部分组成。

在分析电气原理图时，必须与阅读其他技术资料结合起来。例如，各种电动机及执行元件的控制方式、位置及作用，各种与机械有关的位置开关、主令电器的状态等，只有通过阅读说明书才能了解。

在原理图分析中还可以通过所选用的电气元件的技术参数分析出控制线路的主要参数和技术指标，如可估计出各部分的电流值、电压值，以便在调试或检修中合理地使用仪表。

3. 电气设备的总装接线图

阅读分析总装接线图，可以了解系统的组成分布状况，各部分的连接方式，主要电气部件的布置、安装要求，导线和穿线管的规格型号等。这是安装设备不可缺少的资料。

阅读分析总装接线图要与阅读分析说明书、电气原理图结合起来。

4. 电气元件布置图与接线图

这是制造、安装、调试和维护电气设备必需的技术资料。在调试、检修中可通过布置图和接线图方便地找到各种电气元件和测试点，进行必要的调试、检测和维修保养。

二、电气原理图阅读分析的方法与步骤

在掌握了机械设备及电气控制系统的构成、运动方式、相互关系，以及掌握各电动机和执行电器的用途和控制方式等基本条件之后，即可对设备控制线路进行具体的分析。通常分析电气控制系统时，要结合有关技术资料将控制线路"化整为零"，即以某一电动机或电器元件（如接触器或继电器线圈）为对象，从电源开始，自上而下，自左而右，逐一分析其接通及断开的关系（逻辑条件），并区分出主令信号、联锁条件、保护要求等。根据图区坐标标注的检索可以方便地分析出各控制条件与输出的因果关系。

1. 电气原理图的分析方法与步骤

（1）分析主电路

无论线路设计还是线路分析都应从主电路入手，而主电路的作用是保证整机拖动要求的实现。从主电路的构成可分析出电动机或执行电器的类型、工作方式、启动、转向、调速和制动等基本控制要求。

（2）分析控制电路

主电路的控制要求是由控制电路来实现的。根据主电路中各电动机和执行电器的控制要求，逐一找出控制电路中的控制环节，用第二章中学过的基本控制环节的知识，将控制线路"化整为零"，按功能不同划分成若干个局部控制线路来进行分析。如果控制线路较复杂，则可先排除照明、显示等与控制关系不密切的电路，以便集中精力进行分析。控制电路一定要分析透彻。分析控制电路的最基本的方法是"查线读图"法。

（3）分析辅助电路

辅助电路包括执行元件的工作状态显示、电源显示、参数测定、照明、故障报警等部分。辅助电路中很多部分是由控制电路中的元件来控制的，所以，在分析辅助电路时，还要回过头来对照控制电路进行分析。

（4）分析联锁与保护环节

生产机械对安全性和可靠性有很高的要求。实现这些要求，除了合理地选择拖动、控制方案以外，在控制线路中还应设置一系列电气保护装置和必要的电气联锁。在电气控制原理图的分析过程中，电气联锁与电气保护环节是一个重要内容，不能遗漏。

（5）分析特殊控制环节

在某些控制线路中，还设置了一些与主电路、控制电路关系不密切，相对独立的某些特殊环节，如产品计数装置、自动检测系统、晶闸管触发电路、自动调温装置等。这些部分往往自成一个小系统，其读图和分析方法可参照上述分析过程，灵活运用所学过的电子技术、

变流技术、自控系统、检测与转换等知识逐一分析。

（6）总体检查

经过"化整为零"，逐步分析了每一局部电路的工作原理以及各部分之间的控制关系之后，还必须用"集零为整"的方法，检查整个控制线路，看是否有遗漏。特别要从整体角度去进一步检查和理解各控制环节之间的联系，以达到清楚地理解原理图中每一个电气元器件的作用、工作过程及主要参数。

2. 分析举例

现以 C630 型普通车床的控制线路为例，说明生产机械电气控制线路的分析过程。

普通车床是一种应用极为广泛的金属切削机床，能够车削外圆、内圆、端面、螺纹和定型表面，并可用钻头、铰刀、镗刀进行加工。

（1）普通车床的主要结构和运动形式

普通车床主要由床身、主轴变速箱、进给箱、溜板箱、刀架、尾架、丝杆、光杆等部分组成，其结构如图 3-1 所示。

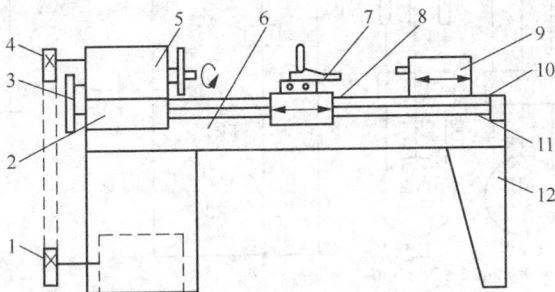

图 3-1　普通车床的结构示意图

1、4—带轮；2—进给箱；3—挂轮架；5—主轴箱；6—床身；

7—刀架；8—溜板；9—尾架；10—丝杆；11—光杆；12—床腿

车床有两种主要运动：一种是主轴上的卡盘或顶尖带着工件的旋转运动，称为主运动；另一种是溜板带着刀架的直线移动，称为进给运动。

为了加工螺纹等工件，主轴需要正反转，主轴的转速应随工件的材料、尺寸、工艺要求及刀具的种类不同而变化，所以要求能在相当宽的范围内进行调节。

刀架的进给运动由主轴电动机带动，用走刀箱调节加工时的纵向和横向进给量。

（2）电力拖动和控制的要求

从车床的加工工艺出发，对拖动控制有以下要求。

① 主拖动电动机选用不调速的笼型异步电动机，主轴采用机械调速，其正反转采用机械方法实现。

② 主电动机采用直接启动方式。

③ 车削加工时，为防止刀具和工件的温升过高，需要用冷却液冷却，因此要装一台冷却泵。

④ 主电动机和冷却泵电动机应具有必要的短路和过载保护，冷却泵因过载停止时，不允许主电动机工作，以防工件和刀具损坏。

⑤ 应具有安全的局部照明装置。

（3）电气控制线路分析

C630 型普通车床的电气控制线路原理如图 3-2 所示，对其工作原理分析如下。

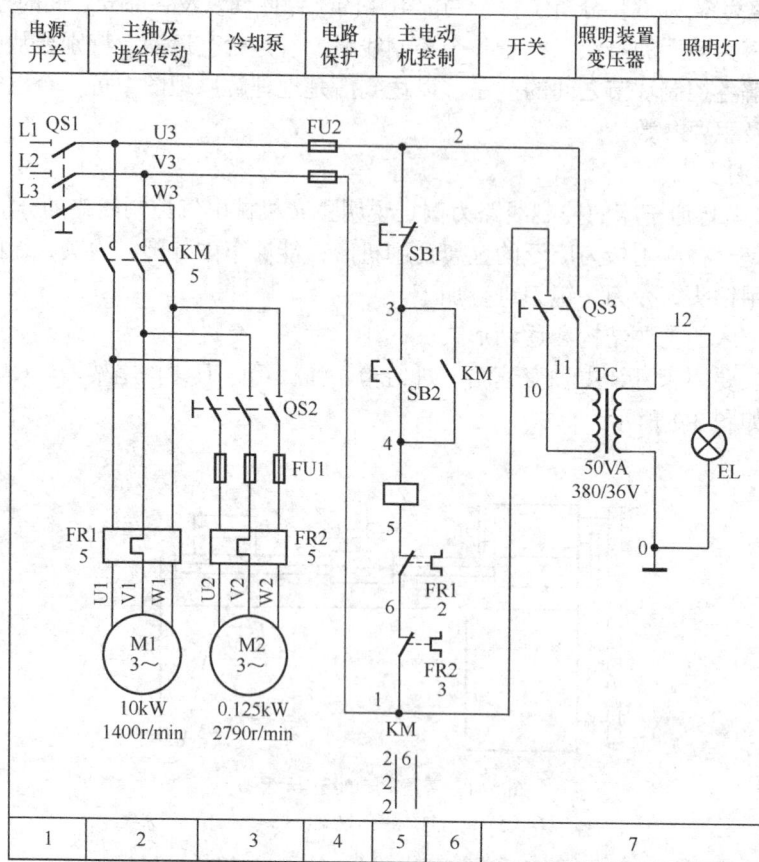

图 3-2　C630 型普通车床电气原理图

① 主电路分析。主电路中有两台电动机，M1 为主轴电动机，M2 为冷却泵电动机，采用 QS1 作电源开关，接触器 KM 的主触点控制 M1 的启动和停止。转换开关 QS2 控制 M2 的启动和停止。

② 控制电路分析。控制电路采用 380V 交流电源供电，只要按动启动按钮 SB2，KM 线圈便得电，位于 6 区的 KM 自锁触点闭合自锁，位于 2 区的 KM 主触点闭合，M1 启动。

M1 通电后，合上 QS2，冷却泵立即启动。

按下 SB1，两台电动机停止。

③ 辅助电路分析。照明电路采用 36V 安全电压，由变压器 TC 供给，QS3 控制照明电路。

④ 保护环节分析。熔断器 FU1、FU2 分别对 M2 和控制电路进行短路保护，因向车床供电的电源开关要装熔断器，所以 M1 未用熔断器进行短路保护。热继电器 FR1、FR2 分别对 M1、M2 进行过载保护，其触点串联在 KM 线圈回路中，M1、M2 中任一台电动机过载，热继电器的常闭触点打开，KM 都将失电而使两台电动机停止。

⑤ 总体检查。分析完之后，再进行总体检查，看是否有遗漏。

　　在以上分析中，我们采用的是"查线读图法"，即从执行电路——电动机着手，从主电路上看有哪些控制元件的触点，根据其组合规律看其控制方式。然后在控制电路中由主电路控制元件的主触点的文字符号找到有关的控制环节及环节间的联系。接着从按启动按钮开始，查对线路，观察元件的触点信号是如何控制其他控制元件动作的。再查看这些被带动的控制元件的触点是如何控制执行电器或其他控制元件动作的，并时刻注意控制元件的触点使执行电器有何运动或动作，进而驱动被控机械有何运动。

第二节　C650 型卧式车床的电气控制线路分析

　　卧式车床是一种应用极为广泛的金属切削加工机床，主要用来加工各种回转表面、螺纹和端面，并可通过尾架进行钻孔、铰孔、攻螺纹等切削加工。

　　卧式车床通常由一台主电动机拖动，经由机械传动链，实现切削主运动和刀具进给运动的输出，其运动速度由变速齿轮箱通过手柄操作进行切换。刀具的快速移动、冷却泵、液压泵等常采用单独的电动机驱动。不同型号的卧式车床，其主电动机的工作要求不同，因而具有不同的控制线路。

一、C650 型卧式车床的主要结构和运动形式

　　C650 型卧式车床属于中型车床，可加工的最大工件回转直径为 1 020mm，最大工件长度为 3 000mm，机床的结构形式如图 3-3 所示。

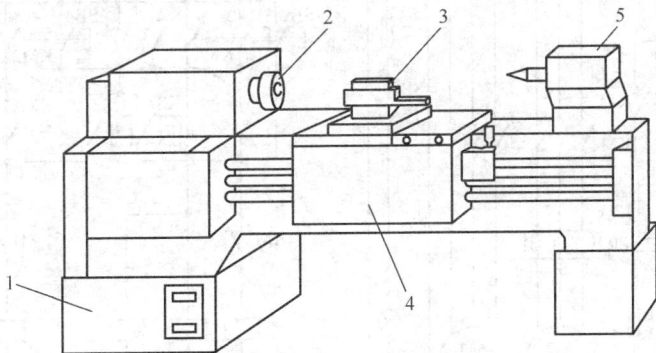

图 3-3　C650 型卧式车床结构简图
1—床身；2—主轴；3—刀架；4—溜板箱；5—尾架

　　C650 型卧式车床主要由床身、主轴、刀架、溜板箱、尾架等部分组成。该车床有两种主要运动：一种是安装在床身主轴箱中的主轴转动，称作主运动；另一种是溜板箱中的溜板带动刀架的直线运动，称作进给运动。刀具安装在刀架上，与滑板一起随溜板箱沿主轴轴线方向实现进给移动，主轴的转动和溜板箱的移动均由主电动机驱动。由于加工的工件比较大，加工时其转动惯量也比较大，需停车时不易立即停止转动，因此必须有停车制动的功能，较好的停车制动是采用电气制动方法。为了加工螺纹等工件，主轴需要正、反转，主轴的转速应随工件的材料、尺寸、工艺要求及刀具的种类不同而变化，所以要求在相当宽的范围内可进行速度调节。在加工过程中，还需提供切削液，并且为减轻工人的劳动强度和节省辅助工作时间，要求带动刀架移动的溜板能够快速移动。

二、电力拖动及控制要求

从车床的加工工艺出发，对拖动控制有以下要求。

① 主电动机 M1 完成主轴主运动和溜板箱进给运动的驱动，电动机采用直接启动的方式启动，可正反两个方向旋转，并可进行正反两个旋转方向的电气停车制动。为加工调整方便，主电动机还应具有点动功能。

② 电动机 M2 拖动冷却泵，在加工时提供切削液，采用直接启动及停止方式，并且为连续工作方式。

③ 主电动机和冷却泵电动机应具有必要的短路和过载保护。

④ 快速移动电动机 M3 拖动刀架快速移动，还可根据使用需要随时进行手动控制启停。

⑤ 应具有安全的局部照明装置。

三、电气控制线路分析

C650 型卧式车床的电气控制系统线路如图 3-4 所示，对其工作原理分析如下。

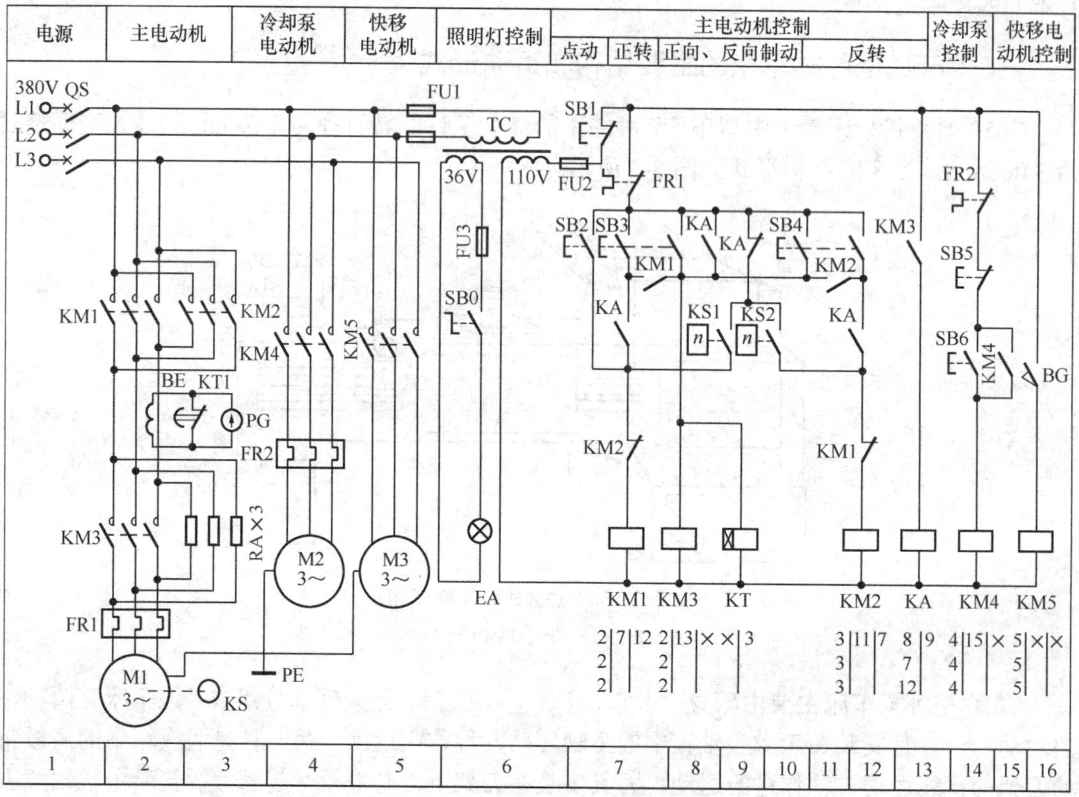

图 3-4　C650 型卧式车床控制线路

1. 主电路分析

图 3-4 所示的主电路中有 3 台电动机，隔离开关 QS 将 380V 的三相电源引入。电动机 M1 的电路接线分为 3 部分：第 1 部分由正转控制交流接触器 KM1 和反转控制交流接触器 KM2 的两组主触点构成电动机的正、反转接线；第 2 部分为电流表 PG 经电流互感器 BE 接

在主电动机 M1 的主回路上，以监视电动机绕组工作时的电流变化。为防止电流表被启动电流冲击损坏，利用时间继电器的延时动断触点（3 区），在启动的短时间内将电流表暂时短接掉；第 3 部分为串联电阻控制部分，交流接触器 KM3 的主触点（2 区）控制限流电阻 RA（3 区）的接入和切除。在进行点动调整时，为防止连续的启动电流造成电动机过载，串入 3 个限流电阻 RA，保证电路设备正常工作。速度继电器 KS 的速度检测部分与电动机的主轴同轴相联，在停车制动过程中，当主电动机转速低于 KS 的动作值时，其常开触点可将控制电路中反接制动的相应电路切断，完成制动停车。

电动机 M2 由交流接触器 KM4 控制其主电路的接通和断开，电动机 M3 由交流接触器 KM5 控制。

为保证主电路的正常运行，主电路中还设置了熔断器的短路保护环节和热继电器的过载保护环节。

2．控制电路分析

（1）主电动机正、反转启动与点动控制

当正转启动按钮 SB3 压下时，其两个常开触点同时闭合，一常开触点（8 区）接通交流接触器 KM3 的线圈电路和时间继电器 KT 的线圈电路，时间继电器的常闭触点（3 区）在主电路中短接电流表 PG，以防止电流对电流表的冲击；经延时断开后，电流表接入电路正常工作；KM3 的主触点（2 区）将主电路中限流电阻短接，其辅助动合触点（13 区）同时将中间继电器 KA 的线圈电路接通，KA 的常闭触点（9 区）将停车制动的基本电路切除，其动合触点（8 区）与 SB3 的动合触点（7 区）均在闭合状态，控制主电动机的交流接触器 KM1 的线圈电路得电并自锁，其主触点（2 区）闭合，电动机正向直接启动并结束。KM1 的自锁回路由它的常开辅助触点（7 区）和 KA 的常开触点（8 区）组成自锁回路，来维持 KM1 的通电状态。反向直接启动控制过程与其相同，只是启动按钮为 SB4。

SB2 为主电动机点动控制按钮。按下 SB2 点动按钮，直接接通 KM1 的线圈电路，电动机 M1 正向直接启动，这时 KM3 线圈电路并没有接通，因此其主触点不闭合，限流电阻 RA 接入主电路限流，其辅助动合触点不闭合，KA 线圈不能得电工作，从而使 KM1 线圈电路形不成自锁，松开按钮 SB2，M1 停转，实现了主电动机串联电阻限流的点动控制。

另外，接触器 KM1 的辅助触点数量是有限的，故在控制电路中使用了中间继电器 KA。因为 KA 没有主触点，而 KM3 辅助触点又不够，所以用 KM3 来带一个 KA，这样解决了在主电路中使用主触点，而控制电路辅助触点不够的问题。KA 的线圈也可以直接和 KM3 的线圈并联使用。

（2）主电动机反接制动控制电路

C650 型卧式车床采用反接制动的方式进行停车制动，停车按钮按下后开始制动过程。当电动机转速接近零时，速度继电器的触点打开，结束制动。下面以原工作状态为正转时进行停车制动过程为例，说明电路的工作原理。

当电动机正向正常运转时，速度继电器 KS 的动合触点 KS2 闭合，制动电路处于准备状态。按下停车按钮 SB1，切断控制电源，KM1、KM3、KA 线圈均失电，此时控制反接制动电路工作与否的 KA 动断触点（9 区）恢复原状闭合，与 KS2 触点一起，将反转交流接触器 KM2 的线圈电路接通，电动机 M1 接入反相序电流，反向启动转矩将平衡正向惯性转动转矩，强迫电动机迅速停车。当电动机速度降低到速度继电器的动作值时，速度继电器触点 KS2 复位打开，切断 KM2 的线圈电路，完成正转的反接制动。在反接制动过程中，KM3 失电，所以限流电阻 RA 一直起限制反接制动电流的作用。反转时的反接制动工作过程和正转时相似，此时在反转状态下，KS1 触点闭合，制动时，接通交流接触器 KM1 的线圈电路，进行反接制动。

（3）刀架的快速移动和冷却泵电动机的控制

刀架快速移动是由转动刀架手柄压动位置开关 BG，接通快速移动电动机 M3 的接触器 KM5 的线圈电路，KM5 的主触点闭合，M3 电动机启动运行，经传动系统驱动溜板带动刀架快速移动。

启动按钮 SB6 和停止按钮 SB5 控制接触器 KM4 线圈电路的通断，来完成冷却泵电动机 M2 的控制。

（4）辅助电路

开关 SB0 可控制照明灯 EA，且 EA 为 36V 的安全照明电压。

四、C650 型卧式车床电气控制线路的特点

C650 型卧式车床电气控制线路的特点如下。

① 主轴与进给电动机 M1 主电路具有正、反转控制和点动控制功能，并设置有监视电动机绕组工作电流变化的电流表和电流互感器。

② 该机床采用反接制动的方法控制 M1 的正、反转制动。

③ 能够进行刀架的快速移动。

第三节　T68 型卧式镗床电气控制线路分析

镗床主要用于加工精确的孔和各孔间相互位置要求较高的零件，而这些工件的加工对于钻床来说是难以胜任的。

T68 型卧式镗床是镗床中应用较广的一种，主要用于钻孔、镗孔、铰孔及加工端平面等，使用一些附件后，还可以车削螺纹。

一、T68 型卧式镗床的主要结构和运动形式

T68 型卧式镗床的结构如图 3-5 所示，它主要由床身、前立柱、镗头架、工作台、后立柱和尾架等部分组成。

床身是一个整体铸件，在它的一端固定有前立柱，前立柱的垂直导轨上装有镗头架，镗头架可沿着导轨垂直移动。镗头架里集中地装有主轴部分、变速箱、进给箱与操纵机构等部件。切削刀具固定在镗轴前端的锥形孔里，或装在花盘的刀具溜板上，在工作过程中，镗轴一面旋转，一面沿轴向做进给运动。花盘只能旋转，装在上面的刀具溜板可做垂直于主轴轴线方向的径向进给运动。镗轴和花盘主轴是通过单独的传动链传动，因此可以独立转动。

后立柱的尾架用来支撑装夹在镗轴上的镗杆末端，它与镗头架同时升降，两者的轴线始终在一条直线上。后立柱可沿床身导轨在镗轴的轴线方向调整位置。

安装工件的工作台安置在床身中部的导轨上，它由上溜板、下溜板及可转动的台面组成，工作台可做平行于和垂直于镗轴轴线方向的移动，并可转动。

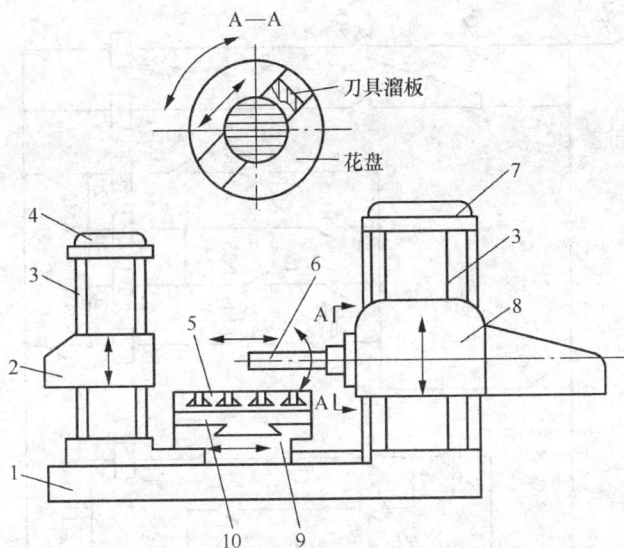

图 3-5 T68 型卧式镗床结构示意图

1—床身；2—尾架；3—导轨；4—后立柱；5—工作台；

6—镗轴；7—前立柱；8—镗头架；9—下溜板；10—上溜板

二、电力拖动和控制要求

由上面的分析可知，T68 型卧式镗床的运动形式有以下 3 种。

① 主运动——镗轴的旋转与花盘的旋转运动。

② 进给运动——镗轴的轴向进给、花盘上刀具的径向进给、镗头的垂直进给、工作台的横向进给和纵向进给。

③ 辅助运动——工作台的旋转、后立柱的水平移动、尾架的垂直移动及各部分的快速移动。

T68 型卧式镗床对电力拖动和控制系统有以下要求。

① 为了适应各种工件的加工工艺要求，主轴旋转和进给都应有较大的调速范围。本机床采用双速笼型异步电动机作为主拖动电动机，并采用机电联合调速，这样既扩大了调整范围，又使机床传动机构简化。

② 进给运动和主轴及花盘旋转采用同一台电动机拖动。由于进给运动有几个方向（主轴轴向、花盘径向、主轴垂直方向、工作台横向、工作台纵向），所以要求主电动机能正反转，并可调速。高速运转应先经低速启动，各方向的进给应有联锁。

③ 各进给部分应能快速移动，本机床采用一台快速电动机拖动。

④ 为适应调整的需要，要求主拖动电动机应能正反向点动，并且有准确的制动。本机床采用电磁铁带动的机械制动装置。

三、电气控制线路分析

T68 型卧式镗床的控制线路如图 3-6 所示。

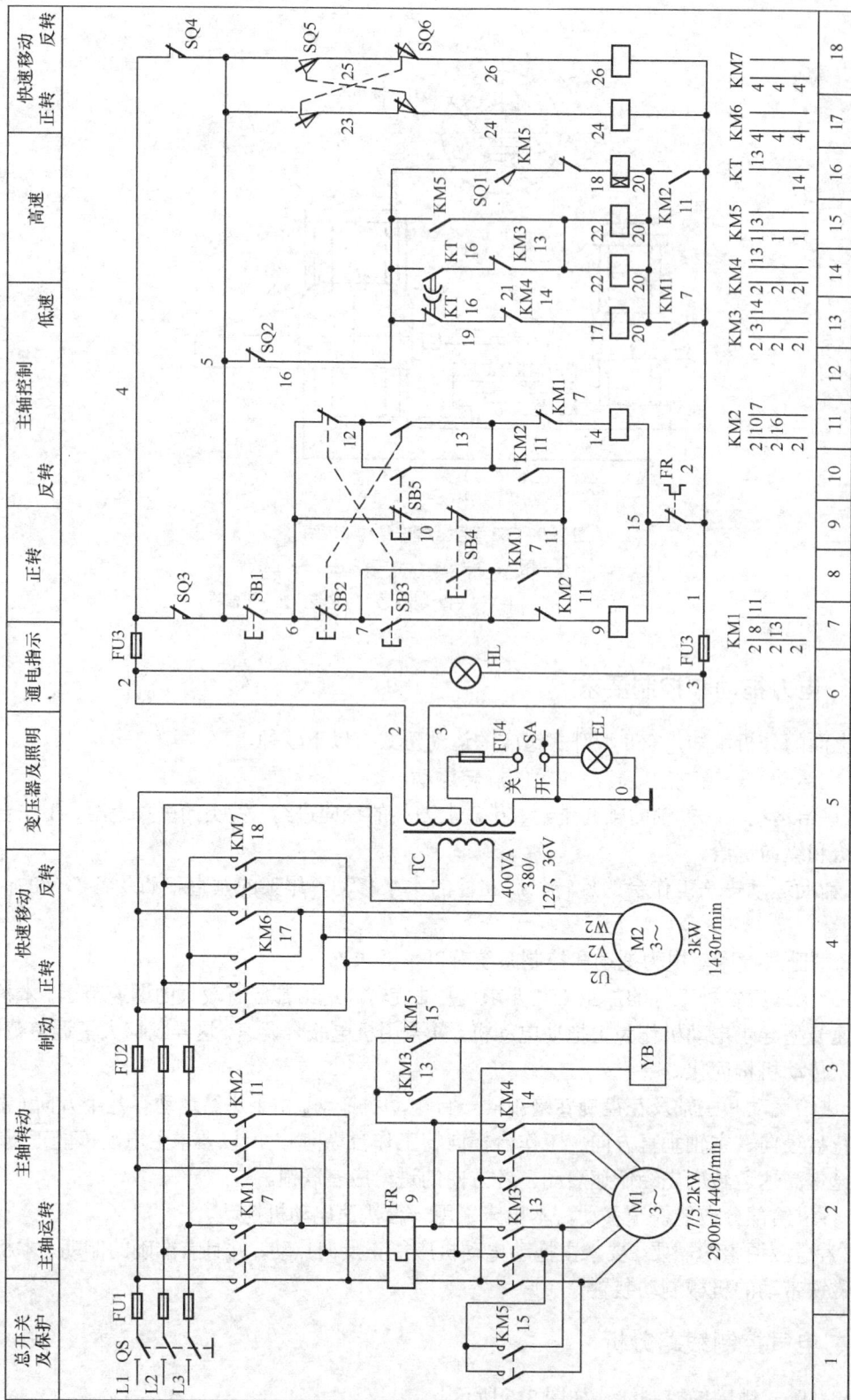

图 3-6 T68 型卧式镗床的控制线路

1. 主电路分析

主电路中有两台电动机，M1 为主拖动电动机，由 KM1 和 KM2 的主触点控制 M1 的正反转，KM3 的主触点控制 M1 的低速运转，KM4、KM5 的主触点控制 M1 的高速运转。YB 为主轴制动电磁铁的线圈，由 KM3 和 KM5 的触点控制。M2 为快速移动电动机，由 KM6、KM7 的主触点来控制其正反转。FR 是对 M1 进行过载保护的热继电器，M2 为短时间运行，故不需过载保护。

2. 控制电路分析

（1）主拖动电动机启动控制

① 低速启动控制。低速启动时，将变速手柄扳在低速位置，此时 SQ1（16 区）分断。在此之后，控制过程为：按 SB3，$SB3^+ \rightarrow KM1^+$（自锁）$\rightarrow KM3^+ \rightarrow YB^+ \rightarrow$ M1 低速启动。

② 高速启动控制。将变速手柄扳在高速位置，此时 SQ1（16 区）闭合。

在此之后，控制过程为：按下 SB3，$SB3^+ \rightarrow KM1^+$（自锁）$\rightarrow \begin{matrix} KT^+ \\ KM_3 \end{matrix} \rightarrow \begin{matrix} YB^+ \\ M_1 \end{matrix}$ 低速启动

$\xrightarrow{KT延时到} KM3^- \left| \begin{matrix} \rightarrow KM^{4+} \\ \rightarrow KM^{5+} \end{matrix} \right| \rightarrow \begin{matrix} KT^+ \\ M_1 \end{matrix}$ 高速启动。

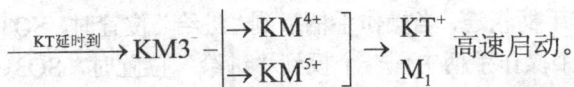

以上介绍的是正转的低速和高速启动的控制过程，反转启动只需按 SB2，其控制过程与正转相同，不再重复。

（2）主轴点动控制

主轴点动时变速手柄位于低速位置。主轴点动由点动按钮 SB4 或 SB5 来控制，点动按钮为复合按钮，按 SB4 或 SB5 时，其常闭触点切断 KM1 或 KM2 的自锁回路，KM1 或 KM2 线圈通电使 KM3 线圈得电，M1 低速正转或反转，松开按钮后，由于无自锁，接触器 KM1 或 KM2 断电释放，M1 随即停转，实现点动控制。

（3）主轴的停止和制动

主轴旋转时，按下停止按钮 SB1，便切断了 KM1 或 KM2 的线圈回路，接触器 KM1 或 KM2 断电，主触点断开，切断电动机 M1 的电源，与此同时，电动机进行机械制动。

T68 型卧式镗床采用电磁操作的机械制动装置，主电路中的 YB 为制动电磁铁的线圈，不论 M1 正转或反转，YB 线圈均通电吸合，松开电动机轴上的制动轮，电动机即自由启动。当按下停止按钮 SB1 时，电动机 M1 和制动电磁铁 YB 线圈同时断电，在弹簧作用下，杠杆将制动带紧箍在制动轮上，进行制动，电动机迅速停转。

还有些卧式镗床采用由速度继电器控制的反接制动控制线路。

（4）主轴变速和进给变速控制

主轴变速和进给变速是在电动机 M1 运转时进行的。当主轴变速手柄拉出时，限位开关 SQ2（12 区）被压下分断，接触器 KM3、KM4 或 KM5 都断电而使主电动机 M1 停转。当主轴转速选择好以后，推回调速手柄，则 SQ2 恢复到变速前的接通状态，电动机 M1 便自动启动工作。同理，需进给变速时，拉出进给变速操纵手柄，限位开关 SQ2 受压而断开，使电动机 M1 停车，选好合适的进给量之后，将进给变速手柄推回，SQ2 便恢复原来的接通状态，电动机 M1 又自动启动工作。

当变速手柄推不上时，可来回推动几次，使手柄通过弹簧装置作用于限位开关 SQ2，SQ2 便反复断开接通几次，使电动机 M1 产生冲动，带动齿轮组冲动，以便于齿轮啮合。

（5）快速移动电动机 M2 的控制

为了缩短辅助时间，加快调整的速度，机床各移动部分都有快速移动，采用一台快速移动电动机 M2 单独拖动，通过不同的齿轮齿条、丝杆的连接来完成各方向的快速移动，这些均由快速移动操作手柄来控制。扳动快移手柄时压下限位开关 SQ5 或 SQ6，使其常开触点闭合，快速移动接触器 KM6（17 区）或 KM7（18 区）通电吸合，快速移动电动机旋转而实现快速移动。

3. 辅助电路分析

因为控制电路使用电器较多，所以采用一台控制变压器 TC 供电，控制电路电压为 127V，并有 36V 安全电压给局部照明灯 EL 供电，SA 为照明灯开关，HL 为电源接通指示灯。

4. 联锁保护环节分析

（1）主轴箱或工作台与主轴机动进给联锁

在工作台或主轴机动进给时，为了防止出现将主轴或花盘机动进给手柄误扳下而损坏机构的情况，在控制电路中设有联锁装置。限位开关 SQ4 有一机械机构与工作台及主轴箱进给操作手柄相连，当操作手柄扳到"进给"位置时，SQ4 常闭触点（18 区）断开。限位开关 SQ3 也有一机械机构与主轴及花盘进给操作手柄相连，当操作手柄扳到"进给"位置时，SQ3 的常闭触点（7 区）也是断开的。当以上两个操作手柄中任一个扳到"进给"位置时，SQ3、SQ4 中只有一个常闭触点断开。电动机 M1、M2 都可以启动，实现自动进给。若两个操作手柄同时扳到"进给"位置时，SQ3、SQ4 常闭触点都断开，控制电路断电，电动机 M1、M2 无法启动，这就避免了误操作而造成的事故。

（2）其他联锁环节

主电动机 M1 的正反转控制电路、高低速控制电路、快速电动机 M2 正反转控制电路也设有互锁环节，以防止误操作而造成事故。

（3）保护环节

熔断器 FU1 对主电路进行短路保护，FU2 对 M2 及控制变压器进行短路保护，FU3 对控制电路进行短路保护，FU4 对局部照明电路进行短路保护。

FR 对主电动机 M1 进行过载保护。因控制电路采用按钮接触器控制，所以具有失压保护的功能。

四、T68 型卧式镗床电气控制线路的特点

① 主轴与进给电动机 M1 为双速电动机，由接触器 KM3、KM4 和 KM5 控制定子绕组，由三角形接法换接成双星形接法，进行低高速转换。低速时可直接启动；高速时，先低速启动而后自动转换成高速运行，以减小启动电流。

② 双速电动机 M1 能正反转运行，并可正反向点动，制动采用电磁操作的机械制动装置。

③ 主轴和进给变速均在运行中进行，只要进行变速，主电动机便断电停车，变速完成后又恢复运行。

④ 主轴箱、工作台与主轴进给等部分的快速移动由单独的快速移动电动机 M2 拖动，它们与机动进给之间有机械和电气的联锁保护。

第四节　X62W 型卧式万能铣床电气控制线路分析

铣床主要是用于加工零件的平面、斜面、沟槽等型面的机床，装上分度头以后，可以加

工直齿轮或螺旋面,装上回转圆工作台则可以加工凸轮和弧形槽。铣床用途广泛,在金属切削机床中使用数量仅次于车床。铣床的种类很多,有卧铣、立铣、龙门铣、仿形铣以及各种专用铣床。X62W 型卧式万能铣床是应用最广泛的铣床之一。

一、X62W 型卧式万能铣床的主要结构与运动分析

X62W 型卧式万能铣床具有主轴转速高、调速范围宽、操作方便、工作台能自动循环加工等特点,其结构如图 3-7 所示,它主要由底座、床身、悬梁、刀杆支架、工作台、溜板和升降台等部分组成。箱型的床身固定在底座上,它是机床的主体部分,用来安装和连接机床的其他部件,床身内装有主轴的传动机构和变速操纵机构。床身的顶部有水平导轨,其上装有带一个或两个刀杆支架的悬梁,刀杆支架用来支撑铣刀心轴的一端,心轴的另一端固定在主轴上,并由主轴带动旋转。悬梁可沿水平导轨移动,刀杆支架也可沿悬梁做水平移动,以便调整铣刀的位置。床身的前侧面装有垂直导轨,升降台可沿导轨上下移动。在升降台上面的水平导轨上,装有可在平行于主轴轴线方向移动(横向移动,即前后移动)的溜板,溜板上部有可以转动的回转台。工作台装在回转台的导轨上,可以做垂直于轴线方向的移动(纵向移动,即左右移动)。工作台上有固定工件的燕尾槽。从上述结构来看,固定于工作台上的工件可做上下、左右及前后 3 个方向的移动,便于工作调整和加工时进给方向的选择。

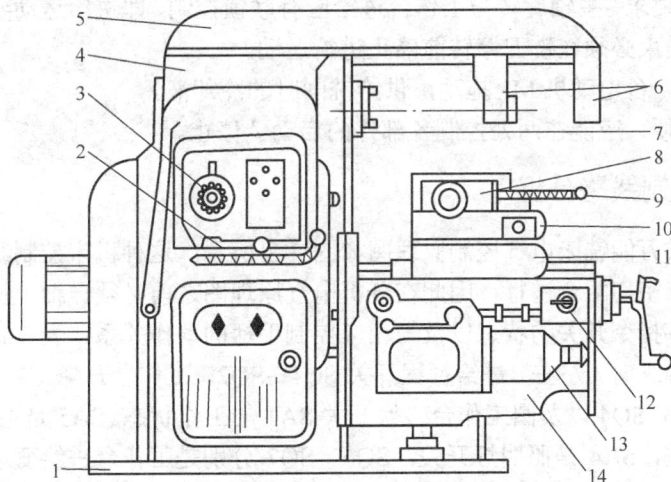

图 3-7　X62W 万能铣床外形简图

1—底座;2—主轴变速手柄;3—主轴变速数字盘;4—床身(立柱);5—悬梁;

6—刀杆支架;7—主轴;8—工作台;9—工作台纵向操纵手柄;10—回转台;

11—床鞍;12—工作台升降及横向操纵手柄;13—进给变速手轮及数字盘;14—升降台

此外,溜板可绕垂直轴线左右旋转 45°,因此工作台还能在倾斜方向进给,以加工螺旋槽。工作台上还可以安装圆工作台以扩大铣削能力。

从上述分析可知,X62W 型卧式万能铣床有 3 种运动,即主运动、进给运动和辅助运动。主轴带动铣刀的旋转运动称为主运动;加工中工作台或进给箱带动工件的移动以及圆工作台的旋转运动称为进给运动;工作台带动工件在 3 个方向的快速移动称为辅助运动。

二、电力拖动和控制要求

① X62W 型卧式万能铣床的主运动和进给运动之间没有速度比例协调的要求，所以主轴与工作台各自采用单独的笼型异步电动机拖动。

② 主轴电动机 M1 是在空载时直接启动，为完成顺铣和逆铣，要求有正反转。可根据铣刀的种类来选择转向，在加工过程中不必变换转向。

③ 为了减小负载波动对铣刀转速的影响，以保证加工质量，主轴上装有飞轮，其转动惯量较大。为提高工作效率，要求主轴电动机有停车制动控制。

④ 工作台的纵向、横向和垂直 3 个方向的进给运动由一台进给电动机 M2 拖动，3 个方向的选择由操纵手柄改变传动链来实现，每个方向有正反向运动，要求 M2 有正反转。同一时间只允许工作台向一个方向移动，故 3 个方向的运动之间应有联锁保护。

⑤ 为了缩短调整运动的时间，提高生产率，工作台应有快速移动控制，X62W 万能铣床是采用快速电磁铁吸合而改变传动链的传动比来实现的。

⑥ 使用圆工作台时，要求圆工作台的旋转运动与工作台的上下、左右、前后 3 个方向的运动之间有联锁控制，即圆工作台旋转时，工作台不能向其他方向移动。

⑦ 为适应加工的需要，主轴转速与进给速度应有较宽的调节范围。X62W 万能铣床是采用机械变速的方法，改变变速箱传动比来实现的。为保证变速时齿轮易于啮合，减小齿轮端面的冲击，要求变速时有电动机冲动（短时转动）控制。

⑧ 根据工艺要求，主轴旋转与工作台进给应有联锁控制，即进给运动要在铣刀旋转之后才能进行，加工结束必须在铣刀停转前停止进给运动。

⑨ 冷却泵由一台电动机 M3 拖动，供给铣削时的冷却液。

⑩ 为操作方便，应能在两处控制各部件的启动／停止。

三、电气控制线路分析

X62W 型卧式万能铣床电气控制原理图如图 3-8 所示。这种机床控制线路的显著特点是控制由机械和电气密切配合进行，因此在分析电气原理图之前必须详细了解各转换开关、行程开关的作用，各指令开关的状态以及与相应控制手柄的动作关系。表 3-1、表 3-2 和表 3-3 分别列出了工作台纵向（左右）进给行程开关 SQ1、SQ2，工作台升降（上下）、横向（前后）进给行程开关 SQ3、SQ4 以及圆工作台转换开关 SA1 的工作状态。SA5 是主轴换向开关，SA3 是冷却泵控制开关，SA4 是照明灯开关，SQ6、SQ7 分别是工作台进给变速和主轴变速冲动开关，由各自的变速控制手柄和变速手轮控制。

在了解了各开关的工作状态之后，便可按步骤分析控制线路了。

表 3-1   **工作台纵向行程开关工作状态**

纵向操作手柄 / 触点	向 左	中间（停）	向 右
SQ1-1	-	-	+
SQ1-2	+	+	-
SQ2-1	+	-	-
SQ2-2	-	+	+

表 3-2 工作台升降、横向行程开关工作状态

升降及横向操作手柄 / 触 点	向前向下	中间（停）	向后向上
SQ3-1	+	−	−
SQ3-2	−	+	+
SQ4-1	−	−	+
SQ4-2	+	+	−

表 3-3 圆工作台转换开关工作状态

位 置 / 触 点	接通圆工作台	断开圆工作台
SA1-1	−	+
SA1-2	+	−
SA1-3	−	+

1. 主电路分析

由原理图可知，主电路中共有 3 台电动机，其中 M1 为主轴拖动电动机，M2 为工作台进给拖动电动机，M3 为冷却泵拖动电动机。QS 为电源隔离开关，各电动机的控制过程如下。

① M1 由 KM3 控制，由转向选择开关 SA5 预选转向，KM2 的主触点串联两相电阻与速度继电器 KS 配合实现 M1 的停车反接制动。另外还通过机械机构和接触器 KM2 进行变速冲动控制。

② 工作台拖动电动机 M2 由接触器 KM4、KM5 的主触点控制，并由接触器 KM6 的主触点控制快速电磁铁，决定工作台移动速度，KM6 接通为快速，断开为慢速。

③ 冷却泵拖动电动机由接触器 KM1 控制，单方向运转。

2. 控制电路分析

（1）控制电路电源

因为控制电器较多，所以控制电路电压为 127V，由控制变压器 TC 供给。

（2）主轴电动机的启 / 停控制

在非变速状态下，SQ7 不受压。根据所用的铣刀，由 SA5 选择转向，合上 QS，启动控制过程为：

按 SB1，$SB1^+$ → $KM3^+$（自锁）$M1^+$ 直接启动 $\xrightarrow{n\,达到一定值时}$ KS^+ 为反接制动作准备或（SB2）（或 $SB2^+$）加工结束。

需停止时，按 SB3，$SB3^+$ → $KM3^-$ → $KM2^+$ → M1 反接（或 SB4）（或 $SB4^+$）制动 $n\downarrow$ $\xrightarrow{n\,低于一定值时}$ KS^- → $KM2^-$ → M1 停车。

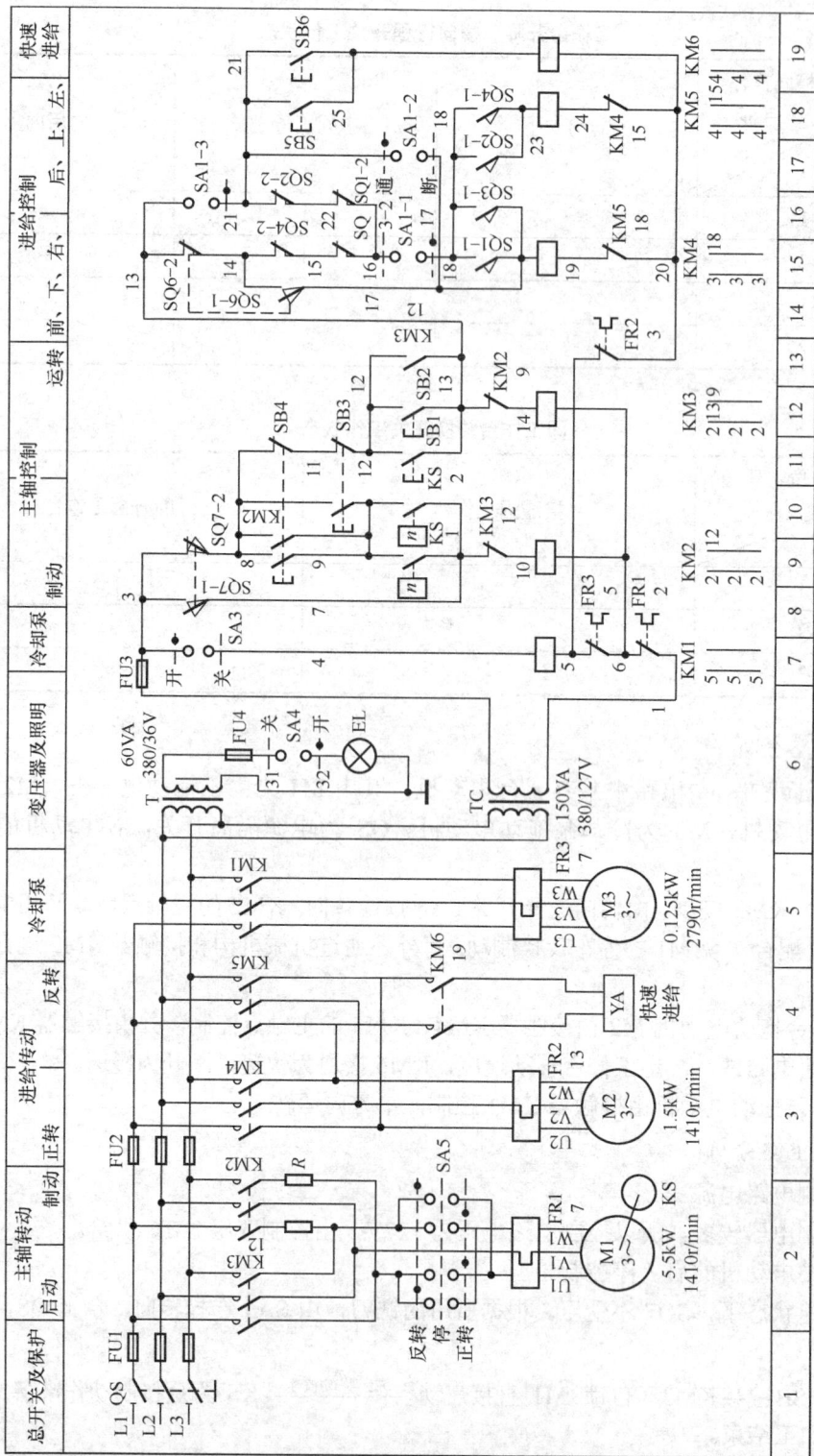

图 3-8 X62W 型卧式万能铣床电气控制原理图

（3）主轴变速控制

X62W 型卧式万能铣床主轴的变速采用孔盘机构，集中操纵。从控制电路的设计结构来看，既可以在停车时变速，M1 运转时也可以进行变速。图 3-9 所示为 X62W 主轴变速机构简图。变速时，将主轴变速手柄扳向左边，由扇形齿轮带动齿条和拨叉，使变速孔盘移出，并由与扇形齿轮同轴的凸轮触动变速冲动开关 SQ7。然后转动变速数字盘至所需要的转速，再迅速将变速手柄推回原处。当快接近终位时，应减慢推动的速度，以利齿轮的啮合，使孔盘顺利推入。此时，凸轮又触动一下 SQ7，当孔盘完全推入时，SQ7 恢复原位。当手柄推不到底（孔盘推不上）时，可将手柄扳回再推一两次，便可推回原处。

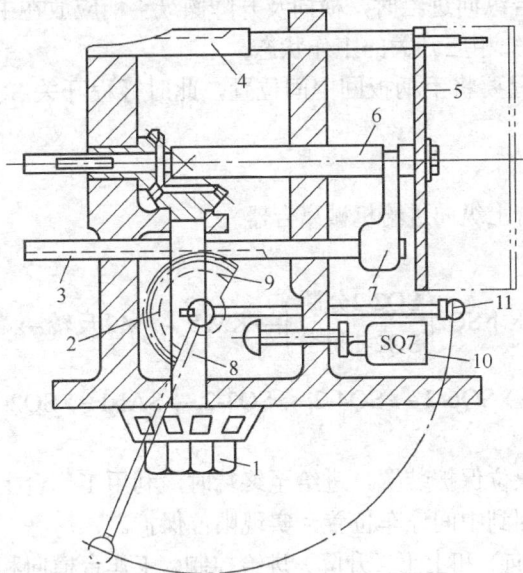

图 3-9 X62W 主轴变速操作机构简图

1—变速数字盘；2—扇形齿轮；3、4—齿条；5—变速孔盘；

6、11—轴；7—拨叉；8—变速手柄；9—凸轮；10—限位开关

从上面的分析可知，在变速手柄推拉过程中，使变速冲动开关 SQ7 动作，即 SQ7-2 分断，SQ7-1 闭合，接触器 KM2 线圈短时通电，电动机 M1 低速冲动一下，而使传动齿轮顺利啮合。由于 SQ7-1 短时闭合时，SQ7-2 断开，所以 X62W 卧式万能铣床能够在运转中直接进行主轴变速操作。其控制过程是：扳动变速手柄时，SQ7 短时受压，M1 反接制动，转速迅速降低，以保证变速过程的顺利进行。变速完成后推回手柄，则主轴重新启动后，便运转于新的转速。

（4）工作台移动控制

工作台移动控制电路的电源是从 13 点引出，串入了 KM3 的自锁触点，以保证主轴旋转与工作台进给的联锁要求。进给电动机 M2 由 KM4、KM5 控制，实现正反转。工作台移动方向由各自的操作手柄来选择。

① 工作台左右（纵向）移动。工作台纵向进给是由纵向操作手柄控制的，此手柄有左、中、右 3 个位置，各位置对应的限位开关 SQ1、SQ2 的工作状态见表 3-1。扳动手柄合上纵向进给的机械离合器，同时压下 SQ1 或 SQ2，实现纵向进给。控制过程如下。

工作台向右移动：

手柄扳向右───┬──→合上纵向进给机械离合器

└──→压下SQ1$\left(\begin{array}{c}\text{SQ1-2分断}\\\text{SQ1-1闭合}\end{array}\right)$→KM4$^+_-$→M2正转→工作台右移

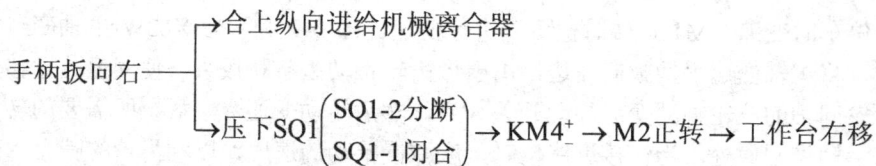

电流流经路径为：13→SQ6-2→SQ4-2→SQ3-2→SA1-1→SQl-1→KM4 线圈→KM5 常闭触点→20。

需说明的是，工作台纵向进给时，横向及升降操纵手柄应放在中间位置，不使用圆工作台，由表 3-2、表 3-3 可知相应开关的工作状态。

欲停止向右移动，只要将手柄扳回中间位置，此时行程开关 SQ1 不受压，工作台停止移动。

工作台向左移动：

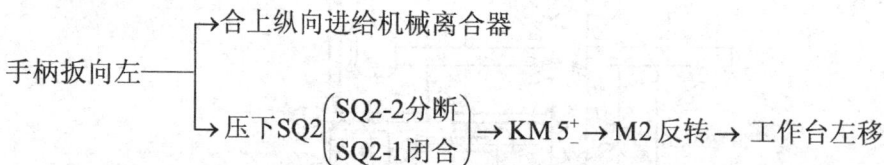

手柄扳向左───┬──→合上纵向进给机械离合器

└──→压下SQ2$\left(\begin{array}{c}\text{SQ2-2分断}\\\text{SQ2-1闭合}\end{array}\right)$→KM5$^+_-$→M2 反转→ 工作台左移

电流经路径为： 13→SQ6-2→SQ4-2→SQ3-2→SA1-1→SQ2-1→KM5 线圈→KM4 常闭触点→20。

工作台纵向进给有限位保护装置，进给至终端时，利用工作台上安装的左右终端撞块，撞击操纵手柄，使手柄回到中间停车位置，实现限位保护。

② 工作台前后（横向）和上下（升降）进给控制。工作台横向和升降运动是通过十字复式操纵手柄来控制的。该手柄有 5 个位置，即上、下、前、后和中间零位。在扳动十字操纵手柄的时候，通过联动机构，将控制运动方向的机械离合器合上，同时压下相应的行程开关 SQ3 或 SQ4。

工作台向上运动：

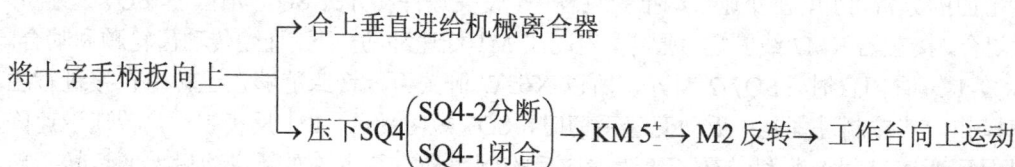

将十字手柄扳向上───┬──→合上垂直进给机械离合器

└──→压下SQ4$\left(\begin{array}{c}\text{SQ4-2分断}\\\text{SQ4-1闭合}\end{array}\right)$→KM5$^+_-$→M2 反转→ 工作台向上运动

电流经路径为： 13→SA1-3→SQ2-2→SQ1-2→SA1-1→SQ4-1→KM5 线圈→KM4 常闭触点→20。

欲停止上升，只要把十字手柄扳回中间位置即可。

工作台向下运动，只要将十字手柄扳向下，则 KM4 线圈得电，使 M2 反转即可，其控制过程与上升类似。

工作台向前运动：

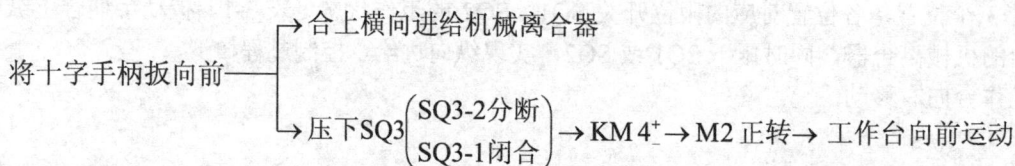

将十字手柄扳向前───┬──→合上横向进给机械离合器

└──→压下SQ3$\left(\begin{array}{c}\text{SQ3-2分断}\\\text{SQ3-1闭合}\end{array}\right)$→KM4$^+_-$→M2 正转→ 工作台向前运动

电流流经路径为：13 → SA1-3 → SQ2-2 → SQ1-2 → SAl-1 → SQ3-1 → KM4 线圈 → KM5 常闭触点 → 20。

工作台向后运动，控制过程与向前类似，只需将十字手柄扳向后，则 SQ4 被压下，KM5 线圈得电，M2 反转，工作台向后运动。

工作台上、下、前、后运动都有限位保护，当工作台运动到极限位置时，利用固定在床身上的挡铁，撞击十字手柄，使其回到中间位置，工作台便停止运动。

每个方向的移动都有两种速度，上面介绍的 6 个方向的进给都是慢速移动。需要快速移动时，可在慢速移动过程中按下 SB5 或 SB6，则 KM6 得电吸合，快速电磁铁 YA 通电，工作台便按原移动方向快速移动。快速移动为点动，松开 SB5 或 SB6，快速移动停止，工作台仍按原方向继续进给。

若要求在主轴不转的情况下进行工作台快速移动，可将主轴换向开关 SA5 扳在停止位置，然后扳动进给手柄，按下主轴启动按钮和快速移动按钮，工作台就可进行快速调整。

（5）工作台各运动方向的联锁

在同一时间内，工作台只允许向一个方向运动，这种联锁是利用机械和电气的方法来实现的。例如，工作台向左、向右控制，是同一手柄操作的，手柄本身起到左右运动的联锁作用。同理，工作台的横向和升降运动 4 个方向的联锁，是由十字手柄本身来实现的。而工作台的纵向与横向、升降运动的联锁，则是利用电气方法来实现的。由纵向进给操作手柄控制的 SQ1-2 → SQ2-2 和横向、升降进给操作手柄控制的 SQ4-2 → SQ3-2 两个并联支路控制接触器 KM4 和 KM5 的线圈，若两个手柄都扳动，则把这两个支路都断开，使 KM4 或 KM5 都不能工作，达到联锁的目的，防止两个手柄同时操作而损坏机构。

（6）工作台进给变速控制

为了获得不同的进给速度，X62W 铣床是通过机械方法改变变速齿轮传动比来实现的。与主轴变速类似，为了使变速时齿轮易于啮合，控制电路中也设置了瞬时冲动控制环节。变速应在工作台停止移动时进行。进给变速操作过程是：先启动主轴电动机，拉出蘑菇形变速手轮，同时转动至所需的进给速度，再把手轮用力往外一拉，并立即推回原处。在手轮拉到极限位置的瞬间，其连杆机构推动 SQ6，使 SQ6-2 分断，SQ6-1 闭合，接触器 KM4 短时通电，M2 短时冲动，便于变速过程中齿轮的啮合。其电流路径为：13 → SA1-3 → SQ2-2 → SQ1-2 → SQ3-2 → SQ4-2 → SQ6-1 → KM4 线圈 → KM5 常闭触点 → 20。

（7）圆工作台控制

为了扩大机床的加工能力，可在工作台上安装圆工作台。在使用圆工作台时，工作台纵向及十字操作手柄都应置于中间位置。在机床开动前，先将圆工作台转换开关 SA1 扳到"接通"位置，此时 SA1-2 闭合，SA1-1 和 SA1-3 断开，当按下主轴启动按钮 SB1 或 SB2 时，主轴电动机便启动，而进给电动机也因接触器 KM4 得电而旋转，电流的路径为：13 → SQ6-2 → SQ4-2 → SQ3-2 → SQ1-2 → SQ2-2 → SA1-2 → KM4 线圈 → KM5 常闭触点 → 20。电动机 M2 正转并带动圆工作台单向运转，其旋转速度也可通过蘑菇状变速手轮进行调节。由于圆工作台的控制电路中串联了 SQ1～SQ4 的常闭触点，所以扳动工作台任一方向的进给操作手柄，都将使圆工作台停止转动，这就起到圆工作台转动与工作台 3 个方向移动的联锁保护。

（8）冷却泵电动机 M3 的控制

由转换开关 SA3 控制接触器 KM1 来控制冷却泵电动机 M3 的启动和停止。

3. 辅助电路及保护环节分析

机床的局部照明由变压器 TC 供给 36V 安全电压，转换开关 SA4 控制照明灯。

M1、M2、M3 为连续工作制，由 FR1、FR2、FR3 实现过载保护，热继电器的常闭触点串在控制电路中，当主轴电动机 M1 过载时，FR1 动作切除整个控制电路的电源；冷却泵电动机 M3 过载时，FR3 动作切除 M2、M3 的控制电源；进给电动机 M2 过载时，FR2 动作切除自身控制电源。

由 FU1、FU2 实现主电路的短路保护，FU3 实现控制电路的短路保护，FU4 作为照明电路的短路保护。

四、X62W 型卧式万能铣床电气控制线路的特点

X62W 万能铣床
电气控制线路

从以上分析，可知这种机床控制线路有以下特点。

① 电气控制线路与机械配合相当密切，因此分析中要详细了解机械结构与电气控制的关系。

② 运动速度的调整主要是通过机械方法，因此简化了电气控制系统中的调速控制线路，但机械结构就相对比较复杂。

③ 控制线路中设置了变速冲动控制，从而使变速顺利进行。

④ 采用两地控制，操作方便。

⑤ 具有完善的电气联锁，并具有短路、零压、过载及超行程限位保护环节，工作可靠。

习题与思考题

3-1 电气控制系统分析的任务是什么？分析哪些内容？应达到什么要求？掌握电气控制线路的分析方法，对电气技术人员有什么重要意义？

3-2 在电气系统分析中，主要涉及哪些资料和技术文件？各有什么用途？

3-3 说明电气原理图分析的一般步骤。在读图分析中采用最多的是哪种方法？

3-4 C630 型车床电气控制原理图中主轴电动机为何不设短路保护熔断器？主轴正反转是如何实现的？

3-5 说明 T68 型镗床主轴低速控制的原理及低速启动转为高速运转的控制过程。

3-6 说明 T68 型镗床快速进给的控制过程。

3-7 分析 T68 型镗床主轴变速和进给变速控制过程。

3-8 T68 型镗床为防止两个方向同时进给而出现事故，采取了什么措施？

3-9 说明 X62W 型卧式万能铣床工作台各方向运动，包括慢速进给和快速移动的控制过程；说明主轴变速及制动控制过程，主轴运动与工作台运动的联锁关系是什么？

3-10 X62W 型卧式万能铣床控制线路中设置变速冲动控制环节的作用是什么？说明其控制过程。

3-11 说明 X62W 型卧式万能铣床控制线路中工作台 6 个方向进给联锁保护的工作原理。

3-12 说明 X62W 型卧式万能铣床控制线路中圆工作台控制过程及联锁保护的原理。

第四章 可编程控制器概述

在工业控制中，使用着单片机系统、工业计算机和可编程控制器3种控制系统，其中单片机系统具有成本低廉、控制灵活等优点，但是其开发难度大，开发成本高；工业计算机通常和其他计算机（单片机或者PLC等）进行通信控制，开发方便；可编程控制器控制系统根据用户需要来选择相应的模块，并且用户程序在系统程序上运行和编制，使其开发简单，抗干扰能力强，语言简单，许多电力工程师能够快速地适应设计工作，近年来发展迅速。

可编程逻辑控制器（Programmable Logic Controller，PLC）通常称为可编程控制器，是集自动控制技术、计算机技术和通信技术于一体的一种新型工业控制装置，它的应用面广、功能强大、使用方便，已经成为当代工业自动化三大支柱（PLC、Robot、CAD/CAM）之一，在工业生产的许多领域得到广泛的使用。

第一节 PLC的概念

一、PLC的产生和定义

在PLC问世之前，电气自动控制的任务基本上都由继电接触式控制系统完成。这种系统主要由继电器、接触器、按钮和一些特殊电器构成，具有结构简单、抗干扰能力强和价廉等优点。但同时，它也存在着体积大、耗电多、可靠性差、寿命短、运行速度慢等缺点。此外，这类系统对于生产的适应性很差，一旦生产任务或工艺流程发生变化，则需改变硬件结构，重新设计。这使得继电器控制系统很难适应现代工业的需求。

1969年美国数字设备公司（DEC）研制出了世界上第一台可编程序控制器，并成功地应用在美国通用汽车公司（GM）的生产线上。但当时只能进行逻辑运算，故称为可编程逻辑控制器（Programmable Logic Controller，PLC），即第一代可编程控制器。

20世纪70年代后期，随着微电子技术和计算机技术的迅猛发展，PLC从开关量的逻辑控制扩展到数字控制及生产过程控制领域，真正成为一种电子计算机工业控制装置，故称为可编程控制器（Programmable Controller，PC）。由于PC容易与个人计算机（Personal Computer）相混淆，所以现在仍把PLC作为可编程控制器的缩写。

国际电工委员会（IEC）于1987年2月颁发了可编程控制器标准草案第三稿，该草案中对可编程控制器的定义是"可编程序控制器是一种数字运算操作的电子系统，专为在工业环境下应用而设计。它采用了可编程序的存储器，用来在其内部存储和执行逻辑运算、顺序控制、定时、计数和算术运算等操作命令，并通过数字式、模拟式的输入和输出，控制各种类型的机械或生产过程。可编程序控制器及其有关外围设备，都按易于与工业系统形成一个整体、易于扩充其功能的原则设计。"

PLC 是由继电器逻辑控制系统发展而来的，所以它在数学处理、顺序控制方面具有一定的优势。

二、PLC 的特点

PLC 在诞生之后就得到广泛的应用，是与其本身的特点分不开的。相对于工业 PC 和继电器控制系统，PLC 具有以下几方面特点。

1. 编程简单

梯形图是使用得最多的 PLC 的编程语言，其符号和表达式与继电器电路原理图相似，形象直观，易学易懂。有继电器电路基础的电气技术人员只要很短的时间就可以熟悉梯形图语言，并用来编制用户程序。

2. 控制灵活

PLC 产品已经标准化、系列化、模块化，配备有品种齐全的各种硬件装置供用户选择，用户能灵活方便地进行系统配置，组成不同功能、不同规模的系统。PLC 用软件功能取代了继电器控制系统中大量的中间继电器、时间继电器、计数器等器件，硬件配置确定后，可以通过修改用户程序，不用改变硬件，方便快速地适应工艺条件的变化，具有很好的柔性。

3. 功能强，可扩展性好，性价比高

一台 PLC 内有成百上千个可供用户使用的编程软元件，有很强的逻辑判断、数据处理、PID 调节和数据通信功能，可以实现复杂的控制功能。如果元件不够，只要加上需要的扩展单元即可，扩展非常方便。PLC 有较强的带负载能力，可以直接驱动一般的电磁阀和交流接触器。PLC 的安装接线也很方便，一般用接线端子连接外部接线。与相同功能的继电器系统相比，具有很高的性价比。

4. 可维护性好

PLC 的配线与其他控制系统的配线相比要少得多，故可以省下大量的配线，减少大量的安装接线时间，使开关柜体积缩小，节省大量的费用。可编程序控制器的故障率很低，且有完善的自诊断和显示功能，便于迅速地排除故障。

5. 可靠性高

传统的继电器控制系统使用了大量的中间继电器、时间继电器，由于触点接触不良，容易出现故障。PLC 用软件代替了中间继电器和时间继电器，仅剩下与输入和输出有关的少量硬件元件，接线可减少到继电器控制系统的 1/10 以下，大大减少了因触点接触不良造成的故障。

PLC 采取了一系列硬件和软件抗干扰措施，具有很强的抗干扰能力，平均无故障时间达到数万小时以上，可以直接用于有强烈干扰的工业生产现场。PLC 被广大用户公认为最可靠的工业控制设备之一。

6. 体积小，能耗低

小型 PLC 的体积仅相当于几个继电器的大小，而复杂的控制系统，由于采用了 PLC，省去了传统继电器控制系统中的大量中间继电器和时间继电器，因此使得开关柜的体积大大缩

小，一般可减为原来的 1/10～1/2，并使系统的能耗也相应地减小。

三、PLC 的分类

由于 PLC 产品种类繁多，为便于选择适合不同应用场合的 PLC，人们一般将其按以下的方法分类。

1. 按输入/输出点数分类

可编程控制器用于对外部设备的控制，外部信号的输入、PLC 的运算结果的输出都要通过 PLC 输入/输出端子来进行接线，输入/输出端子的数目之和被称作 PLC 的输入/输出点数，简称 I/O 点数。由 I/O 点数的多少可将 PLC 分成小型、中型和大型，以适应不同控制规模的应用。

小型 PLC 的 I/O 点数小于 256 点，以开关量控制为主，具有体积小、价格低的优点。可用于开关量的控制、定时/计数的控制、顺序控制及少量模拟量的控制场合，代替继电器-接触器控制在单机或小规模生产过程中使用。

中型 PLC 的 I/O 点数为 256～1 024，功能比较丰富，兼有开关量和模拟量的控制能力，适用于较复杂系统的逻辑控制和闭环过程的控制。

大型 PLC 的 I/O 点数在 1 024 点以上，用于大规模过程控制，集散式控制和工厂自动化网络。

2. 按结构形式分类

考虑到工业现场的特殊性，为了便于 PLC 的安装、扩展和接线，其结构与普通计算机有较大区别。通常从结构形式上把 PLC 分为整体式结构和模块式结构两大类。

整体式 PLC 是将 CPU、存储器、输入/输出端子、指示灯等组成部分集中于一体，安装在印制电路板上，并连同电源一起装在一个机壳内，形成一个整体，通常称为主机或基本单元。整体式结构的 PLC 具有结构紧凑、体积小、重量轻、价格低的优点。一般小型或超小型 PLC 多采用这种结构，如西门子的 S7-200 系列、OMRON 的 C20P、三菱的 F1 系列等。

模块式 PLC 则把各个组成部分做成独立的模块，如 CPU 模块、输入模块、输出模块、电源模块等。各模块做成插件式，组装在一个具有标准尺寸并带有若干插槽的机架内。模块式结构的 PLC 配置灵活，装配和维修方便，易于扩展。一般大中型的 PLC 都采用这种结构。常见的产品有西门子的 S7-300/400 系列，ORMON 的 CP200 等。

四、PLC 的应用

目前，PLC 在国内外已广泛应用于钢铁、石油、化工、电力、建材、机械制造、汽车、轻纺、交通运输、环保及文化娱乐等各个行业，随着其性价比的不断提高，应用范围不断扩大，主要有以下几个方面。

1. 开关量逻辑控制

这是可编程控制器应用最广的领域。由于 PLC 具有"与""或""非"等逻辑运算的能力，其内部还有定时器/计数器，因此 PLC 可以实现逻辑运算，用触点和电路的串联、并联，代替继电器进行组合逻辑控制，实现定时控制与顺序逻辑控制。开关量逻辑控制可以用于单台设备，也可以用于自动生产线，其应用领域已遍及各行各业，甚至深入到民用和家庭。

2. 运动控制

PLC 使用专用的运动控制模块或灵活运用指令，可以使运动控制与顺序控制功能有机地结合在一起。随着变频器、电动机启动器的普遍使用，可编程序控制器可以与变频器结合，运动控制功能更为强大。此外 PLC 还广泛地用于各种机械，如金属切削机床、装配机械、机器人、电梯等场合。

3. 模拟量控制

通过模拟量输入/输出模块，PLC 可以接收温度、压力、流量等连续变化的模拟量，实现模拟量和数字量之间的 A/D 转换和 D/A 转换，并对模拟量进行闭环 PID（比例-积分-微分）控制。现代的大中型可编程序控制器一般都有 PID 闭环控制功能，此功能已经广泛地应用于工业生产、加热炉、锅炉等设备，以及轻工、化工、机械、冶金、电力、建材等行业。

4. 数据处理

新型的 PLC 具有数据处理能力，不仅可以进行数学运算、数据传送、转换、排序和查表、位操作等功能，还可以完成数据的采集、分析和处理。这些数据可以是运算的中间参考值，也可以通过通信功能传送到别的智能装置，或者将它们保存、打印。

5. 通信联网控制

PLC 的通信包括主机与远程 I/O 之间的通信、多台 PLC 之间的通信、PLC 和其他智能控制设备（如计算机、变频器）之间的通信。PLC 与其他智能控制设备一起，可以组成"集中管理、分散控制"的分布式控制系统（DCS）。

第二节　PLC 的结构和工作原理

虽然 PLC 的品种繁多，但其基本结构和工作原理基本相同。广义上，和工业 PC 一样，PLC 也是一种计算机系统，只不过它更加适应工业环境，具有更强的抗干扰能力。

一、PLC 的结构

PLC 主要由中央处理单元 CPU、存储器、基本 I/O 接口电路、外设接口、编程装置、电源等组成，如图 4-1 所示。其中，CPU 是 PLC 的核心，I/O 部件是连接现场设备与 CPU 之间的接口电路，编程装置将用户程序送入 PLC。对于整体式 PLC，所有部件都装在同一机壳内；对于模块式 PLC，各功能部件独立封装，称为模块或模板。各模块通过总线连接，安装在机架或导轨上，不同厂商生产的不同系列产品在每个机架上可插放的模块数是不同的，一般为 3～10 块。可扩展的机架数也不同，一般为 2～8 个机架，基本机架与扩展机架之间的距离不宜太长，一般不超过 10m。

1. 中央处理单元 CPU

CPU 一般由控制电路、运算器和寄存器组成，它通过地址总线、数据总线、控制总线与存储单元、输入/输出接口电路连接。CPU 在系统监控程序的控制下工作，通过扫描方式，将外部输入信号的状态写入输入映像寄存器区域，PLC 进入运行状态后，从存储器逐条读取用户指令，按指令规定的任务进行数据的传送、逻辑运算、算术运算等，然后将结果送到输出映像寄存器区域。

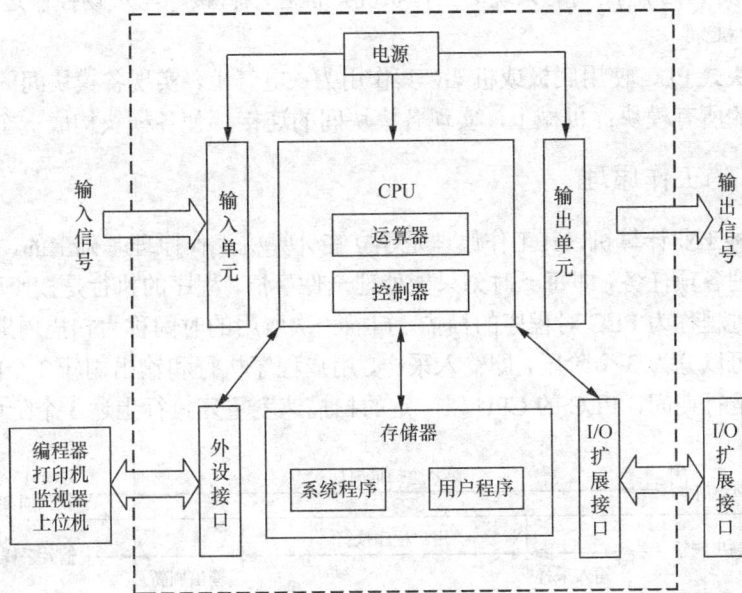

图 4-1 可编程控制器系统结构

2. 存储器

存储器是 PLC 存放系统程序、用户程序和工作数据的单元。PLC 的存储器由只读存储器 ROM 和随机存储器 RAM 组成。只读存储器 ROM 在使用时，只能对其进行读取而无法执行写入操作。而随机存储器 RAM 在使用过程中能够随时读取和写入数据。

3. 输入/输出部件

输入/输出部件包括基本 I/O 单元和扩展 I/O 单元（又称为 I/O 模块），是 PLC 与工业现场连接的接口。PLC 通过 I/O 接口可以检测被控生产过程的各种参数，并以这些现场数据作为控制信息对被控对象进行控制。同时通过 I/O 单元将控制器的处理结果送给被控设备或工业生产过程，从而驱动各种执行机构来实现控制。根据实际需要，一般情况下，PLC 都有许多 I/O 单元，包括开关量输入单元、开关量输出单元、模拟量输入单元、模拟量输出单元以及其他一些特殊模块。

4. 外设接口

外设接口电路用于连接手持式编程器或其他图形编程器、文本显示器，并能通过外设接口组成 PLC 的控制网络。可以实现编程、监控、联网等功能。

5. 电源

电源单元的作用是把外部电源（通常是 220V 的交流电源）转换成内部工作电压。外部连接的电源，通过 PLC 内部配有的一个专用开关式稳压电源，将交流/直流供电电源转化为 PLC 内部电路需要的工作电源（直流 5V、±12V、24V），并为外部输入元件（如接近开关）提供 24V 直流电源（仅供输入端点使用），而驱动 PLC 负载的电源由用户提供。对于整体式结构的 PLC，电源通常封装在机箱内部；对于模块式 PLC，有的采用单独的电源模块，有的将电源与 CPU 封装到一个模块中。

6. 编程器

编程器是 PLC 开发应用、监测运行、检查维护的重要器件，用于编程、对系统做一些设定、监控 PLC 及 PLC 所控制的系统的工作状况，但它不直接参与现场控制运行。

7. 底板和机架

大多数模块式 PLC 使用底板或机架，其作用为：电气上，实现各模块间的联系，使 CPU 能访问底板上的所有模块；机械上，实现各模块间的连接，使各模块构成一个整体。

二、PLC 的工作原理

PLC 是一种工业计算机，其工作原理是建立在计算机工作原理基础上的，CPU 采用分时操作方式来处理各项任务，即每一时刻只能处理一件事情，程序的执行是按照顺序依次执行。这种分时操作过程称为 PLC 对程序的扫描。扫描一次所用的时间称为扫描周期。PLC 的扫描工作过程大致可以分为 3 个阶段，即输入采样、用户程序执行和输出刷新 3 个阶段，如图 4-2 所示。在整个运行期间，PLC 的 CPU 以一定的扫描速度重复执行上述 3 个阶段。

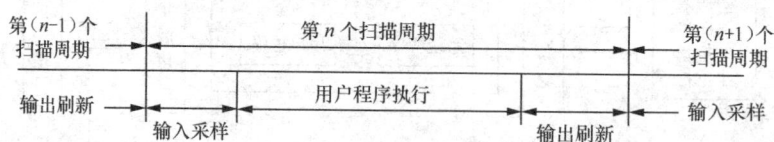

图 4-2 可编程控制器的工作过程

1. 输入采样阶段

在输入采样阶段，PLC 首先扫描所有输入端子，再依次地读入所有输入状态和数据，并将它们存入输入映像寄存器中。此时，输入映像区被刷新。输入采样结束后，转入用户程序执行和输出刷新阶段。在这两个阶段中，即使输入状态和数据发生变化，输入映像区中相应单元的状态和数据也不会改变。因此，如果输入是脉冲信号，则该脉冲信号的宽度必须大于一个扫描周期，才能保证在任何情况下，该输入均能被读入。

2. 用户程序执行阶段

在用户程序执行阶段，PLC 总是按由上而下的顺序依次地扫描用户程序（梯形图）。在扫描每一条梯形图时，又总是先扫描梯形图左边的由各触点构成的控制线路，并按先左后右、先上后下的顺序对由触点构成的控制线路进行相应的运算，最后将执行结果写入输出映像寄存器中。

3. 输出刷新阶段

当用户程序执行完毕后，PLC 就进入输出刷新阶段。在此期间，CPU 按照输出映像区内对应的状态和数据刷新所有的输出锁存电路，再经输出电路驱动相应的外设。在下一个输出刷新阶段开始之前，输出锁存器的状态不会改变，从而相应输出端子的状态也不会改变。

第三节 PLC 的编程语言

编程语言是 PLC 的重要组成部分，PLC 为用户提供了完整的编程语言，以适应用户编制程序的需要。IEC61131-3 国际标准编程语言为 PLC 制定了 5 种 PLC 的标准编程语言，其中有 3 种图形语言即梯形图（Ladder Diagram，LAD）、功能块图（Function Block Diagram，FBD）、顺序功能图（Sequential Function Chart，SFC）；两种文本语言，即指令表（Statement List，STL）和结构化文本（Structured Text，ST）。

梯形图是 PLC 最早使用的一种编程语言，也是 PLC 最普遍采用的编程语言。梯形图编程语言是在继电器控制系统原理图的基础上演变而来的，继承了继电器控制系统中的基本工作原理和电器逻辑关系的表达方法，梯形图语言与继电器控制系统梯形图的基本思想是一致的，只是在使用符号和表达方式上有一定区别。

功能块图采用类似于数字逻辑门电路的图形符号，逻辑直观，使用方便，它没有梯形图语言中的触点和线圈，但拥有与之等价的指令。

顺序功能图亦称功能图。SFC 编程方法是法国人开发的，是一种真正的图形化的编程方法。SFC 专用于描述工业顺序控制程序，使用它可以对具有并发、选择等复杂结构的系统进行编程，特别适合在复杂的顺序控制系统中使用。

指令表编程语言类似于计算机中的助记符汇编语言，它是 PLC 最基础的编程语言，所谓指令表编程，是用一个或几个容易记忆的字符来代表 PLC 的某种操作功能，按照一定的语法和句法编写出一行一行的程序，来实现所要求的控制任务的逻辑关系或运算。

结构化文本是一种高级的文本语言，是一种较新的编程语言。结构化文本语言表面上与 PASCAL 语言很相似，但它是一个专门为工业控制应用开发的编程语言，具有很强的编程能力，与梯形图相比，它能实现复杂的数学运算，编写的程序非常简洁且紧凑。

习题与思考题

4-1 PLC 有何特点？

4-2 PLC 与继电器控制系统相比有哪些异同？

4-3 PLC 与单片机控制系统相比有哪些异同？

4-4 PLC 是如何进行分类的？每一类的特点是什么？

4-5 构成 PLC 的主要部件有哪些？各部分主要作用是什么？

4-6 PLC 的扫描工作过程大致可以分为几个阶段？每个阶段主要完成哪些控制任务？

4-7 在 IEC61131-3 国际标准编程语言中，提供了哪些 PLC 编程语言？各有何特点？

第五章　S7-300 PLC 的硬件与组态

　　S7-300 是模块化的中小型 PLC 系统，适用于中等性能要求的控制要求，是国内应用广、市场占有率高的中小型 PLC。

　　本章主要介绍 S7-300 PLC 的硬件系统，包括各个硬件的特性和主要模块。

第一节　S7-300 PLC 的系统结构

一、S7–300 PLC 的系统组成

　　S7-300 属于模块式 PLC，主要由导轨、CPU 模块、信号模块（SM）、功能模块（FM）、接口模块（IM）、通信处理模块（CP）、电源模块（PS）等组成，如图 5-1 所示。

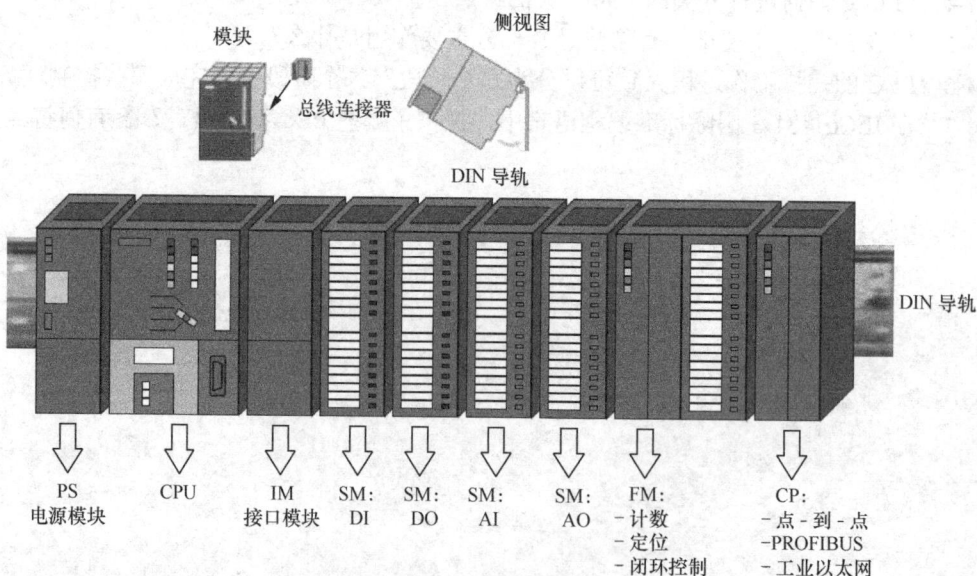

图 5-1　S7-300 PLC 结构

　　电源模块总是安装在机架的最左边，CPU 模块紧靠电源模块。如果有接口模块，它放在 CPU 模块的右侧。用背板总线将除电源模块之外的各个模块连接起来。背板总线集成在模块

上，模块之间通过 U 形总线连接器相连，每个模块都有一个总线连接器，插在机壳的背后，如图 5-1 所示。信号模块和通信处理模块的安装可以不受限制地插在任何一个插槽上，系统可以自动分配模块的地址。

CPU 模块所在的机架称为中央机架或主机架，如果一个机架不能容纳全部模块，可以增设一个或多个扩展机架，但扩展机架最多不能超过 3 个。每个机架最多只能安装 8 个信号模块、功能模块或通信处理模块，4 个机架最多可以安装 32 个模块。

机架的最左边是 1 号槽，最右边是 11 号槽，电源模块总是在 1 号槽的位置。中央机架的 2 号槽上是 CPU 模块，3 号槽是接口模块。这 3 个槽被固定占用，信号模块、功能模块和通信处理模块使用 4～11 号槽。图 5-2 所示为多机架的 S7-300 PLC 系统。

S7-300 PLC 可以通过 MPI 网和编程器 PG、操作员面板 OP 与其他 PLC 进行连接通信。

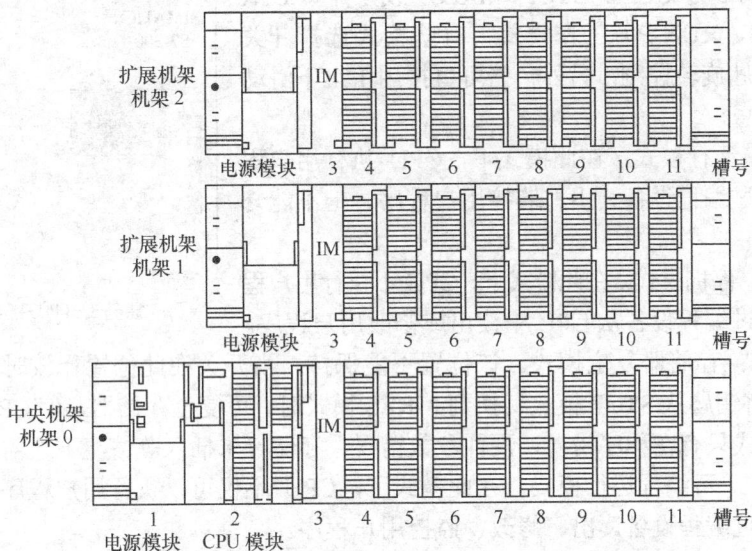

图 5-2 多机架的 S7-300 PLC

二、S7-300 PLC 的模块简介

1. 导轨

导轨用来安装 S7-300 模块的机架，导轨用螺钉紧固安装在支撑物体上，S7-300 PLC 的所有模块均直接用螺钉紧固在导轨上。导轨采用特质不锈钢异形板（DIN 标准导轨），其长度有多种，用户可根据需要选择。

2. CPU 模块

CPU 模块是 PLC 的核心部分，相当于人的大脑。它不断地采集输入信号，执行用户程序，刷新系统的输出，同时还为 S7-300 背板总线提供 5V 电源。

CPU 为各模块分配参数，通过嵌入的 MPI 总线处理编程设备、PC、模块以及其他站点之间的通信，并可以为进行 DP 主站或从站操作装配一个集成的 DP 接口，置于 2 号机架上。各种 CPU 有不同的特性，有的 CPU 集成有数字量和模拟量输入/输出特点，有的 CPU 集成有 PROFIBUS-DP 等通信接口。CPU 的前面板上有故障指示灯、模式选择开关、24V 电源端子和微存储卡插槽。

S7-300 PLC 有多种类型，其中每一种类型的 PLC 又有多种 CPU 模块型号可供选择，不同类型的 PLC 有不同的用途，其中 S7-300 为通用型，S7-300C 为紧凑型、S7-300F 为故障安全型、S7-300T 为技术型、SIPLUS S7-300 为宽温度型。为了方便，以后所提到的 S7-300 系列 PLC 指通用型系列 PLC S7-300。

下面以 CPU315-2 DP 为例介绍 CPU 模块结构，如图 5-3 所示，其中各部分功能如下。

（1）模式选择开关

CPU 面板上的模式选择开关用于设置 CPU 的操作模式。CPU 一般有 3 种（RUN、STOP、MRES）或 4 种（RUN、STOP、MRES、RUN-P）工作模式，有些模式选择开关可通过专用钥匙旋转控制，另外一些可直接用手上下滑动控制。

① RUN：运行模式，在此模式下，CPU 执行用户程序。还可以通过编程设备读出、监控用户程序，但不能修改用户程序。

② STOP：停机模式，在此模式下，CPU 不执行用户程序，但可以通过编程设备从 CPU 中读出或修改用户程序。

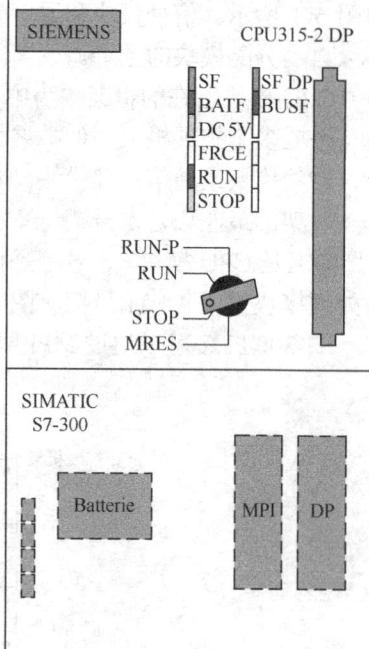

图 5-3　CPU315-2 DP 模块

③ MRES：存储器复位模式。该位置不能保持，当开关在此位置释放时将自动返回到 STOP 位置。将钥匙从 STOP 模式切换到 MRES 模式时，可复位存储器，使 CPU 回到初始状态。MRES 模式只有在程序错误、硬件参数错误、存储卡未插入等情况下才需要使用。

④ RUN-P：可编程运行模式。在此模式下，CPU 不仅可以执行用户程序，在运行的同时，还可以通过编程设备读出、修改、监控用户程序。

（2）指示灯

CPU 面板上的指示灯用来显示当前的状态和错误。

① SF：系统出错/故障指示灯，红色。CPU 硬件或软件错误时亮。

② BATF：电池故障指示灯，红色（只有 CPU313 和 314 配备）。当电池失效或未装入时，指示灯亮。

③ DC 5V：+5V 电源指示灯，绿色。CPU 和 S7-300 总线的 5V 电源正常时亮。

④ FRCE：强制作业有效指示灯，黄色。至少有一个 I/O 被强制状态时亮。

⑤ RUN：运行状态指示灯，绿色。CPU 处于 RUN 状态时亮；启动期间以 2Hz 频率闪烁；在 HOLD 状态时以 0.5Hz 频率闪烁。

⑥ STOP：停止状态指示灯，黄色。CPU 处于 STOP 或 HOLD 或重新启动时亮；当 CPU 请求存储器复位时以 0.5Hz 频率闪烁；在存储器复位期间以 2Hz 频率闪烁。

⑦ SF DP：DP 接口错误指示灯（只适用于带有 DP 接口的 CPU）。当 DP 接口故障时亮。

⑧ BUSF：总线出错指示灯，红色。通信接口有硬件故障或软件故障时亮。（只适用于带有 DP 接口的 CPU。）

（3）MPI 通信接口

所有的 CPU 模块都配有一个 MPI 通信接口 X1。用于 PG/OP（编程器/操作面板）连接或用于 MPI 子网中进行通信的 CPU 接口。

（4）DP 通信接口

带有 DP 名称后缀的 CPU 至少配有一个 DP X2 接口，主要用于连接分布式 I/O。例如，PROFIBUS DP 允许创建大型子网。可将 PROFIBUS DP 接口设置为在主站或从站模式下运行，支持的传输率最高可达 12 Mbit/s。

（5）电源接线端子

每个 CPU 都配有一个双孔电源插座。CPU 出厂时，带有螺丝接线端子的连接器即插在此插座中，连接 AC110V/230V 电源（PS307）。

（6）电池盒

电池盒用来装入备用电池，备用电池的作用是保存用户程序。

3. 信号模块（SM）

信号模块是联系外部现场设备和 CPU 模块的桥梁。信号模块包括数字量（或开关量）输入（DI）模块、数字量输出（DO）模块、数字量输入/输出（DI/DO）模块、模拟量输入（AI）模块、模拟量输出（AO）模块和模拟量输入/输出模块（AI/AO）。

模块面板上的 SF LED 用于显示故障和错误，数字量 I/O 模块面板上的 LED 用来显示各数字量输入/输出点的信号状态。模块安装在 DIN 标准导轨上，通过总线连接器与相邻的模块连接。模块的默认地址由模块所在的位置决定，也可以用 STEP 7 指定模块的地址。

（1）数字量输入模块

SM321 数字量输入模块用于连接外部的按钮、选择开关、接近开关等。数字量输入模块将从现场来的数字信号电平转换为 PLC 内部的信号电平，经过光电隔离和滤波后，送到输入缓冲区等待 CPU 采样，采样后的信号状态经过背板总线送到输入映像寄存器区。

根据输入信号所使用的电压种类和输入点数不同，SM321 主要有 4 种数字量输入模块：DI16×24V DC、DI32×24V DC、DI32×120V AC、DI8×120/230V AC。

（2）数字量输出模块

SM322 数字量输出模块用于驱动电磁阀、接触器线圈、小功率电动机、指示灯等负载。数字量输出模块将 S7-300 PLC 的内部信号电平转换为控制过程所需的外部信号电平，同时有隔离和功率放大的作用。

按照负载回路所使用的电源可将数字量输出模块分为直流输出模块、交流输出模块和交直流输出模块 3 种。

按照输出开关器件的不同分为晶体管输出、可控硅输出和继电器输出方式。晶体管输出模块响应速度快，适用于电磁阀和直流接触器，并且仅用于直流输出，输出电压范围很小。可控硅输出模块可以驱动交流电磁阀、交流接触器、指示灯等交流负载，响应速度较慢，但是无触点，寿命长。继电器输出模块对负载电压的范围很宽，响应速度慢，但是隔离效果好，并且输出可以使用交流，也可以使用直流。

（3）数字量输入 / 输出模块

SM323 是 S7-300 的数字量输入 / 输出模块，它有两种型号可供选择。一种是 8 点输入和 8 点输出的模块，输入点和输出点均只有一个公共端。另外一种是 16 点输入（8 点 1 组）和 16 点输出（8 点 1 组）。输入、输出的额定电压均为 DC 24 V，输入电流为 7 mA，最大输出电流为 0.5A，每组总输出电流为 4A。输入电路和输出电路通过光耦合器与背板总线相连，输出电路为晶体管型，有电子保护功能。

（4）模拟量输入模块

生产过程中有大量的连续变化的模拟量需要用 PLC 来测量或控制。有的是非电量，例如温度、压力、流量、液位、物体的成分（如气体中的含氧量）和频率等。有的是强电电量，例如，发电机的电流、电压、有功功率、无功功率和功率因数等。变送器用于将传感器提供的电量或非电量转换为标准的直流电流或直流电压信号，如 DC 0～10V 和 DC 4～20mA。

模拟量输入模块用于将模拟量信号转换为 CPU 内部处理用的数字信号，其主要组成部分是 A/D 转换器。模拟量输入模块的输入信号一般是模拟量变送器输出的标准直流电压、电流信号。SM331 也可以直接连接不带附加放大器的温度传感器（热电偶或热电阻），这样可以省去温度变送器，不但节约了硬件成本，控制系统的结构也更加紧凑。

SM331 模块中的各个通道可以分别使用电流输入或电压输入，并选用不同的量程。大多数模块的分辨率（转换后的二进制数字的位数）可以在组态时设置，转换时间与分辨率有关。

模拟量输入模块由多路开关、A/D 转换器（ADC）、光隔离元件、内部电源和逻辑电路组成。各模拟量输入通道共用一个 A/D 转换器，用多路开关切换被转换的通道，模拟量输入模块各输入通道的 A/D 转换和转换结果的存储与传送是顺序进行的。

（5）模拟量输出模块

SM332 模拟量输出模块用于将 CPU 传送给它的数字量，转换为成比例的电流信号或电压信号，对执行机构进行调节或控制，其重要组成部分是 D/A 转换器。

目前 SM332 的主要规格有 AO4×12 位、AO4×16 位、AO8×12 位和 AO2×12 位。

（6）模拟量输入 / 输出模块

常用的模拟量输入 / 输出模块有 SM334 和 SM335。SM334 主要有两种型号：AI4/AO2×8 位和 AI4/AO2×12 位。SM335 提供 4 个快速模拟量输入通道/4 个快速模拟量输出通道。

4. 功能模块

为了增强 PLC 的功能，扩大其应用领域，减轻 CPU 的负担，PLC 厂家开发了各种各样的功能模块（Function Module，FM）。它们主要用于完成某些对实时性和存储容量要求很高的控制任务，如高速计数器、位置控制和闭环控制等。

5. 接口模块

接口模块（Interface Module，IM）用来实现中央机架与扩展机架之间的通信，有的接口模块还可以为扩展机架供电。S7-300 PLC 的接口模块有 IM365 和 IM360/IM361 两种规格。

（1）接口模块 IM365

IM365 模块专用 S7-300 PLC 的双机架扩展系统，由两个模块组成，通过 1m 长的电缆固定连接，一块插入中央机架的 3 号槽，另一块插入扩展机架的 1 号槽，在扩展机架上最多可以安装 8 个信号模块，扩展机架的电源也由接口模块提供。

（2）接口模块 IM360/IM361

当扩展机架超过 1 个时，将接口模块 IM360 插入中央机架的 3 号槽，在扩展机架中插入接口模块 IM361，各扩展机架的接口模块位于电源模块后面的槽。S7-300 PLC 最大配置为 1 个中央机架带 3 个扩展机架，每个扩展机架最多可安装 8 个模块，相邻机架的间隔最大为 10m。

6. 通信处理模块

通信处理模块（Controller Module，CP）用于 PLC 之间、PLC 与远程 I/O 之间、PLC 与计算机和其他智能设备之间的通信，可以将 S7-300 接入以太网、MPI、PROFIBUS-DP 和 AS-I，或者用于实现点对点通信等，其附件为连接电缆。

常用的通信处理模块有用于建立点对点高速连接的 CP341，用于 PROFIBUS-DP 现场总线的 CP342-5 模块，用于 PROFIBUS-FMS 现场总线的 CP343-5 模块。这 3 个模块在机架上可以任意放置，系统可以自动分配模块的地址。

7. 电源模块

电源模块用来将 AC 120V/230V 的电源转换为 DC 24V 电源，供 CPU 模块和 I/O 模块使用。电源模块输出电流有 2A、5A 和 10A 三种类型，用户可以根据选择的 PLC 和现场供电情况来选择相应的电源模块。电源模块的总体结构如图 5-4 所示。以 PS307 为例，其各部分功能如下。

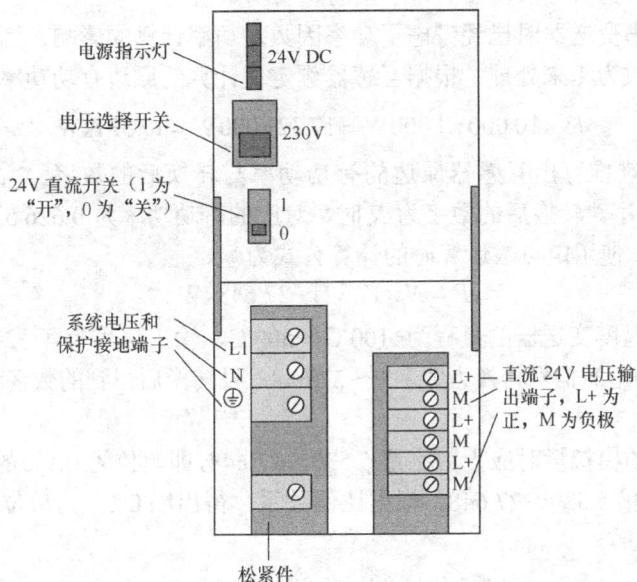

图 5-4 电源模块的总体结构

① DC 24V 指示灯：该灯用来指示 24V 直流电的有无，当有 24V 电源时，该指示灯亮。

② 电压选择开关：电源模块可以接入 AC 110V 或者 AC 230V，在我国使用 AC 230V，所以需要拨至 230V 位置处。

③ 24V 通/断开关：当置于 1 时，电源提供 DC 24V 电源，当置于 0 时，DC 24V 电源被切断。

④ 系统电压接线端子：用来接入 AC 110V/AC 230V 电源，其中 LI 端输入为相线，N 端为零线，另一端子为接地线。

⑤ DC 24V 输出端子：输出 24V DC 电源，其中 L+为正极，M 为负极。

三、将模拟量输入模块的输出值转换为实际的物理值

模拟量输入/输出模块中模拟量对应的数字称为模拟值，模拟值用 16 位二进制补码（整数）来表示，最高位为符号位。

根据模拟量输入模块的输出值计算对应的物理量时，应考虑变送器的输入/输出量程和模拟量输入模块的量程，找出被测物理量与 A/D 转换后的数字之间的比例关系。

【例 5-1】 压力变送器的量程为 0～10 MPa，输出信号为 4～20 mA，模拟量输入模块的量程为 4～20 mA，转换后的数字量为 0～27 648，设转换后得到的数字为 N，试求以 kPa 为单位的压力值。

解： 0～10 MPa（0～10 000 kPa）对应于转换后的数字 0～27 648，转换公式为

$$P = 10\,000 \times N / 27\,648 \text{kPa}$$

注意： 在运算时一定要先乘后除，否则可能会损失原始数据的精度。

【例 5-2】 某发电机的电压互感器的电压比为 10 kV/100 V（线电压），电流互感器的电流比为 1 000 A/5A，功率变送器的额定输入电压和额定输入电流分别为 AC 100 V 和 5A，额定输出电压为 DC±10V，模拟量输入模块将 DC±10V 输入信号转换为数字+27 648 和−27 649。设转换后得到的数字为 N，求以 kW 为单位的有功功率值。

解： 在设计功率变送器时已经考虑了功率因数对功率计算的影响，因此在推导转换公式时，可以按功率因数为 1 来处理。根据互感器额定值计算的原边有功功率额定值为

$$\sqrt{3} \times 10\,000 \times 1\,000 \text{W} = 17\,321\,000 \text{W} = 17\,321 \text{kW}$$

由以上关系不难推算出互感器原边的有功功率与转换后的数字 N 之间的比例关系为 17 321/27 648 kW / 字。转换后的数字为 N 时，对应的有功功率为 0.626 5 N kW，如果以 kW 为单位显示功率 P，使用定点数运算时的计算公式为

$$P = N \times 17\,321 / 27\,648 \text{kW}$$

【例 5-3】 某温度变送器的量程为−100℃～500℃，输出信号为 4～20 mA，模拟量输入模块将 0～20 mA 的电流信号转换为数字 0～27 648，设转换后得到的数字为 N，试求以 0.1℃ 为单位的温度值。

解： 4～20 mA 的模拟量对应于数字量 5 530～27 648，即单位为 0.1℃ 的温度值−1 000℃～5 000℃ 对应于数字量 5 530～27 648，根据比例关系，得出以 0.1℃ 为单位的温度 T 的计算公式应为

$$\frac{T - (-1\,000)}{N - 5\,330} = \frac{5\,000 - (-1\,000)}{27\,648 - 5\,330}$$

$$T = \frac{6\,000 \times (N - 5\,330)}{22\,118} - 1\,000$$

四、I/O 模块的地址分配

S7-300 的信号模块的地址范围与模块所在的机架号和槽号有关，模块内各 I/O 点的位地址或通道地址与信号线接在模块上的哪个端子有关。

1. 数字量信号地址

S7-300 的数字量（或开关量）地址由地址标识符、地址的字节部分和位部分组成，一个字节由 0～7 这 8 位组成。地址标识符 I 表示输入，Q 表示输出，M 表示位存储器。例如，I2.5 是一个数字量的输入地址，小数点前面的 2 是地址的字节部分，小数点后面的 5 表示这个输入点是 2 号字节中的第 5 位。

数字量除了按位寻址外，还可以按字节、字、双字寻址。例如，数字量输入 I1.0～I1.7 组成一个输入字节 IB1；字节 IB2～IB3 组成一个输入字 IW2，其中 IB2 为高位字节；IB2～IB5 组成一个输入双字 ID2，其中的 IB2 为最高位的字节。

从 0 号字节开始，S7-300 给每个数字量信号模块分配 4B（4 字节）的地址，相当于 32 个 I/O 点，如图 5-5 所示，每个数字量点占用其中的一位，如图 5-6 所示。M 号机架（$M=0\sim 3$）的 N 号槽（$N=4\sim 11$）的数字量信号模块的起始字节地址为

$$32\times M+(N-4)\times 4$$

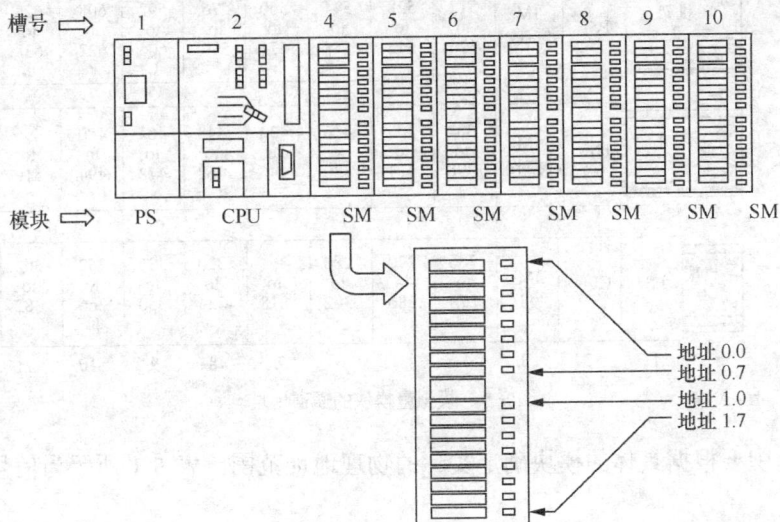

图 5-5 数字量信号的默认地址

图 5-6 数字量模块的位地址

2. 模拟量信号地址

模拟量模块以通道为单位，一个通道占一字节或两字节的地址。S7-300 为模拟量模块保留了专业的地址区域，字节地址范围为 IB256～767。一个模拟量模块最多有 8 个通道，从 256 号字节开始，S7-300 给每一个模拟量模块分配 16B（8 个字）的地址。如图 5-7 所示。M 号机架的 N 号槽的模拟量模块的起始地址为

$$128\times M+(N-4)\times 16+256$$

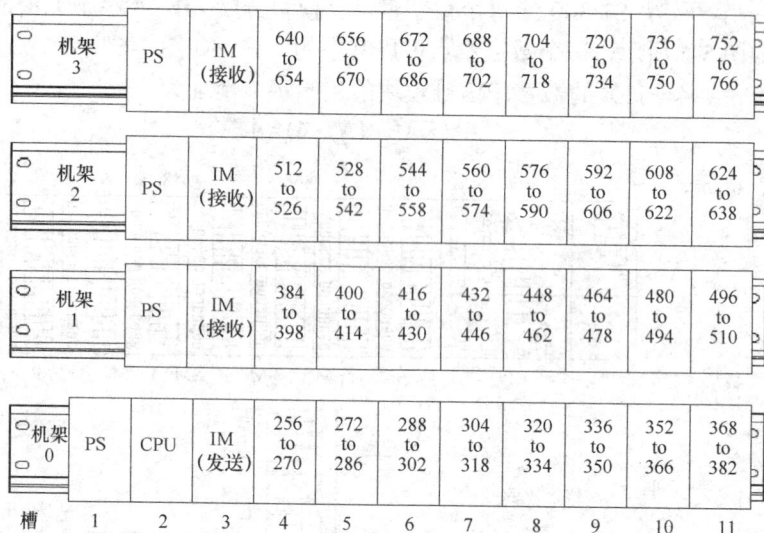

图 5-7　模拟量模块的通道地址

实际使用中要根据具体的模块确定实际的物理地址范围。表 5-1 所示为信号模块地址分配的例子。

表 5-1　　　　　　　　　　　　　　　信号模块地址举例

机架号	模块类型	槽　号					
		4	5	6	7	8	9
0	模块类型	16 点 DI	16 点 DI	32 点 DI	32 点 DI	16 点 DO	8 通道 AI
	地址	I0.0～I1.7	I4.0～I5.7	I8.0～I11.7	I12.0～I15.7	Q16.0～Q17.7	PIW336～PIW350
1	模块类型	2 通道 AI	8 通道 AO	2 通道 AO	8 点 DO	32 点 DO	
	地址	PIW384～PIW386	PQW400～PQW414	PQW416～PQW418	Q44.0～Q44.7	Q48.0～Q51.7	

第二节　STEP 7 编程软件的使用

STEP 7 是西门子工业软件的一部分，用于对整个控制系统（包括 PLC、远程 I/O、HMI、驱动装置和通信网络等）进行组态、编程和监控。

STEP 7 主要有以下功能。

（1）组态硬件，即在机架中放置模块，为模块分配地址和设置模块的参数。

（2）组态通信系统，定义通信伙伴和连接特性。

（3）使用编程语言编写用户程序。

（4）下载和调试（离线方式或在线方式）用户程序、启动、维护、文件建档、运行和诊断等功能。

一、SIMATIC 管理器

SIMATIC 管理器是 STEP 7 的窗口，是用于 S7-300 PLC 项目组态、编程和管理的基本应用程序。S7-300 PLC 系统在操作过程中所用到的各种 STEP 7 工具，会自动在 SIMATIC 管理器环境下启动，如图 5-8 所示。

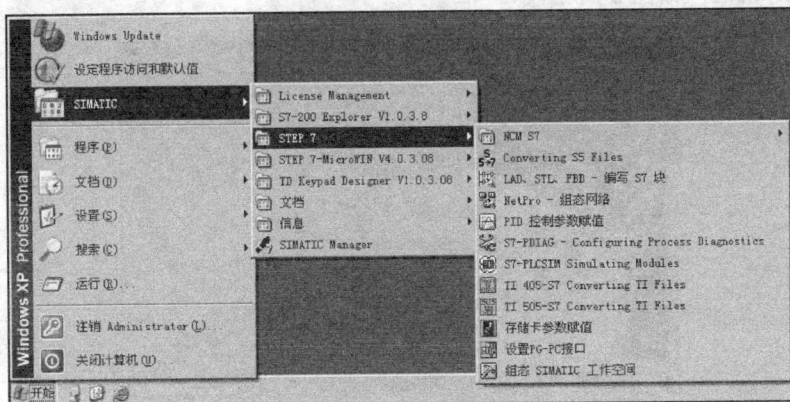

图 5-8 STEP 7 工具

STEP 7 安装完成后，通过 Windows 的"开始"→SIMATIC→SIMATIC Manager 菜单命令或者双击桌面上的 图标启动 SIMATIC 管理器。SIMATIC 管理器运行界面如图 5-9 所示。

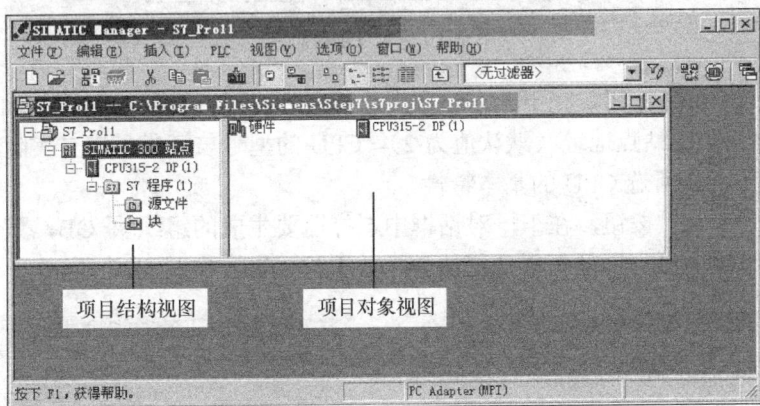

图 5-9 SIMATIC 管理器界面

二、项目的创建

1. STEP 7 项目结构

在 STEP 7 的项目中，数据以对象的形式存储。项目中的对象按树形结构组织（项目层次）。项目对象的树形结构类似于 Windows 资源管理器中文件夹和文件的目录结构。图 5-9 所示为已展开的项目结构。第一层为项目，项目代表了自动化解决方案中的所有数据和程序的整体，它位于对象体系的最上层。第二层为站（图中的 SIMATIC 300 站点），站是组态硬件的起点，用于存放硬件组态和模块参数等信息。站的下面是 CPU，"S7 程序（1）"文件夹是编写程序的起点，所有软件均放在该文件夹中，包括程序块文件和源文件夹。

2. 项目的创建

要使用项目管理器框架构造自动化任务的解决方案，需要创建一个新的项目。项目管理器为用户提供了两种创建项目的方法：使用向导创建项目和手动创建项目。

（1）用新项目向导创建项目

双击桌面上的 SIMATIC Manager 图标，打开 SIMATIC Manager 窗口，弹出 STEP 7 向导："新建项目"对话框，如图 5-10 所示。

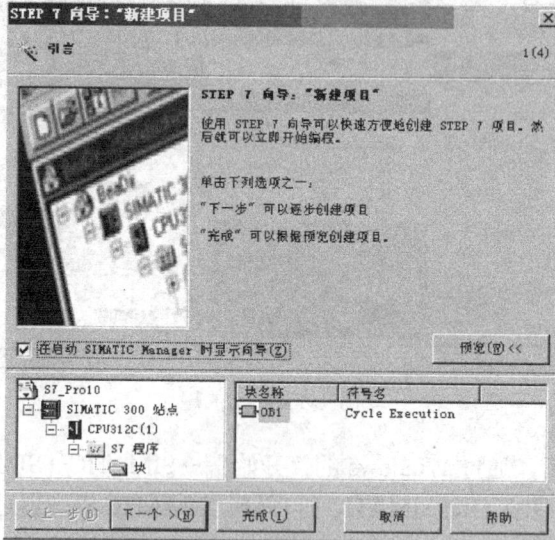

图 5-10 新建项目向导

单击"下一个 >"按钮，在下一对话框中选择 CPU 模块的型号，如图 5-11 所示，设置 CPU 在 MPI 网络中的站点地址（默认值为 2）。CPU 的型号与订货号应与实际的硬件相同，CPU 列表框的下面是所选 CPU 的基本特性。

单击"下一个 >"按钮，在下一对话框中选择需要生成的组织块 OB，默认的是只生成作为主程序的组织块 OB1。还可以选择块使用的编程语言，如图 5-12 所示。

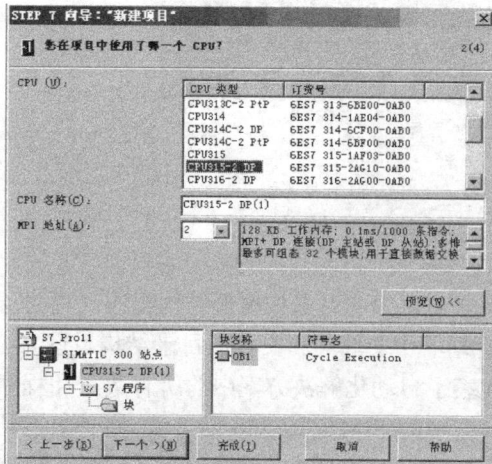

图 5-11 选择 CPU 型号

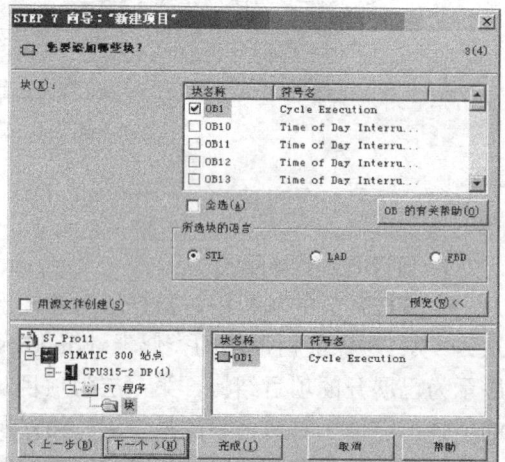

图 5-12 选择组织块及编程语言

单击"下一个 >"按钮，可以在"项目名称"文本框中修改默认的项目名称，如图 5-13 所示。单击"完成"按钮，开始创建项目。

在 SIMATIC 管理器中执行菜单命令"文件"→"新建项目向导"，也可以打开新建项目向导对话框。

（2）直接创建项目

在 SIMATIC 管理器中执行菜单命令"文件"→"新建"，在出现的"新建项目"对话框中可以创建一个用户项目、库或多重化项目。多重化可以有多人编程，最后合并为一个项目，如图 5-14 所示。

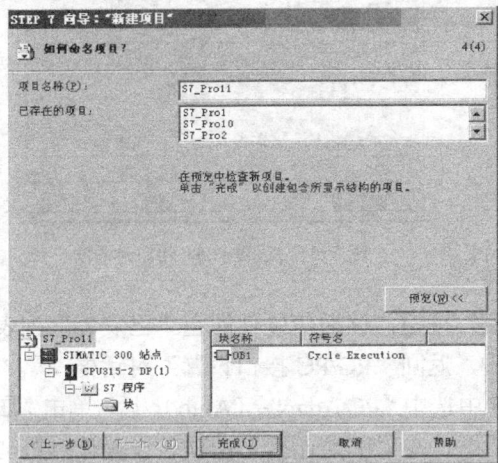

图 5-13　项目命名

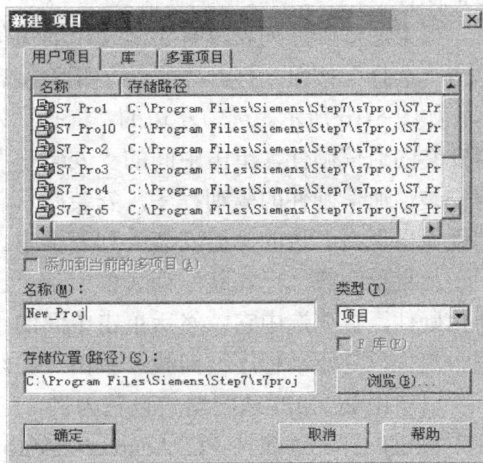

图 5-14　新建项目对话框

在"命令"文本框中输入新项目的名称，在"存储位置（路径）"文本框中是默认的保存新项目的文件夹路径。单击"浏览"按钮，可以修改保存新项目的文件夹路径。单击"确定"按钮后返回 SIMATIC 管理器，生成一个空的新项目。

三、STEP 7 与 PLC 通信连接的组态

1. STEP 7 与 PLC 通信的硬件

STEP 7 可以用下列硬件和 PLC 通信。

（1）PC/MPI 适配器

PC/MPI 适配器用于连接运行 STEP 7 的计算机的 RS-232 接口和 PLC 的 MPI 接口。计算机一侧的通信速率为 19.2kbit/s 或 38.4kbit/s，PLC 一侧的通信速率为 19.2kbit/s～1.5Mbit/s。除了适配器，还需要一根 RS-232C 通信电缆。

（2）USB/MPI 适配器

USB/MPI 适配器用于连接安装了 STEP 7 的计算机的 USB 接口和 PLC 的 MPI 接口，特别适合于笔记本电脑使用。

（3）安装在计算机内的通信卡

CP5611、CP5613 和 CP5614 是用于台式机的 PCI 卡，CP5511 或 CP5512 是用于笔记本电脑的 PCMCIA 卡。可以用它们来将计算机连接到 MPI 或 PROFIBUS 网络，通过网络实现计算机与 PLC 的通信。

也可以使用计算机的工业以太网通信卡 CP1512 或 CP1612，通过工业以太网实现计算机与 PLC 的通信。

2. STEP 7 与 PLC 通信的组态

可以在安装 STEP 7 时设置计算机与 PLC 的通信组态，也可以在安装好 STEP 7 之后，在 SIMATIC 管理器中执行菜单命令"选项"→"设置 PG/PC 接口"，打开"设置 PG/PC 接口"对话框，如图 5-15 所示。在中间的通信硬件列表中，选择实际使用的通信硬件。

如果通信硬件列表没有实际使用的通信硬件，单击"选择"按钮，打开"安装 / 删除接口"对话框，如图 5-16 所示。选中左边的"选择"列表框中待安装的通信硬件，单击中间的"安装→"按钮，将安装该通信硬件的驱动程序，安装好后，新安装的硬件出现在右边的"已安装"列表框中。

如果要卸载"已安装"列表框中某个已安装的通信硬件，首先选中它，然后单击中间的"←卸载"按钮，该通信硬件即在"已安装"列表框中消失，其驱动程序被卸载。单击"关闭"按钮，返回"PG/PC 接口设置"对话框。

图 5-15 设置 PG/PC 接口对话框

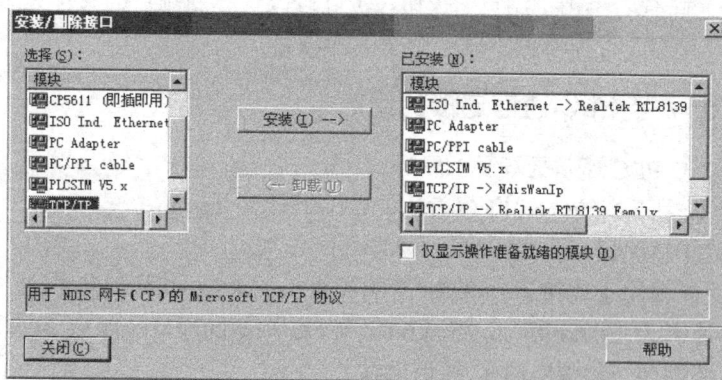

以实用 PC/MPI 适配器的设置为例，在图 5-15 中选中"PC Adapter（Auto）"后，单击"属性"按钮，打开"属性-PC Adapter（Auto）"对话框。在"本地连接"选项卡设置计算机与 PLC 通信使用的串口和传输速率，如图 5-17 所示。PC/MPI 适配器上有一个选择传输速率的开关，可选择 19 200bit/s 或 38 400bit/s。组态时设置的传输速率应与适配器设置的传输速率相同。

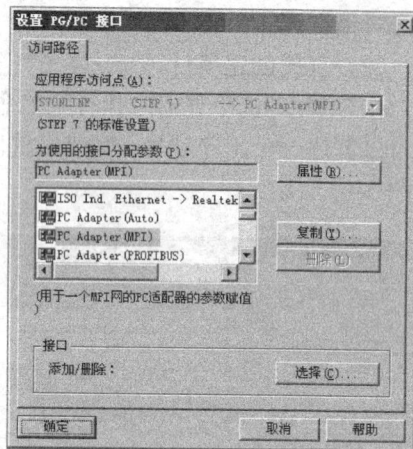

图 5-16 安装/删除接口对话框

在"自动总线配置文件检测"选项卡中，可以设置运行 STEP 7 的计算机在 MPI 网络中的站地址，默认的站地址为 0，如图 5-18 所示。"超时"选项框用来设置与 PLC 建立连接的最长时间。单击"启动网络检测"按钮，启动网络检测，可以检测到网络类型、传输速率和最高站地址。

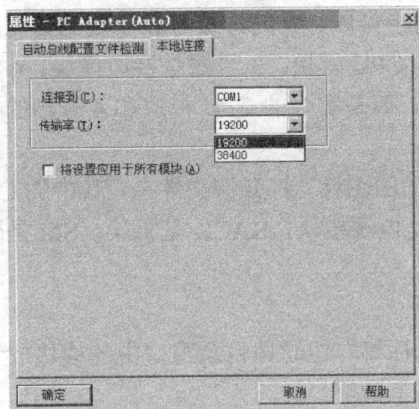

图 5-17　PC Adapter 属性对话框　　　　图 5-18　网络检测

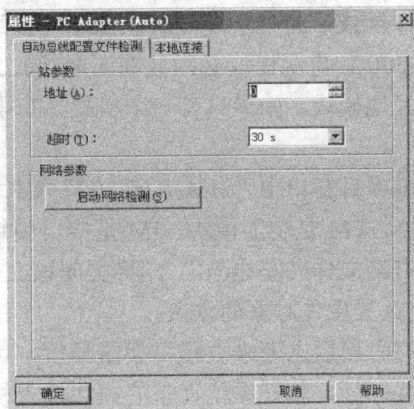

四、硬件组态

1. 硬件组态工具 HW Config

组态的任务就是在 STEP 7 中生成一个与实际的硬件系统完全相同的系统，例如，生成网络和网络中的各个站；生成 PLC 的机架，在机架中插入模块，以及设置各站点或模块的参数，即给参数赋值。

硬件组态确定了 PLC 输入/输出变量的地址，为设计用户程序打下基础。

选中 SIMATIC 管理器左边的站对象，双击右边窗口的"硬件"图标，如图 5-9 所示。打开硬件组态工具 HW Config，如图 5-19 所示。

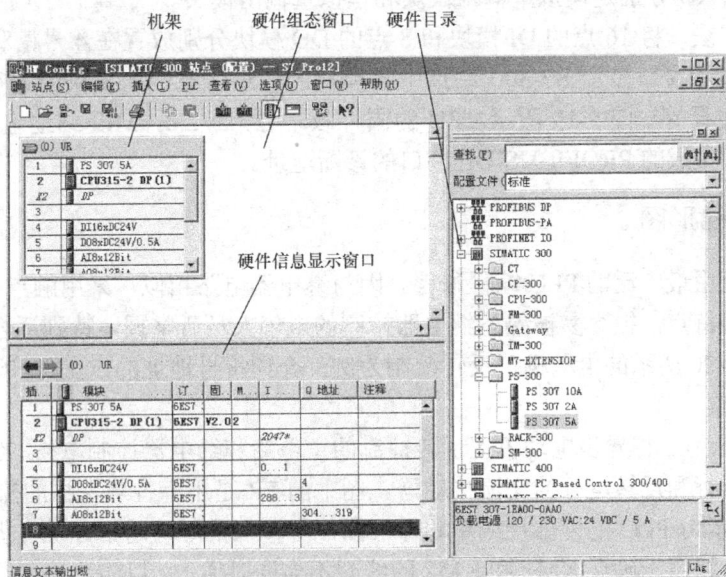

图 5-19　硬件组态窗口

刚打开 HW Config 时，左上方的硬件组态窗口中只有"新建项目"向导自动生成的机架，和 2 号槽中的 CPU 模块。右边是硬件目录窗口，可以用工具栏上的目录按钮打开或关闭它。

选中硬件目录中的某个硬件对象，硬件目录下面的小窗口是它的订货号和简要的信息。

S7-300 的电源模块必须放在 1 号槽，2 号槽是 CPU 模块，3 号槽是接口模块，4~11 号槽放置其他模块。如果只有一个机架，3 号槽空着，但是实际的 CPU 模块和 4 号槽的模块紧挨着。

单击项目窗口中"SIMATIC 300"文件夹左边的田图标，打开该文件夹，其中的 CP 是通信处理器，FM 是功能模块，IM 是接口模块，PS 是电源模块，RACK 是机架，SM 是信号模块。单击某文件夹左边的曰，将关闭该文件夹。

2. 放置硬件对象的方法

组态时用组态表来表示机架或导轨，可以用鼠标将右边硬件目录窗口中的模块放置到组态表的某一行，就好像将真正的模块插入机架的某个槽位一样。

（1）用"拖放"的方法放置硬件对象

用鼠标打开硬件目录中的文件夹"\SIMATIC 300\PS-300"，单击其中的电源模块"PS 307 5A"，该模块被选中，其背景变为深色（见图 5-19）。此时硬件组态窗口的机架中允许放置该模块的 1 号槽变为绿色，其他插槽为灰色。用鼠标左键按住该模块不放，移动鼠标，将选中的模块"拖"到机架的 1 号槽中。

（2）用双击的方法放置硬件对象

放置模块还有另一个简便的方法，首先用鼠标左键单击机架中需要放置模块的插槽，使它的背景色变为深色。用鼠标左键双击硬件目录中允许放置在该插槽的模块，该模块便出现在选中的插槽中，同时自动选中下一个槽。

3. 放置信号模块

打开文件夹"\SIMATIC 300\SM-300"，其中的 DI、DO 分别是数字量输入模块和数字量输出模块，AI、AO 分别是模拟量输入模块和模拟量输出模块。

用上述的方法，将 16 点的 DI 模块和 8 点的 DO 模块分别放置在 4 号槽和 5 号槽中。

硬件信息显示窗口显示 S7-300 站点中各模块的详细信息，如模块的订货号、I/O 模块的字节地址和注释等。图 5-19 所示 CPU 的固件版本号为 V2.0，MPI 站地址为 2，"DP"行的 2047 是 CPU 集成的 PROFIBUS-DP 接口的诊断地址。

五、生成梯形图

梯形图是使用最广泛的 PLC 编程语言。因与继电器电路相似，采用触点和线圈的符号，具有直观易懂的特点，很容易被熟悉继电器控制的电气人员所掌握，特别适合于数字逻辑控制。下面以图 5-20 所示的电动机正反转控制为例，介绍符号地址的定义与梯形图的生成。

1. 硬件电路

图 5-20 所示为三相异步电动机正反转控制的主电路和继电器控制电路，KM1 和 KM2 分别是控制正转运行和反转运行的交流接触器。图中的 FR 是用于过载保护的热继电器。

图 5-21 所示为 PLC 的外部接线图和梯形图，各输入信号均用常开触点提供。输出电路中的硬件互锁电路用于确保 KM1 和 KM2 的线圈不会同时通电，以防止出现交流电源相间短路的故障。

2. 生成项目

用"新建项目"向导生成一个名为"电机控制"的项目，CPU 可以选任意的型号。如果只是用于仿真实验，可以不对 S7-300 的硬件组态，机架中只有 CPU 模块也能仿真。

3. 定义符号地址

在程序中可以用绝对地址（如 I0.2）访问变量，但是符号地址（如"停止按钮"）使程序更容易阅读和理解。用符号表定义的符号可供所有的逻辑块使用。

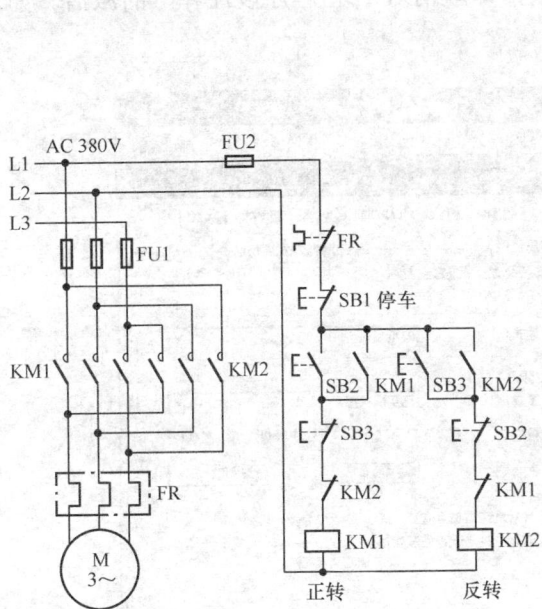

图 5-20　异步电动机正反转控制电路图

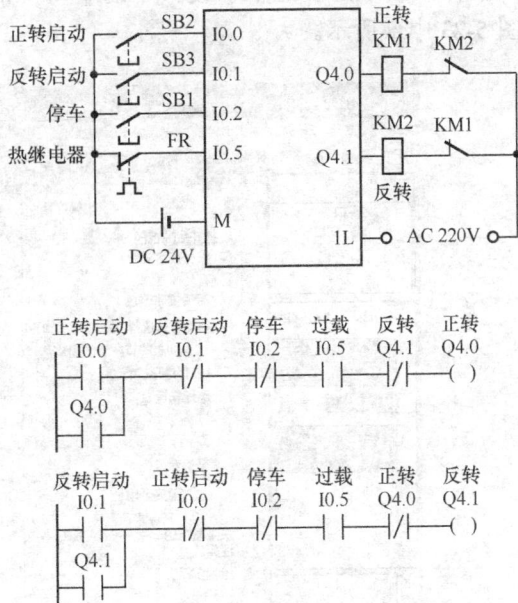

图 5-21　PLC 外部接线图与梯形图

选中 SIMATIC 管理器左边窗口的"S7 程序"，双击右边窗口出现的"符号"，打开符号编辑器，如图 5-22 所示，OB1 的符号是自动生成的。在下面的空白行输入符号"正转按钮"和地址 I0.0，其数据类型 BOOL（二进制的位）是自动添加的，可以为符号输入注释。

单击某一列的表头，可以改变排序的方法。例如，单击"地址"所在的单元，该单元出现向上的三角形，表中的各行按地址升序排列（按地址的第 1 个字母从 A 到 Z 的顺序排列）。再单击一次"地址"所在的单元，该单元出现向下的三角形，表中的各行按地址降序排列。

图 5-22　符号表

4. 生成梯形图程序

选中 SIMATIC 管理器左边窗口中的"块"，如图 5-9 所示，双击右边窗口中的 OB1，打开程序编辑器，如图 5-23 所示。

第一次打开程序编辑器时，程序块和每个程序段均有灰色背景的注释区。注释区比较占空间，可以执行菜单命令"视图"→"显示方法"→"注释"，关闭所有的注释区。下一次打开该程序块后，需要做同样的操作来关闭注释。

执行下面的操作，可以在打开程序块时不显示注释区：在程序编辑器中执行菜单命令"选项"→"自定义"，在打开的"自定义"对话框的"视图"选项卡中，用鼠标单击"块/程序段注释"左边的复选框，使其中的"√"消失，即取消对"块/程序段注释"的激活。如图 5-23 中部所示。

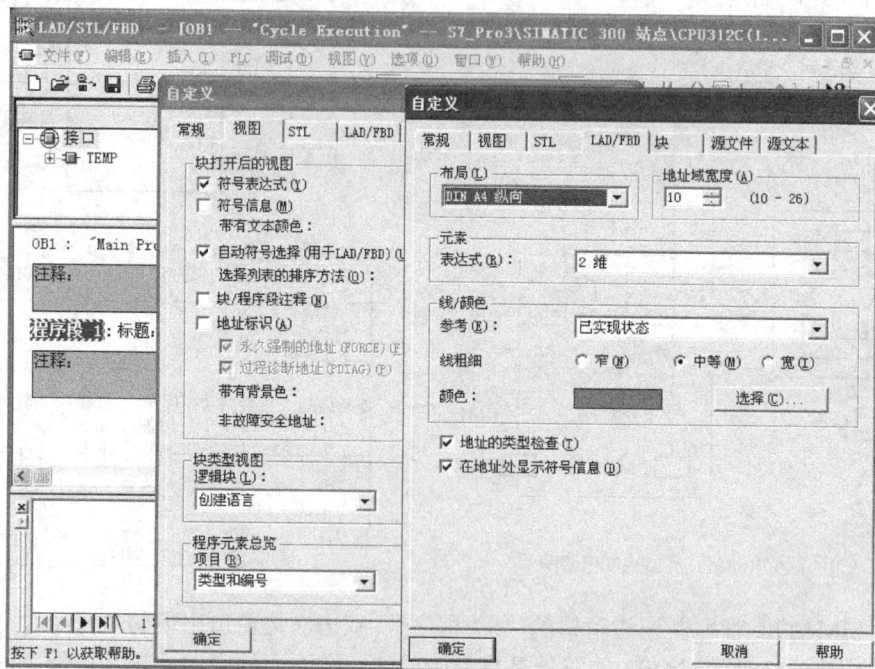

图 5-23　自定义程序编辑器的属性

在"自定义"对话框的"LAD/FBD"选项卡可以设置"地址域宽度"，即梯形图中触点和线圈的宽度（以字符个数为单位），如图 5-23 右部所示。

关闭程序段的注释后，可以将程序段的简要注释放在程序段的"标题"行。

如果在新建项目时，图 5-12 中选中的是默认的"STL"（语句表），打开程序编辑器后，只能输入语句表。此时需要执行菜单命令"视图"→"LAD"，将编程语言切换为梯形图。

单击程序段 1 梯形图的水平线，它变为深色的加粗线，如图 5-23 左部所示。

单击一次工具栏上的常开触点按钮 ⊢⊢，单击 4 次常闭触点按钮 ⊬，单击一次线圈按钮 ◁⊙，生成的触点和线圈如图 5-24（a）所示。

为了生成并联的触点，首先单击最左边的垂直短线来选中它，然后单击工具栏上的 ⊢⊢ 按钮，生成一个常开触点，如图 5-24（b）所示。单击工具栏上的 ⊐ 按钮，该触点被并联到上面一行的第一个触点上，如图 5-24（c）所示。

用鼠标右键单击触点上的"？？．？"，执行弹出的快捷菜单中的"插入符号"命令，如图 5-24（d）所示，打开下拉式符号表，如图 5-24（e）所示，双击其中的变量"电机正转"，该符号地址出现在触点上。用同样的方法输入其他符号地址。

图 5-25 所示为输入结束后的梯形图，STEP 7 自动地为程序中的全局符号加双引号。

STEP 7 的鼠标右键功能是很强的，用右键单击窗口中的某一对象，在弹出的快捷菜单中

将会出现与该对象有关的最常用的命令。单击某一菜单项，可以执行相应的操作。建议在使
用软件的过程中逐渐熟悉和使用右键功能。

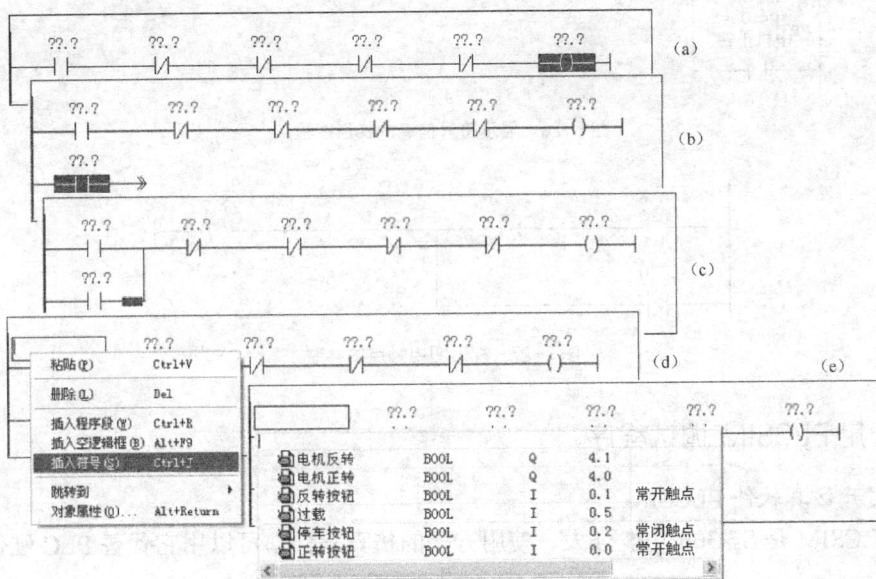

图 5-24 生成用户程序

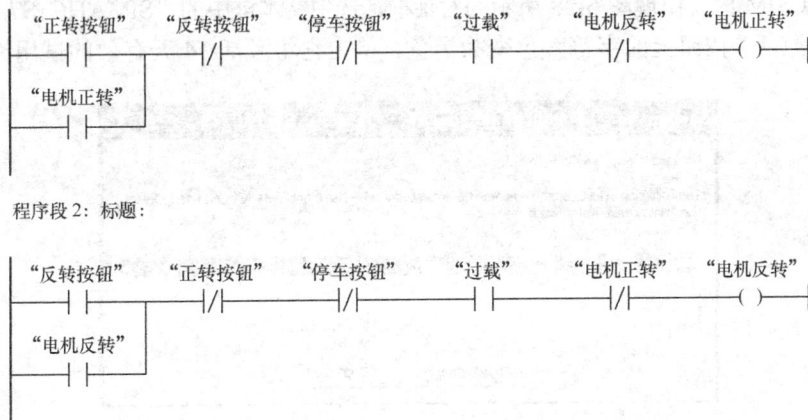

程序段 2: 标题:

图 5-25 输入结束后的梯形图

执行菜单命令"视图"→"显示方式"→"符号表达式"，菜单中该命令左边的符号"√"
消失，梯形图中的符号地址变为绝对地址。再次执行该命令，该命令左边出现"√"，又显示
符号地址。

执行菜单命令"视图"→"显示方式"→"符号信息"，在符号地址的上面出现绝对地址
和符号表中的注释，如图 5-26 所示，菜单中该命令的左边出现符号"√"。再次执行该命令，
该命令左边的"√"消失，只显示符号地址。

用鼠标左键选中双箭头表示的触点的端点，按住左键不放，将自动出现的与端点连接的
线拖到希望并允许放置的位置。当随光标一起移动的⊗（禁止放置）符号变为┤┠（允许放置）
时，如图 5-27 所示，放开鼠标左键，该触点便被连接到指定的位置。

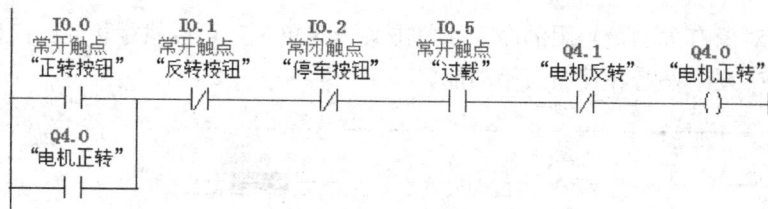

图 5-26　显示符号信息的梯形图程序

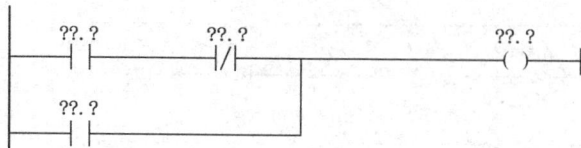

图 5-27　梯形图中触点的并联

六、用 PLCSIM 调试程序

1. 打开仿真软件 PLCSIM

S7-PLCSIM 是 S7-300 功能强大、使用方便的仿真软件。可以用它代替 PLC 硬件来调试用户程序。

安装 PLCSIM 后，SIMATIC 管理器工具栏上的 ▣ 按钮由灰色变为深色。单击该按钮，第一次打开 PLCSIM 时，出现图 5-28 所示的对话框，选中文本框中的"SIMATIC S7 PLCSIM"，"Activate"（激活）按钮上的字符颜色变为黑色，单击它将激活 14 天有效的试用许可证密钥。

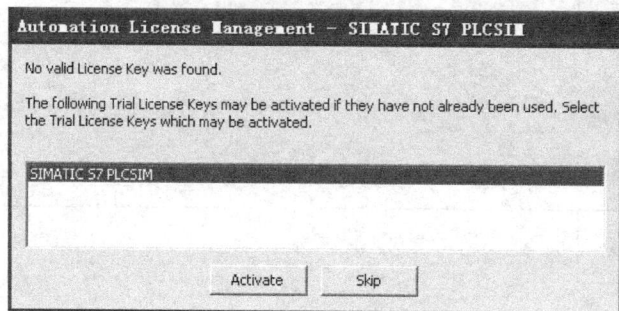

图 5-28　激活试用许可证密钥

打开 S7-PLCSIM 后，自动建立了 STEP 7 与仿真 CPU 的 MPI 连接。刚打开 PLCSIM 时，只有图 5-29 所示最左边被称为 CPU 视图对象的小方框。单击它上面的"STOP""RUN"或"RUN-P"小方框，可以令仿真 PLC 处于相应的运行模式。单击"MRES"按钮，可以清除仿真 PLC 中已下载的程序。

可以用鼠标调节 S7-PLCSIM 窗口的位置和大小，还可以执行菜单命令"View"→"Status Bar"，关闭或打开下面的状态条。

2. 下载用户程序和组态信息

单击 S7-PLCSIM 工具栏上的 ▣ 和 ▣ 按钮，生成 IB0 和 QB0 视图对象。将视图对象中的 QB0 改为 QB4，如图 5-29 所示，按计算机的"Enter"键后更改才生效。

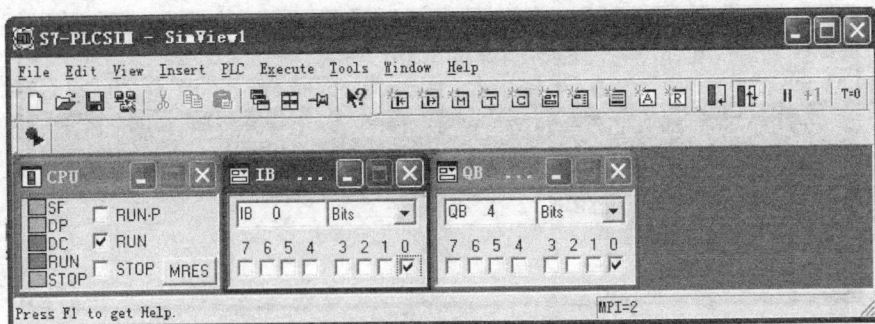

图 5-29　PLCSIM

下载之前，应打开 PLCSIM。选中 SIMATIC 管理器左边窗口中的"块"对象，单击工具栏的下载按钮，将 OB1 和系统数据下载到仿真 PLC 中。下载系统数据时出现"是否要装载系统数据？"对话框时，单击"是"按钮确认。

不能在 RUN 模式时下载，但是可以在 RUN-P 模式时下载。在 RUN-P 模式下载系统数据时，将会出现"模块将被设为 STOP 模式？"的对话框。下载结束后，出现"是否现在就要启动该模块？"的对话框。单击"是"按钮确认。

3. 用 PLCSIM 的视图对象调试程序

单击 CPU 视图对象中的小方框，将 CPU 切换到 RUN 或 RUN-P 模式。这两种模式都可执行用户程序，但是在 RUN-P 模式可以下载修改后的程序块和系统数据。

根据梯形图电路，按下面的步骤调试用户程序。

（1）单击视图对象 IB0 最右边的小方框，方框中出现"√"，I0.0 状态变为 1，模拟按下正转按钮。梯形图中 I0.0 的常开触点闭合、常闭触点断开。由于 OB1 中程序的作用，Q4.0（电动机正转）状态变为 1，梯形图中其线圈通电，视图对象 QB4 最右边的小方框中出现"√"，如图 5-29 所示。

再次单击 I0.0 对应的小方框，方框中的"√"消失，I0.0 状态变为 0，模拟放开启动按钮。梯形图中 I0.0 的常开触点断开、常闭触点闭合。将按钮对应的位（如 I0.0）设置为 1 之后，注意一定要马上将它设置为 0，否则后续的操作可能会出现异常情况。

（2）单击两次 I0.1 对应的小方框，模拟按下和放开反转启动按钮的操作。由于用户程序的作用，Q4.0 状态变为 0，Q4.1 状态变为 1，电动机由正转变为反转。

（3）在电动机运行时用鼠标模拟按下和放开停止按钮 I0.2，或模拟过载信号 I0.5 出现和消失，观察 Q4.0 或 Q4.1 状态 0 的变化。

4. 下载部分程序块

程序块较多时，可以只下载部分程序块。打开 STEP 7 系统所带的实例项目 Examples 中的项目"ZCs01_01_STEP7__STL_1-9"，选中左边窗口的"块"文件夹，单击右边窗口的某个块或系统数据，被选中的块的背景色变为深蓝色。打开 PLCSIM，单击工具栏的下载按钮，只下载选中的对象。图 5-30 所示的"VAT 1"是用于监控程序执行情况的变量表，即使选中它也不会下载它。

用鼠标左键单击图 5-30 所示虚线方框的一个角，按住鼠标左键不放，移动鼠标，在块工作区画出一个虚线方框，方框内的块被选中。单击工具栏的下载按钮，只下载选中的对象。

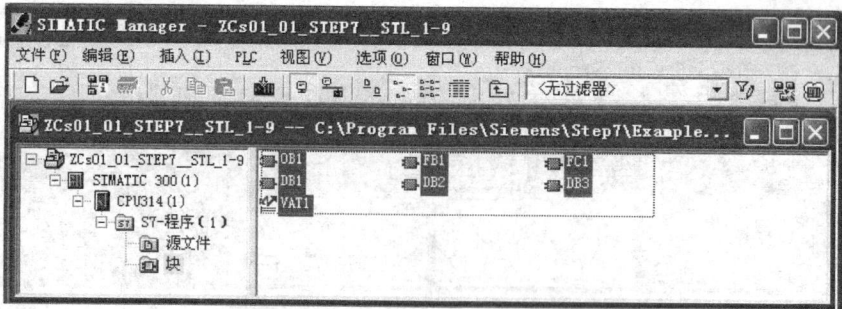

图 5-30 选择需要下载的块

按住计算机的"Ctrl"键，单击需要下载的块，可以选中多个任意位置的块。单击工具栏的下载按钮🔩，只下载选中的对象。

修改程序后，也可以在程序编辑器中下载打开的程序块。

5. 下载整个站点

选中项目中的某个 PLC 站点，单击工具栏的下载按钮🔩，可以把整个站点的信息（包括程序块、系统数据中的硬件组态和网络组态信息）下载到 CPU 中。

6. 在线窗口与离线窗口

单击工具栏上的在线按钮，即打开在线窗口，如图 5-31 所示。该窗口最上面的标题栏出现浅蓝色背景的长条，表示在线。如果选中管理器左边窗口中的"块"，右边的窗口将会列出 CPU 集成的大量的系统功能块 SFB、系统功能块 SFC，以及已经下载到 CPU 的系统数据和用户编写的块。SFB 和 SFC 在 CPU 的操作系统中，无需下载，也不能用编程软件删除。在线窗口显示的是 PLC 中的内容，而离线窗口显示的是计算机中的内容。

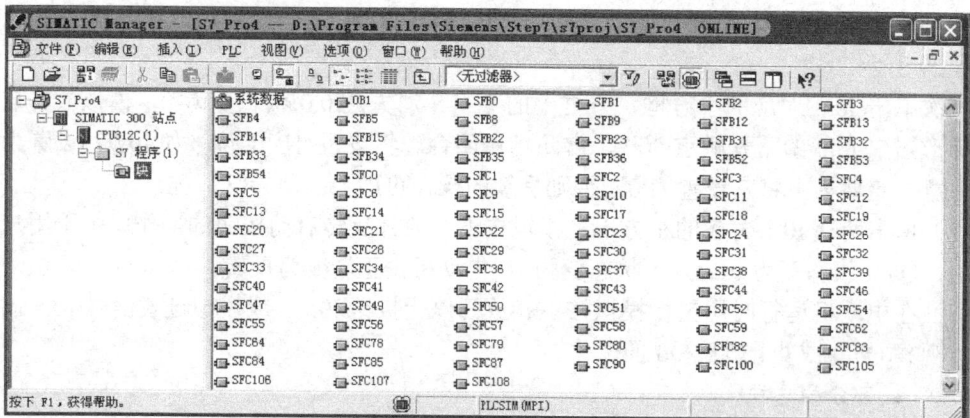

图 5-31 在线窗口

打开在线窗口后，可以用 SIMATIC 管理器工具栏上的🔡按钮和🔲按钮，或者用管理器的"窗口"菜单来切换在线窗口和离线窗口。单击右上角的✕按钮，关闭在线窗口后，离线窗口仍然存在。

打开在线窗口后，执行菜单命令"窗口"→"排列"→"水平"，将会同时显示在线窗口。可以用鼠标拖放的方法，将离线窗口中的块拖到在线窗口的块工作区（下载块)，也可以将在线窗口中的块拖到离线窗口的块工作区（上载块）。

7. 用程序状态功能调试程序

仿真 CPU 在 RUN 或 RUN-P 模式时，打开 OB1，单击工具栏上的"监视"按钮，启动程序监控功能。

STEP 7 和 PLC 中的 OB1 程序不一致时（如下载后改动了程序），工具栏的按钮上的符号为灰色。此时需要单击工具栏的下载按钮，重新下载 OB1。STEP 7 和 PLC 中 OB1 的程序一致后，按钮上的符号变为黑色，才能启动程序状态功能。

从梯形图左侧垂直的"电源"线开始的水平线均为绿色，如图 5-32 所示，表示有能流从"电源"线流出。有能流流过的处于闭合状态的触点、方框指令、线圈和"导线"均用绿色表示。用蓝色虚线表示没有能流流过和触点、线圈断开。

如果选中程序段 2，只能监控程序段 2 和它之后的程序段，不能监控程序段 1。

8. 在 PLCSIM 中使用符号地址

执行菜单命令"Tools"→"Options"→"Attach Symbols"（连接符号），单击打开的对话框中的"浏览"按钮，如图 5-33 所示，选中要仿真的项目"电机控制"。打开项目中的 300 站点，选中"S7 程序"，单击右边窗口的"符号"，在"对象名称"文本框中出现"符号"，单击"确定"按钮退出对话框。

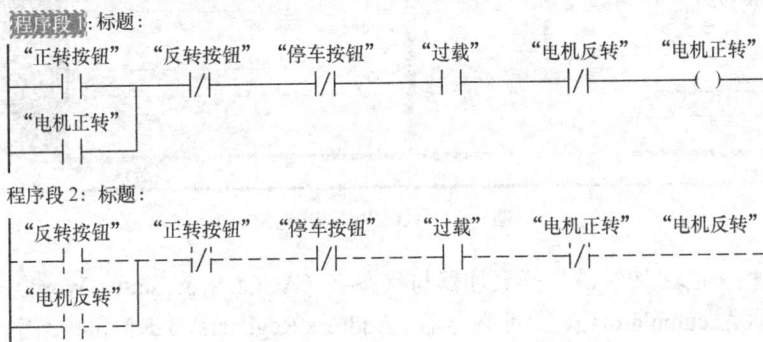

图 5-32　程序状态监控

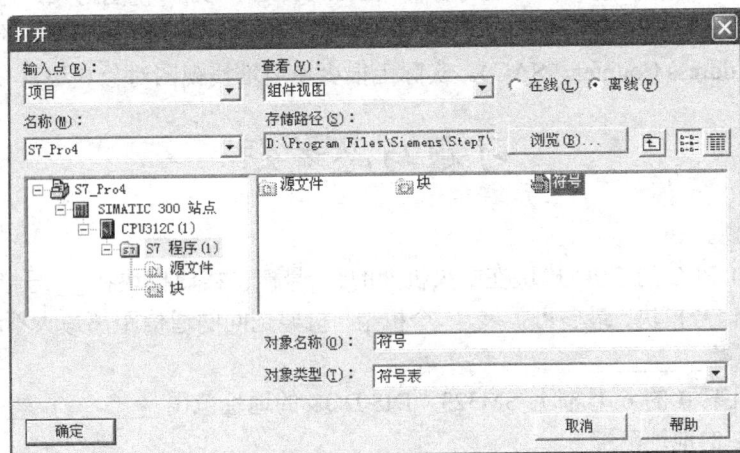

图 5-33　连接符号表

执行菜单命令"Tools"→"Options"→"Show Symbols"（显示符号），使该指令项的左

边出现"√"（被选中）。单击工具栏上的 按钮，打开垂直位列表（VerticalBits）视图对象。设置它的地址为 IB0，视图对象的下面显示 IB0 中已定义的符号地址，如图 5-34 所示。

单击工具栏上的 按钮，打开堆栈（Stack）视图对象，如图 5-34 所示，里面有 Nesting Stack（嵌套堆栈）和 MCR（主控继电器）堆栈。

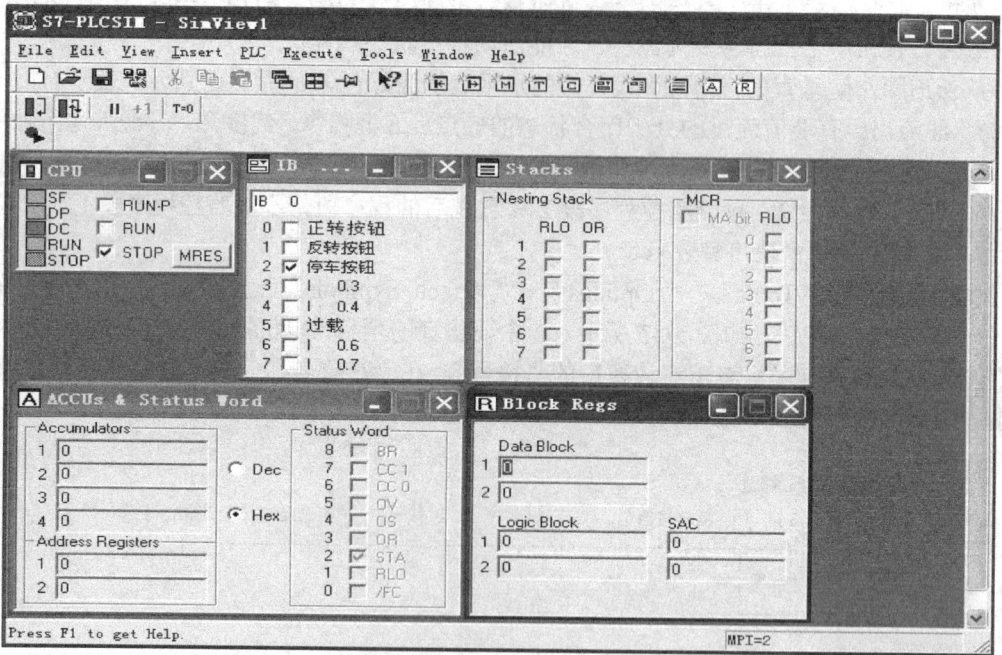

图 5-34 PLCSIM 的视图对象

单击工具栏上的 按钮，打开累加器与状态字（ACCUS & Status Word）视图对象，可以监控累加器（Accumulators）、地址寄存器（Address Registers，AR）和状态字（Status Word，SW）。

单击工具栏上的 按钮，打开块寄存器（Block Regs，BR）视图对象，可以监控数据块寄存器（Data Block Address Registers，DBAR）、逻辑块（Logic Block，LB）的编号和步地址计数器（Step Address Counter，SAC）。实际上很少使用堆栈视图对象和块寄存器视图对象。

习题与思考题

5-1 填空题。

（1）S7-300 PLC 的 CPU 模块在中央机架的___号槽，接口模块在___号槽。一个机架最多可安装___个信号模块，最多可扩展___个机架，机架之间的通信距离最大不超过_____，最大数字量 I/O 点数_____。

（2）确定机架 0 的 6 号槽上 SM323 DI8/DO8 的地址范围_____以及 5 号槽上 SM334 AI4/AO2 的地址范围_____。

（3）高速、大功率的交流负载，应选用_____输出的输出接口电路。

（4）数字量输入模块某一外部输入电路接通时，对应的过程映像输入位为状态_____，梯形图中对应的常开触点_____，常闭触点_____。

（5）若梯形图中某一过程映像输出位 Q 的线圈断电，对应的过程映像输出位为状态___，在写入输出模块阶段之后，继电器型输出模块对应的硬件继电器的线圈_____，其常开触点_____，外部负载_____。

5-2　什么是符号地址？采用符号地址有哪些好处？

5-3　信号模块是哪些模块的总称？

5-4　S7-300 PLC 的 CPU 有几种工作模式？各模式间如何切换？

5-5　PLC 数字量输出模块若按负载使用的电源分类，可有哪几种输出模块？若按输出的开关器件分类，可有哪几种输出方式？如何选用 PLC 输出类型？

5-6　硬件组态的任务是什么？

5-7　一控制系统选用 CPU 313C，系统所需的输入/输出点数为：数字量输入 24 点、数字量输出 16 点、模拟量输入 5 点、模拟量输出 2 点。用新建项目向导生成一个项目，打开硬件组态工具 HW Config，选择并在相应的槽位插入 DI 模块、DO 模块、AI 模块和 AO 模块。

第六章 S7-300 PLC 的指令系统与应用

STEP 7 是 S7-300 PLC 的编程软件。梯形图 LAD、语句表 STL 和功能块图 FBD 是标准的 STEP 7 软件包配备的 3 种基本编程语言，这 3 种语言可以在 STEP 7 中相互转换。

对于初学 PLC 者，建议使用梯形图 LAD 进行学习，梯形图具有直观、简单等优点，并且在 STEP 7 中，梯形图可以转换成为语句指令 STL 和功能块图 FBD。

第一节 S7-300 编程基础

一、数制

1. 二进制数

二进制数只有 1 和 0 两个值，用来表示开关量（或数字量）的两种不同的状态，如触点的接通和断开，线圈的通电和断电等。如果该位为 1，表示梯形图中对应的位编程元件（例如位存储器 M 和输出过程映像 Q）的线圈"通电"，其常开触点接通，常闭触点断开，称该编程元件状态为 1，或称该编程元件 ON（接通）。如果该位为 0，对应的编程元件的线圈和触点的状态与上述相反，称该编程元件状态为 0，或称该编程元件 OFF（断开）。

二进制数常用 2#表示，例如，2#1111_0101_1001_0011 是 16 位二进制数。在编程手册和编程软件中，位编程元件的状态 1 和状态 0 常用 TRUE 和 FALSE 表示。

2. 十六进制数

十六进制数的 16 个数字分别是 0~9 和 A~F，每个数字占二进制数的 4 位。

B#16#、W#16#、DW#16#分别用来表示十六进制字节、字、双字常数，如 W#16#13AF。在数字后面加"H"也可以表示十六进制数，如 W#16#58AC 可以表示为 58ACH。

3. BCD 码

BCD 码用 4 位二进制数表示一位十进制数，如十进制数 9 对应的二进制数为 1001。4 位二进制数共有 16 种组合，其中有 6 种（1010~1111）没有在 BCD 码中使用。

BCD 码的最高四位二进制数用来表示符号，16 位 BCD 码字的范围为-999~+999，32 位 BCD 码双字的范围为-9 999 999~+9 999 999。

十进制数可以很方便地转换为 BCD 码，如十进制数 431 对应的 BCD 码为 W#16#431，或者 2#0100 0011 0001。

二、数据类型

数据是程序处理和控制的对象，是通过变量来传递和存储的，一个变量需要两个要素，即变量的名称和变量的数据类型。数据的类型决定了数据的属性。在 STEP 7 中的数据有基本数据类型、复杂数据类型和参数数据类型三大类。

1. 基本数据类型

（1）位（BIT）

位数据的数据类型为 BOOL（布尔）型，数据长度为 1 位，取值只有 True（或 1）和 False（或 0），标识符为 X。常用于开关量的表示，如各种触点等，触点闭合为 1，断开为 0。如 I0.0，Q1.2 等。

（2）字节（BYTE）

8 位二进制数组成一个字节，其中第 0 位为最低位，第 7 位为最高位。如 IB3（包括 I3.0～I3.7 位），QB0（包括 Q0.0～Q0.7 位）等。

（3）字（WORD）

相邻的两个字节组成一个字，用来表示 16 位的无符号数。如 IW0 是由 IB0 和 IB1 组成的，其中 I 是区域标识符，W 表示字，0 是字的起始字节，IB0 为高字节，IB1 为低字节。

（4）双字（DWORD）

相邻的两个字组成一个双字，用来表示 32 位的无符号数。如 MD10 是由 MW10 和 MW12 组成的，其中 M 是区域标识符，D 表示双字，10 是双字的起始字节，MB10 为 MD10 的最高字节，MB13 为 MD10 的最低字节，如图 6-1 所示。

需要注意的是，字和双字的起始字节都必须是偶数，如上例中的 IW0 和 MD10 中的"0"和"10"都是偶数。

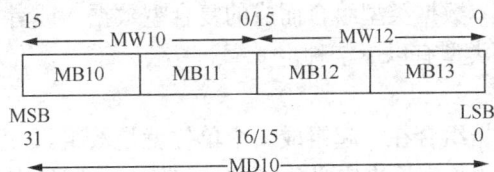

图 6-1　数据对象的大小

（5）整数（INT）

整数为有符号数，最高位为符号位，最高位为 1 表示负数，为 0 表示正数。长度为双字节，取值范围为 -2^{15}～$2^{15}-1$，即-32 768～32 767。

（6）双整数（DINT）

双整数即长整数，长度为 4 字节，是有符号数，最高位为符号位。取值范围为 -2^{31}～$2^{31}-1$，即-2 147 483 648～2 147 483 647。

（7）实数（REAL）

实数又称浮点数，长度为 4 字节。ANSI/IEEE 标准浮点数格式如图 6-2 所示，共占用 32 位。最高位（第 31 位）为浮点数的符号位，最高位为 0 时为正数，为 1 时为负数；8 位指数占 23～30 位；因为规定尾数的整数部分总为 1，所以只保留了尾数的小数部分 m（0～22 位）。浮点数的表示范围为 $\pm3.402823\times10^{38}$ ～ $\pm1.175495\times10^{38}$。

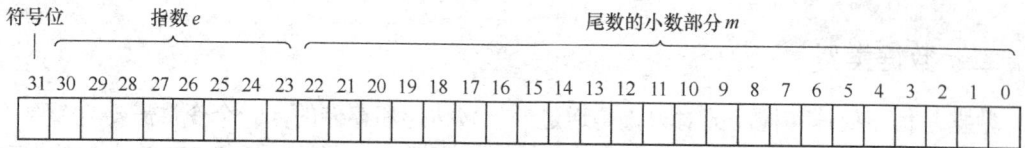

图 6-2　浮点数的结构

浮点数的优点是用很小的存储空间（4KB）可以表示非常大和非常小的数。PLC 输入和输出的数值大多数是整数，例如，模拟量输入值和模拟量输出值，用浮点数来处理这些数据需要进行整数和浮点数之间的相互转换，浮点数的运算速率比整数的运算速率慢。

（8）常数的表示方法

常数值可以是字节、字或双字，CPU 以二进制方式存储常数，常数也可以用十进制、十六进制、ASCII 码或浮点数来表示。

B#16#、W#16#、DW#16#分别用来表示十六进制字节、字、双字常数。2#用来表示二进制常数，如 2#1010_1101。

L#为 32 位双整数常数，如 L#+7。

P#为地址指针常数，如 P#M3.1 是 M3.1 的地址。

S5T#是 16 位 S5 时间常数，格式为 S5T#aD_bH_cM_dS_eMS，其中 a、b、c、d、e 分别是日、时、分、秒和毫秒的数值。输入时可以省掉下划线，如 S5T#2H15M10S 为 2 小时 15 分 10 秒。S5 时间常数的取值范围为 S5T#0H_0M_0S_0MS～S5T#2H_46M_30S_0MS，时间增量为 10ms。

C#为计数器常数（BCD 码），如 C#235。

8 位 ASCII 字符用单引号表示，如 'A'、'ABC'。

2. 复杂数据类型

复杂数据是由一些基本数据类型组合而成的复合型数据，或者长度超过 32 位的数据类型，STEP7 中的复杂数据类型有以下 7 种。

（1）数组（ARRAY）

将一组同一类型的数据组合在一起组成一个单位就是数组。数组的维数最大可以到 6 维；ARRAY 后面的方括号中的数字用来定义每一维的起始元素和结束元素在该维中的编号，取值范围为-32768～32767。

数组的定义必须说明数组的维数、元素类型和每一维的上下标范围，各维之间的数字用逗号隔开，每一维开始和结束的编号用两个小数点隔开，如果某一维有 n 个元素，该维的起始元素和结束元素的编号一般采用 1 和 n 表示，如 ARRAY[1..3,1..5,1...4]I 表示 3×5×4 的三维数组。可以用数组名加上下标方式来引用数组中的某个元素，如 A[1，2，3]表示数组中的一个元素。

（2）结构（STRUCT）

将一组不同类型的数据组合在一起组成一个单位就是结构。如定义电动机的一组数据可以用如下方式：

Motor: STRUCT
　　　Speed: INT
　　　Current: REAL
END_STRUCT

（3）字符串（STRING）

字符串是由字符组成的一维数组，每个字节存放一个字符。一个字符串最多有 254 个字符。

（4）日期和时间（DATE_AND_TIME）

用于存储年、月、日、时、分、秒、毫秒和星期的数据。占用 8 字节，BCD 编码。星期天代码为 1，星期一～星期六代码分别是 2～7。例如，DT#2004-07-16-12:30:16.200 为 2004 年 7 月 16 日 12 时 30 分 16.2 秒。

（5）用户定义数据类型（User-Defined Data Types，UDT）

用户定义数据类型是一种特殊的数据结构，用户只需对它定义一次，定义好后可以在用户程序中作为数据类型使用。可以用它来产生大量的具有相同数据结构的数据块，用这些数据来输入用于不同目的的实际数据。用户定义数据类型由基本数据类型和复合数据类型组成。

3. 参数数据类型

参数类型是为逻辑块的形式参数（简称形参）定义的数据类型，用于在调用逻辑块时传递参数。主要包括以下几种。

（1）TIMER/COUNTER

使用参数类型 TIMER（定时器）和 COUNTER（计数器），可以在调用逻辑块时，分别将定时器和计数器的编号，如 T3、C31 作为参数传递给块的形参。

（2）BLOCK

使用参数类型 BLOCK_FB、BLOCK_FC、BLOCK_DB 和 BLOCK_SDB，可以在调用逻辑块时，分别将 FC、FB、DB 和 SDB（系统数据块）作为参数传递给块的形参。块数据类型的实参应为同类型的块的绝对地址编号（如 FB2）或块的符号名。

（3）POINTER

使用参数类型 POINTER（指针）可以在调用逻辑块时，将变量的地址作为实参传递给声明的形参。POINTER 只能用于形参中的 IN、OUT、IN_OUT 变量。

（4）ANY

在调用逻辑块时，将任意的数据类型传递给声明的形参。

三、S7-300 PLC 的存储区

S7-300 系列 PLC 的存储器有装载存储器、工作存储器和系统存储器 3 个基本区域。其中，系统存储器是集成在 CPU 内部的 RAM，不能扩展，用于存放用户程序的操作数。S7-300 PLC 的系统存储区域的划分、功能、访问方式及标识符见表 6-1。

表 6-1 系统存储区域及其功能

存储区域	功　能	访问的单位及标识符
输入过程映像寄存器（I）	在扫描周期开始时，CPU 将从外部过程中读取输入状态，并记录在输入过程映像寄存器中	输入位 I、输入字节 IB、输入字 IW、输入双字 ID
输出过程映像寄存器（Q）	在扫描周期中，将程序运算得出的输出写入这个区域。在扫描周期结束时，CPU 从这一区域读出输出数值，并把它们送到外部过程输出	输出位 Q、输出字节 QB、输出字 QW、输出双字 QD

存储区域	功　能	访问的单位及标识符
位存储区（M） （辅助继电器）	该区域用于存储用户程序的中间运算结果或标志位	存储区位 M、存储区字节 MB、存储区字 MW、存储区双字 MD
外设输入区（PI）	通过该区域用户程序直接访问输入模块	外设输入字节 PIB、外设输入字 PIW、外设输入双字 PID
外设输出区（PQ）	通过该区域用户程序直接访问输出模块	外设输出字节 PQB、外设输出字 PQW、外设输出双字 PQD
定时器区域（T）	该区域提供定时器的存储区	定时器 T
计数器区域（C）	该区域提供计数器的存储区	计数器 C
共享数据块（DB）	共享数据块可供所有逻辑块使用，可以用"OPN　DB"指令打开一个共享数据块	数据块 DB、数据位 DBX、数据字节 DBB、数据字 DBW、数据双字 DBD
背景数据块（DI）	背景数据块与某一功能块或系统功能块相关联，可以用"OPN DI"打开一个背景数据块	数据块 DI、数据位 DBX、数据字节 DBB、数据字 DBW、数据双字 DBD
局部数据（L）	在处理组织块、功能块和系统数据块时，相应块的临时数据保存到该块的局部数据区	局部数据位 L、局部数据字节 LB、局部数据字 LW、数据双字 LD

四、CPU 中的寄存器

1. 累加器（ACCUX）

32 位累加器用于处理字节、字或双字的寄存器。S7-300 系列 PLC 有两个累加器（ACCU1 和 ACCU2），ACCU1 为主累加器，ACCU2 为辅助累加器。可以把操作数送入累加器，并在累加器中进行运算和处理，保存在 ACCU1 中的运算结果可以传送到存储区。处理 8 位或 16 位数据时，数据放在累加器的低端（右对齐）。

2. 状态字寄存器

状态字是一个 16 位的寄存器，如图 6-3 所示，用于存储 CPU 执行指令的状态。状态字中的某些位用于决定某些指令是否执行和以什么样的方式执行，执行指令时可能改变状态字中的某些位，用位逻辑指令和字逻辑指令可以访问和检测它们。

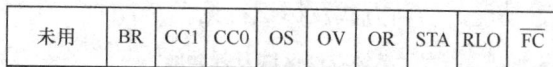

未用	BR	CC1	CC0	OS	OV	OR	STA	RLO	$\overline{FC}$

图 6-3　状态字的结构

（1）首次检测位

状态字的第 0 位称为首次检测位（$\overline{FC}$）。若该位的状态为 0，则表明一个梯形逻辑网络的开始，或指令为逻辑串的第一条指令。CPU 对逻辑串第一条指令检测（称为首次检测）产生的结果直接保存在状态字的 RLO 位中，经过首次检测存放在 RLO 中的 0 或 1 称为首次检测结果。该位在逻辑串的开始时总是 0，在逻辑串指令执行过程中该位为 1，输出指令或与逻辑运算有关的转移指令（表示一个逻辑串结束的指令）将该位清 0。

（2）逻辑运算结果（RLO）

状态字的第 1 位称为逻辑运算结果（Result of Logic Operation，RLO）。该位用来存储执行位逻辑指令或比较指令的结果。RLO 的状态为 1，表示有能流流到梯形图中运算点处；为 0 则表示无能流流到该点。可以用 RLO 触发跳转指令。

（3）状态位（STA）

状态字的第 2 位称为状态位。执行位逻辑指令时，STA 总是与该位的值取得一致。可以通过状态位了解逻辑指令的位状态。

（4）或位（OR）

状态字的第 3 位称为或位（OR），在先逻辑"与"后逻辑"或"的逻辑运算中，OR 位暂存逻辑"与"的操作结果，以便进行后面的逻辑"或"运算。输出指令将 OR 位复位。

（5）溢出位（OV）

状态字的第 4 位称为溢出位，如果算术运算或浮点数比较指令执行时出现错误（如溢出、非法操作和不规范的格式），溢出位被置 1。如果后面影响该位的指令执行的结果正常，该位被清 0。

（6）溢出状态保持位（OS）

状态字的第 5 位称为溢出状态保特位，或称为存储溢出。OV 位被置 1 时 OS 位也被置 1。OV 位被清 0 时 OS 仍保持不变，所以它保存了 OV 位，用于指明前面的指令执行过程中是否产生过错误。只有 JOS（OS = 1 时跳转）指令、块调用指令和块结束指令才能复位 OS 位。

（7）条件码 1（CC1）和条件码 0（CC0）

状态字的第 7 位和第 6 位称为条件码 1 和条件码 0。这两位综合起来用于表示在累加器 1 中产生的算术运算或逻辑运算的结果与 0 的大小关系、比较指令的执行结果或移位指令的移出位状态，详见表 6-2 和表 6-3。

表 6-2　算术运算后的 CC1 和 CC2

CC1	CC2	算术运算无溢出	整数算数运算有溢出	浮点数算数运算有溢出
0	0	结果 = 0	整数相加下溢出（负数绝对值过大）	正数、负数绝对值过小
0	1	结果 < 0	乘法下溢出；加减法上溢出（正数过大）	负数绝对值过大
1	0	结果 > 0	乘除法上溢出；加减法下溢出	正数上溢出
1	1	—	除法或 MOD 指令的除数为 0	非法的浮点数

表 6-3　比较、移位和字逻辑指令执行后的 CC1 和 CC0

CC1	CC0	比较指令	移位和循环移位指令	字逻辑指令
0	0	累加器 2 = 累加器 1	移出位为 0	结果为 0
0	1	累加器 2 < 累加器 1	—	—
1	0	累加器 2 > 累加器 1	—	结果不为 0
1	1	非法的浮点数	移出位为 1	—

（8）二进制结果位（BR）

状态字的第 8 位称为二进制结果位。它将字处理程序与位处理联系起来，在一段既有位操作又有字操作的程序中，用于表示字操作结果是否正确。将 BR 位加入程序后，无论字操作结果如何，都不会造成二进制逻辑链中断。在梯形图的方框指令中，BR 位与 ENO 有对应关系，用于表明方框指令是否被正确执行：如果执行出现了错误，BR 位为 0，ENO 也为 0；如果功能被正确执行，BR 位为 1，ENO 也为 1。

在用户编写的 FB 和 FC 语句表程序中，必须对 BR 位进行管理，功能块正确执行后，使 BR 位为 1，否则使其为 0。使用 SAVE 指令可将 RLO 存入 BR 中，从而达到管理 BR 位的目的。当 FB 或 FC 执行无错误时，使 RLO 为 1，并存入 BR；否则在 BR 中存入 0。

状态字的第 9～15 位未使用。

3. 数据块寄存器

DB 和 DI 寄存器分别用来保存打开的共享数据块和背景数据块的编号。

4. 诊断缓冲区

诊断缓冲区是系统状态列表的一部分，包括系统诊断事件和用户定义的诊断事件的信息。这些信息按它们出现的顺序排列，第一行中是最新的事件。

诊断事件包括模块的故障、读写处理的错误、CPU 的系统错误、CPU 的运行模式切换错误、用户程序中的错误和用户使用系统功能 SFC 52 定义的诊断错误。

五、寻址方式

操作数是指令操作或运算的对象，寻址方式是指令取得操作数的方式，操作数可以直接给出或间接给出。STEP 7 系统支持 4 种寻址方式：立即寻址、存储器直接寻址、存储器间接寻址和寄存器间接寻址。

1. 立即寻址

立即寻址的操作数是常数或常量，且操作数直接在指令中，有些指令的操作数是唯一的，为简化起见，不在指令中写出。下面是使用立即寻址的程序实例。

```
SET                //把 RLO 置 1
L   5678           //把整数 5678 装入累加器 1
L   W#16#4812      //常数 16#4812 装入累加器 1，累加器 1 中原有的内容装入累加器 2
```

2. 直接寻址

直接寻址在指令中直接给出存储器或寄存器的地址，包括存储器或寄存器的区域、长度和位置。例如，用 DBW200 指定数据块存储区中的字，地址为 200；DBB100 表示以字节方式存取，DBW100 表示存取 DBB100、DBB101 组成的字，DBD100 表示存取 DBB100～DBB103 组成的双字。下面是直接寻址的程序实例。

```
A   I0.0
L   MB3            //把 MB3 装入累加器 1
T   MW2            //把累加器 1 低字中的内容传送给位存储器 MW2
```

3. 存储器间接寻址

在存储器间接寻址指令中，给出一个作地址指针的存储器，该存储器的内容是操作数所在存储单元的地址。该存储器一般称为地址指针，在指令中需写在方括号 "[]" 内。使用存储器间接寻址可以改变操作数的地址，在循环程序中经常使用存储器间接寻址。

地址指针可以是字或双字，对于地址范围小于 65 535 的存储器（如 T、C、DB、FB、FC），使用字指针就够了；对于其他存储器（如 I、Q、M 等）则要使用双字指针。如果要用双字格式的指针访问一个字节、字或双字存储器，必须保证指针的位编号为 0，如 P#Q20.0。双字指针的格式如图 6-4 所示，位 0～2 为被寻址地址中位的编号（0～7），位 3～18 为被寻址的字节的编号（0～65 535）。只有双字 MD、LD、DBD 和 DID 能作双字地址指针。下面是存储器间接寻址的例子。

```
L    DBW[ MW10]//将数据字装入累加器 1，数据字的地址指针在位存储器字 MW10 中，
                如果 MW10 的值为 2#0000 0000 0000 0000 0000 0000 0010 0000，
                装入的是 DBW4
A    M[DBD 4]  //对存储器位作"与"运算，地址指针在数据双字 DBD4 中，如果 DBD4 的
                值为 2#0000 0000 0000 0000 0000 0000 0010 0011，则
                是对 M4.3 进行操作
```

4. 寄存器间接寻址

寄存器间接寻址在指令中通过地址寄存器和偏移量间接获取操作数，其中的地址寄存器及偏移量必须写在方括号 "[]" 内。S7-300 PLC 中有两个地址寄存器 AR1 和 AR2，通过它们可以对各存储区的存储器内容作寄存器间接寻址。地址寄存器的内容加上偏移量形成地址指针，并指向操作数所在的存储器单元。

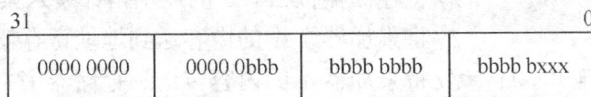

31			0
0000 0000	0000 0bbb	bbbb bbbb	bbbb bxxx

图 6-4　存储器间接寻址的双字节指针格式

地址寄存器存储的双字地址指针如图 6-5 所示。其中，第 0～2 位（xxx）为被寻址地址中位的编号（0～7），第 3～18 位（bbbb bbbb bbbb bbbb）为被寻址地址的字节的编号（0～65 535），第 24～26 位（rrr）为被寻址地址的区域标识号，第 31 位 x 为 0，为区域内的间接寻址；第 31 位 x 为 1，则为区域间的间接寻址。

如果要用寄存器指针访问一个字节、字或双字，必须保证指针中的位地址编号为 0。

第一种地址指针格式包括被寻址数值所在存储单元地址的字节编号和位编号，存储区的类型在指令中给出。这种指针格式适用于在某一存储区内寻址，即区内寄存器间接寻址。第 24～26 位（rrr）应为 0。

第二种地址指针格式包括数据所在存储区域标识位，通过改变标识位可实现跨区寻址，区域标识由位 24～26 确定，具体含义见表 6-4。这种指针格式适用于区域间寄存器间接寻址。

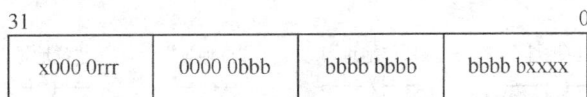

31			0
x000 0rrr	0000 0bbb	bbbb bbbb	bbbb bxxxx

图 6-5　寄存器间接寻址的双字指针格式

表 6-4　　　　　　　　**区域间寄存器间接寻址的区域标识位**

区域标识	存储器	（rrr）位 26～24 的二进制
P	外设输入/输出	000
I	输入过程映像	001
Q	输出过程映像	010
M	位存储器	011

区域标识	存储器	（rrr）位 26～24 的二进制
DBM	共享数据块	100
DIX	背景数据块	101
L	正在执行的块局域数据	111

下面是区域内间接寻址的例子，指针常数 P#4.3 对应的二进制数为 2#0000 0000 0000 0000 0000 0000 0010 0011。

```
L    P#4.3              //将间接寻址的指针装入累加器 1
L    AR1                //将累加器 1 中的内容送到地址寄存器 1
A    M[ AR1, P#3.3]     //AR1 中的 P#4.3 加偏移量 P#3.3，实际上是对 M7.6 进
                          行操作
=    Q[ AR1, P#0.2]     //逻辑运算的结果送 Q4.5
```

下面是区域间间接寻址的例子。

```
L    P#M6.0             //将存储器位 M6.0 的双字指针装入累加器 1
L    AR1                //将累加器 1 中的内容送到地址寄存器 1
T    W[ AR1, P#50.0]    //将累加器 1 的内容传送到存储器字 MW56
```

P#M6.0 对应的二进制数为 2#1000 0011 0000 0000 0000 0000 0011 0000。因为地址指针 P#M6.0 中已经包含有区域信息，所以使用间接寻址的指令 T W[AR1，P#50.0]中没有必要再用地址标识符 M。

第二节 位逻辑指令

位逻辑指令用于二进制数的逻辑运算，二进制数只有 1 和 0 这两个数字，状态 1 时编程元件的线圈通电，状态 0 时线圈断电。逻辑运算的结果保存在状态字的 RLO 中。

一、触点与线圈指令

在 LAD（梯形图）程序中，通常使用类似继电器控制电路中的触点符号及线圈符号来表示 PLC 的位元件，被扫描的操作数（用绝对地址或符号地址表示）则标注在触点符号的上方，如图 6-6 所示。

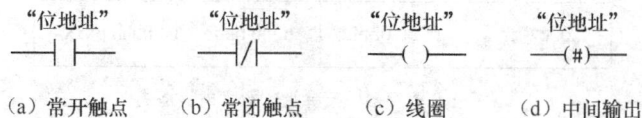

"位地址"　　　"位地址"　　　"位地址"　　　"位地址"
—| |—　　　—|/|—　　　—( )—　　　—(#)—
（a）常开触点　（b）常闭触点　（c）线圈　（d）中间输出

图 6-6　触点和线圈

1. 常开触点和常闭触点

对于常开触点（动合触点），在 PLC 中规定：若操作数是"1"，则常开触点"动作"，即认为是"闭合"的；若操作数是"0"，则常开触点"复位"，即触点仍处于打开状态。

对于常闭触点（动断触点），在 PLC 中规定：若操作数是"1"，则常闭触点"动作"，即触点"断开"；若操作数是"0"，则常闭触点"复位"，即触点仍处于闭合状态。

2. 输出线圈指令（赋值指令）

输出线圈与继电器控制电路中的线圈一样，如果有电流（信号流）流过线圈（RLO="1"），则被驱动的操作数置"1"；如果没有电流流过线圈（RLO="0"），则被驱动的操作数复位（置"0"）。输出线圈只能出现在梯形图逻辑串的最右边。输出线圈等同于 STL 程序中的赋值指令（用等于号"="表示）。

梯形图中触点的串联、并联可以实现"与"运算和"或"运算，用常闭触点可以实现"非"运算，用多个触点的串、并联电路可以实现复杂的逻辑运算。

【例 6-1】 用触点指令实现与或非运算，梯形图程序运行及仿真结果如图 6-7 所示。

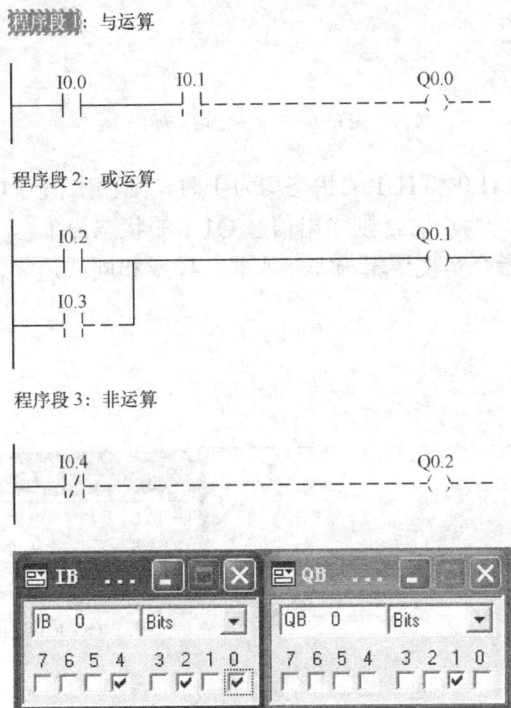

程序段1: 与运算

```
    I0.0      I0.1                              Q0.0
  ---| |------| |-----------------------------( )---
```

程序段 2: 或运算

```
    I0.2                                        Q0.1
  ---| |--------------------------------------( )---
    I0.3
  ---| |---
```

程序段 3: 非运算

```
    I0.4                                        Q0.2
  ---|/|--------------------------------------( )---
```

图 6-7 与或非逻辑运算及仿真

打开 PLCSIM，生成 IB0 和 QB0 的视图对象。将 OB1 下载到仿真 PLC，将仿真 PLC 切换到 RUN 或 RUN_P 模式。打开 OB1，单击工具栏的 按钮，启动程序状态监控功能。

图 6-7 所示程序段 1 中，当输入 I0.0 和 I0.1 的状态均为 1 时，则输出信号 Q0.0 的状态为 1，即 $Q0.0=I0.0 \wedge I0.1$。

图 6-7 所示程序段 2 中，当输入 I0.2 或 I0.3 的状态均为 1 时，则输出信号 Q0.1 的状态为 1，即 $Q0.1=I0.2 \vee I0.3$。

图 6-7 所示程序段 3 中，当输入 I0.4 的状态为 0 时，则输出信号 Q4.1 的状态为 1，即 $Q0.2=/I0.4$。

3. 中间输出

在梯形图设计时，如果一个逻辑串很长不便于编辑时，可以将逻辑串分成几个段，前一段的逻辑运算结果（RLO）可作为中间输出，存储在位存储器（I、Q、M、L 或 D）中，该存储位可以当作一个触点出现在其他逻辑串中。中间输出只能放在梯形图逻辑串的中间，而不能出现在最左端或最右端。中间输出的符号如图 6-6（d）所示。图 6-8 所示为中间输出指令应用举例，图 6-8（a）所示的梯形图可等效为图 6-8（b）所示的形式。

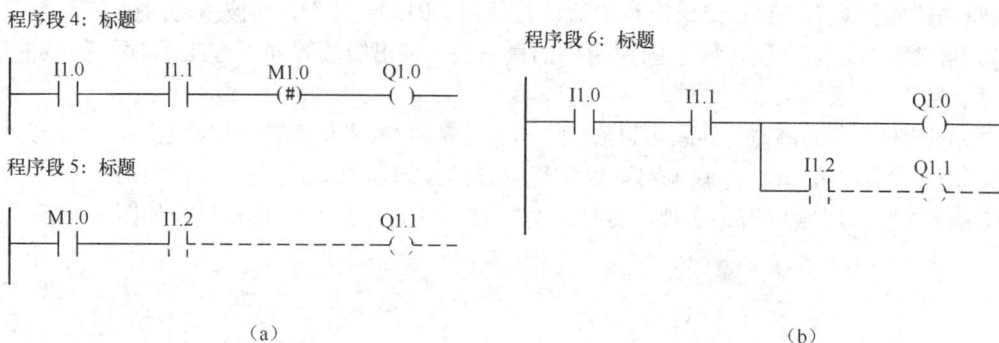

图 6-8　中间输出的应用

在图 6-8 中，当输入 I1.0 和 I1.1 的状态均为 1 时，则输出信号 Q1.0 的状态为 1；当输入 I1.0、I1.1 和 I1.2 的状态均为 1 时，则输出信号 Q1.1 的状态为 1。

【例 6-2】　用触点指令实现逻辑与非、或非、异或和同或运算，程序运行及仿真结果如图 6-9 所示。

程序段 1：与非

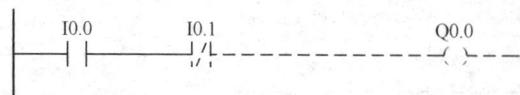

程序段 2：或非

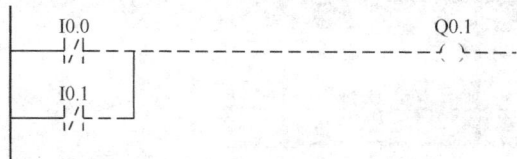

（b）I0.0=1 I0.1=0 时的仿真结果

程序段 3：异或

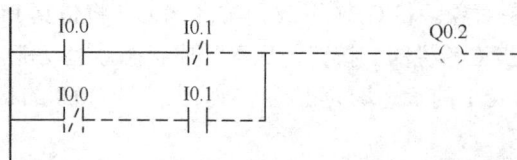

程序段 4：同或

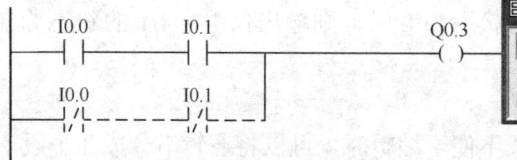

（c）I0.0=1 I0.1=1 时的仿真结果

（a）梯形图程序

图 6-9　与非、或非、异或和同或运算及仿真结果

在图 6-9 所示梯形图程序中，当输入 I0.0 的状态为 1，I0.1 的状态为 0 时，则程序段 1 中，输出信号 Q0.0 的状态为 1；程序段 2 中，输出信号 Q0.1 的状态为 1；程序段 3 中，输出信号 Q0.2 的状态为 1；程序段 4 中，输出信号 Q0.3 的状态为 0，如图 6-9（b）所示。当输入 I0.0 和 I0.1 的状态均为 1 时，则输出信号 Q0.0 的状态为 0，Q0.1 的状态为 0，Q0.2 的状态为 0，Q0.3 的状态为 1，如图 6-9（c）所示。对应的逻辑表达式分别为

$$Q0.0 = \overline{I0.0 \cdot I0.1} \quad Q0.1 = \overline{I0.0 + I0.1} \quad Q0.2 = I0.0 \oplus I0.1 \quad Q0.3 = \overline{I0.0 \oplus I0.1}$$

下面是图 6-9 所示梯形图对应的语句表。

程序段 1：与非

```
A    I    0.0
AN   I    0.1
=    Q    0.0
```

程序段 2：或非

```
ON   I    0.0
ON   I    0.1
=    Q    0.1
```

程序段 3：异或

```
A    I    0.0
AN   I    0.1
0
AN   I    0.0
A    I    0.1
=    Q    0.2
```

程序段 4：同或

```
A    I    0.0
A    I    0.1
0
AN   I    0.0
AN   I    0.1
=    Q    0.3
```

4. 取反指令

取反指令的作用就是对它左边电路的运算结果（RLO）取反，如图 6-10 所示，该运算结果若为 1 则变为 0，若为 0 则变为 1。即 $Q1.0 = \overline{\overline{I1.0}}$。

程序段 1：信号流取反

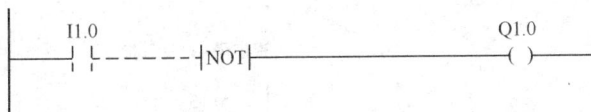

图 6-10 信号流取反

二、置位和复位指令

置位（S）和复位（R）指令根据 RLO 的值来决定操作数的信号状态是否改变。对于置位指令，一旦 RLO 为 1，则操作数的状态置 1，即使 RLO 又变为 0，输出仍保持为 1，如

图 6-11（a）所示，当 M0.1 的常开触点闭合时，Q1.0 变为 1 并保持，即使 M0.1 的常开触点断开，Q1.0 也保持为 1。对于复位操作，一旦 RLO 为 1，则操作数的状态置 0，即使 RLO 又变为 0，输出仍保持为 0，如图 6-11（b）所示，当 M0.3 的常开触点闭合时，Q1.0 变为 0 并保持，即使 M0.3 的常开触点断开，Q1.0 也保持为 0。

三、RLO 边沿检测指令

RLO 边沿检测指令有两类：RLO 上升沿检测和下降沿检测。RLO 边沿检测指令均有一个"位存储器"，用来保存前一周期 RLO 的状态，以便进行比较，在每一个扫描周期，RLO 的信号状态都将与前一周期中获得的结果进行比较，看状态是否有变化。

在图 6-11（a）中，当 I1.0 由断开变为接通时，中间标有"P"的上升沿检测元件左边的逻辑运算结果（RLO）由 0 变为 1，（即波形的上升沿），检测到一次正跳变。能流只在该扫描周期内流过检测元件，M0.1 的线圈仅在这一个扫描周期内"通电"，且将输出线圈 Q1.0 置位。

流过 M0.1 线圈的脉冲宽度太窄，用程序状态监控功能不一定能看到流过 M0.1 的线圈和触点的能流的快速闪动。在做仿真试验时，需要多次单击 I1.0 对应的小方框，才可能看到流进上升沿检测元件的能流。

在图 6-11（b）中，当 I1.1 由接通变为断开时，中间标有"N"的下降沿检测元件左边的逻辑运算结果（RLO）由 1 变为 0（即波形的下降沿），检测到一次负跳变。能流只在该扫描周期内流过检测元件，M0.3 的线圈仅在这一个扫描周期内"通电"，且将输出线圈 Q1.0 复位。

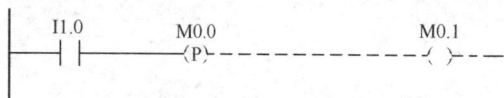

程序段 1：RLO 上升沿检测

程序段 2：置位指令

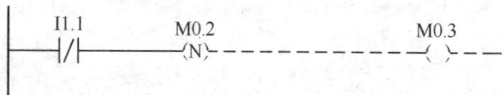

程序段 3：RLO 下降沿检测

程序段 4：复位指令

（a）

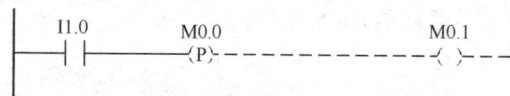

程序段 1：RLO 上升沿检测

程序段 2：置位指令

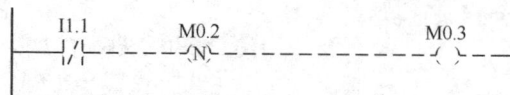

程序段 3：RLO 下降沿检测

程序段 4：复位指令

（b）

图 6-11 置位复位与边沿检测指令

下面是图 6-11 所示的梯形图对应的语句表。

程序段1：RLO上升沿检测
```
A    I    1.0
FP   M    0.0
=    M    0.1
```

程序段2：置位指令
```
A    M    0.1
S    Q    1.0
```

程序段3：RLO下降沿检测
```
AN   I    1.1
FN   M    0.2
=    M    0.3
```

程序段4：复位指令
```
A    M    0.3
R    Q    1.0
```

【例 6-3】　图 6-12（a）所示为一个传送带，在传送带的起点有两个按钮：用于启动的 SB1 和用于停止的 SB2。在传送带的尾端也有两个按钮：用于启动的 SB3 和用于停止的 SB4。要求能从任一端启动或停止传送带。另外，当传送带上的物件到达末端时，传感器 SB5 使传送带停止。

地址分配即符号定义见表 6-5，端子排配置如图 6-12（b）所示。梯形图即仿真结果如图 6-13 所示。

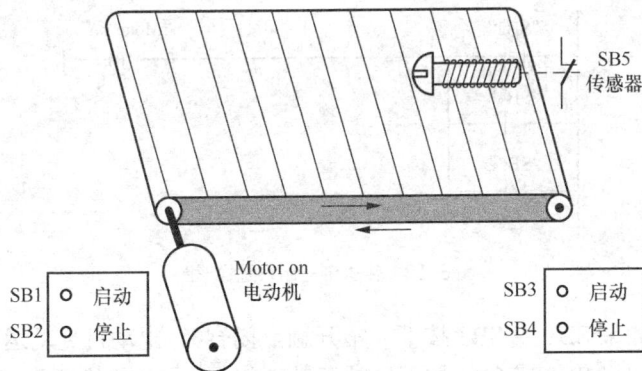

（a）传送带控制示意图

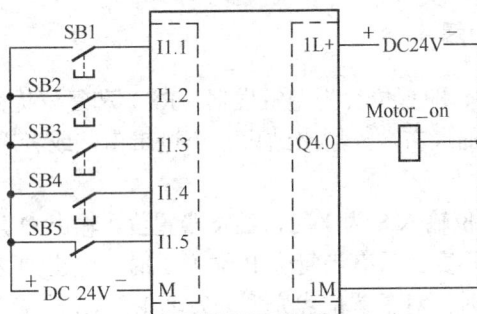

（b）端子排接线图

图 6-12　传送带控制系统

表 6-5　　　　　　　　　　　传送带控制系统地址分配表

编程元件	元件地址	符号	传感器/执行器	说　明
数字量输入 32×24V DC	I1.1	SB1	常开按钮	启动按钮
	I1.2	SB2	常开按钮	停止按钮
	I1.3	SB3	常开按钮	启动按钮
	I1.4	SB4	常开按钮	停止按钮
	I1.5	SB5	机械式位置传感器，常闭	传感器
数字量输出 32×24V DC	Q4.0	Motor on	接触器	传送带电动机启/停控制

OB1：传送带控制

程序段 1：启动

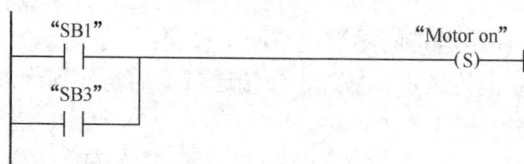

程序段 2：停止

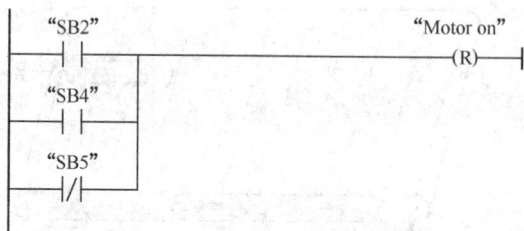

图 6-13　传送带控制系统梯形图

程序段 1 中：如果 SB1 或 SB3 按下（常开触点闭合），电动机启动运行。

程序段 2 中：如果 SB2 或 SB4 按下（常开触点闭合），或者传感器动作（常闭触点断开），电动机停止运行。

四、RS 与 SR 触发器指令

STEP 7 触发器有两种，即置位优先型触发器（RS）和复位优先型触发器（SR）。这两种触发器均可以用在逻辑串的最右端，用来结束一个逻辑串，或者用在逻辑串中间，影响右边的逻辑操作结果。

RS 和 SR 触发器在置位输入 S 为 1 时，触发器置位，输出 Q 为 1，此时即使置位端 S 变为 0，输出 Q 仍保持为 1 不变。只有当复位 R 端为 1 时，输出 Q 才能复位为 0。

如果两个端子都为 1 时，对于置位优先型触发器 RS，S 端子有效，输出置位为 1。对于复位优先型触发器 SR，复位端子 R 有效，复位为 0。图 6-14 所示为当置位端和复位端均为 1 时，RS 和 SR 触发器梯形图及仿真结果。

程序段 1: 置位优先

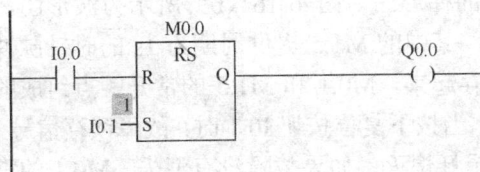

程序段 2: 复位优先

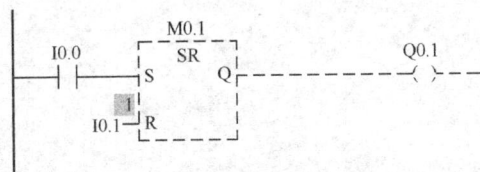

（a）梯形图及仿真结果　　　　　　　　　（b）工作时序

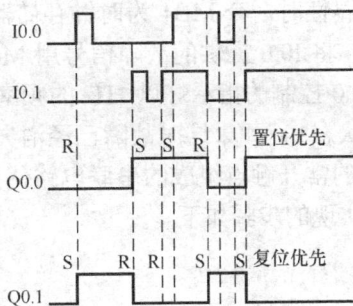

图 6-14　RS 和 SR 触发器指令

五、触点信号边沿检测指令

触点信号边沿检测指令有两种类型：触点信号上升沿检测 POS 和触点信号下降沿检测 NEG。

在图 6-15 所示的程序段 1 中，当 I0.0 的常开触点接通，且 I0.1 由 0 变为 1 时，Q0.0 的线圈通电一个扫描周期。M0.0 为边沿存储位，用来存储上一次循环时 I0.1 的状态；程序段 2 中，当 I0.2 的常开触点接通，且 I0.3 由 1 变为 0 时，Q0.1 的线圈通电一个扫描周期。M0.1 为边沿存储位，用来存储上一次循环时 I0.3 的状态。

程序段 1: 触点信号上升沿检测

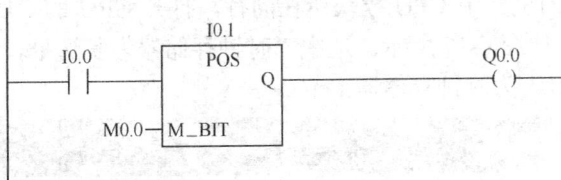

程序段 2: 触点信号下降沿检测

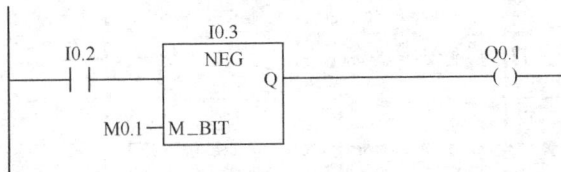

图 6-15　上升沿检测和下降沿检测

在做仿真试验时，需要多次单击 I0.1 和 I0.3 对应的小方框，才可能看到流进边沿检测元件的能流。

【例 6-4】　故障信息显示电路设计。要求：故障信号 I0.1 状态为 1 时，Q4.0 控制的指示灯以 1Hz 的频率闪烁。操作人员按复位按钮 I0.1 后，若故障已经消失，则指示灯熄灭。若没有消失，则指示灯转为常亮，直至故障消失。

图 6-16（a）所示为实现故障信息显示的梯形图，图 6-16（b）所示为波形图。在设置 CPU 的属性时，令 MB1 为时钟存储器字节，其中的 M1.5 提供周期为 1s 的时钟脉冲。出现故障时，将 I0.0 提供的故障信号用 M0.1 锁存起来，M0.1 和 M1.5 的常开触点组成的串联电路使 Q4.0 控制的指示灯以 1Hz 的频率闪烁。当按下复位按钮 I0.1 时，故障锁存信号 M0.1 被复位为状态 0。如果这时故障已经消失，指示灯熄灭；如果故障没有消失，M0.1 的常闭触点与 I0.0 的常开触点组成的串联电路使指示灯转为常亮，直至故障消失，I0.0 状态变为 0。具体仿真实现的步骤如下。

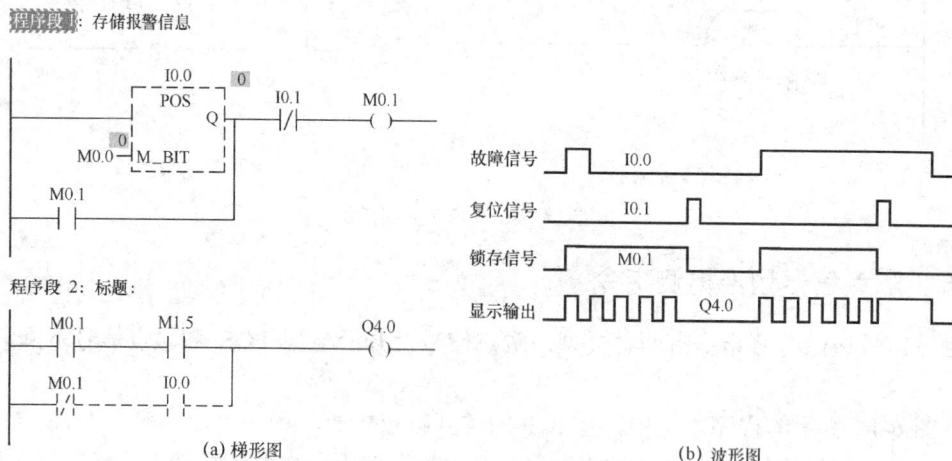

图 6-16 故障信息显示

（1）设置时钟存储器字节

指示灯的闪烁用时钟存储器位 M1.5 来实现。S7-300 有一个需要设置地址的时钟存储器字节，该字节的 8 位提供 8 个不同周期的时钟脉冲。

双击 HW Config 的机架中 CPU 模块所在的行，打开 CPU 的"属性"对话框的"周期/时钟存储器"选项卡，如图 6-17 所示。选中"时钟存储器"复选框，设置时钟存储器（M）的字节地址为 1，即 MB1 为时钟存储器字节。

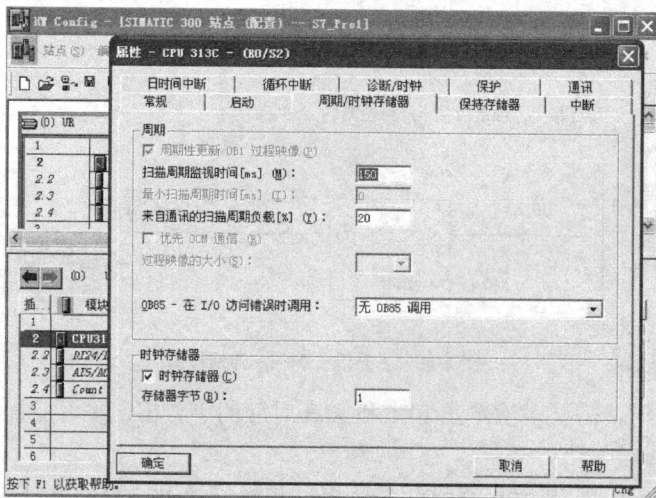

图 6-17 设置时钟存储器字节

表 6-6 所示为时钟存储器各位的时钟脉冲周期与频率，其中的第 5 位（本例中为 M1.5）的周期为 1s。

表 6-6   时钟存储器字节各位对应的时钟脉冲周期与频率

位	7	6	5	4	3	2	1	0
周期/s	2	1.6	1	0.8	0.5	0.4	0.2	0.1
频率/Hz	0.5	0.625	1	1.25	2	2.5	5	10

（2）仿真实验

① 打开 PLCSIM，将用户程序和系统数据下载到仿真 PLC 中。将仿真 PLC 切换到 RUN-P 模式。打开 OB1，单击工具栏上的 ⑯ 按钮，进入程序状态监控，如图 6-16 所示。可以看到梯形图中 M1.5 的常开触点以 1Hz 的频率不断变化。

② 单击 PLCSIM 中 I0.0 对应的小方框，模拟故障信号出现。梯形图中 M0.1 的线圈通电，M1.3 的常开触点接通，Q4.0 的线圈以 1Hz 的频率反复接通和断开，Q4.0 控制的指示灯闪烁。再次单击 I0.0 对应的小方框，方框中的"√"消失，I0.0 状态变为 0，模拟故障消失，指示灯继续闪烁。

③ 连续单击两次 I0.1 对应的小方框，模拟操作人员按下和松开复位按钮，M0.1 的线圈断电，其常开触点断开，Q4.0 的线圈断电，指示灯停止闪烁。

④ 单击 PLCSIM 中 I0.0 对应的小方框，M0.1 的线圈通电，指示灯闪烁。

⑤ 连续单击两次 I0.1 对应的小方框，模拟在故障信号未消失时操作人员按下和松开复位按钮。M0.1 的线圈断电，其常开触点断开，图 6-16 中程序段 2 上面的串联电路断开。M0.1 的常闭触点闭合，因为此时故障信号 I0.0 为 1，程序段 2 下面的串联电路接通，指示灯由闪烁变为常亮。

⑥ 单击 I0.0 对应的小方框，使 I0.0 状态变为 0，它的常开触点断开，故障消失，程序段 2 下面的串联电路断开，Q4.0 的线圈断电，指示灯熄灭。

第三节 定时器和计数器指令

一、定时器

1. 定时器的种类

定时器是 PLC 中的重要元件，用来实现或者监控时间序列。它是由位和字组成的复合单元，其中用位来表示定时器的触点的闭合和断开（即输出为 0 或 1）。定时时间为字，存储于字存储器中。

S7-300 系列中有脉冲定时器（S_PULSE）、扩展脉冲定时器（S_PEXT）、接通延时定时器（S_ODT）、保持型接通延时定时器（S_ODTS）和断开延时定时器（S_OFFDT）。S7-300 有 5 种定时器，如表 6-7 所示。每种定时器在梯形图指令中有两种表示形式，即方框型的定时器和定时器线圈。

表 6-7   **S7-300 定时器**

定时器	类型	运行期间状态	定时时间到后状态	功能描述
S_PULSE	延时关断	1	0	由正脉冲触发，并且需要保持为 1，开始运行时输出为 1，定时时间到后输出为 0
S_PEXT	延时关断	1	0	由正脉冲触发，无需保持，开始运行时定时器输出为 1，定时时间到后输出为 0
S_ODT	延时接通	0	1	开始运行时为 0，定时时间到后为 1
S_ODTS	延时接通	0	1	开始运行时为 0，定时时间到后为 1
S_OFFDT	延时关断	1	0	开始运行时为 1，定时时间到后为 0

2. 定时器字的表示

在存储器中有定时器区域，用来存储定时器的定时时间值。每一个定时器占 2 字节，称为定时字。在 S7-300 系列 PLC 中，定时区为 512 字节，故只能使用 256 个定时器。定时器的访问只能使用有关的定时器指令，其编址为 T 加编号，如 T22、T200 等。

在 S7 系列 PLC 中，定时时间值的表示方法有两种，一种是使用 S5 中的时间表示方法来装入定时时间值，方式为

$$S5T\#aH\_bbM\_ccS\_dddMS$$

其中，a 表示小时数；bb 表示分钟；cc 表示秒；ddd 表示毫秒。定时时间值范围为 1ms~2H46M308S。这种方式下定时精度是由系统决定的。

另一种是时间基准和定时值两部分组成的格式，图 6-18 所示为 2 字节的定时区。其中，第 0~11 位为定时值，实际为 BCD 格式的 0~999；第 12~13 位为时间基准，二进制数 00、01、10 和 11 对应的时间基准分别为 10ms、100ms、1s 和 10s。实际的定时时间等于时间基准乘以定时值。为了得到不同的定时时间和分辨率，可以使用时间基准和定时值的不同组合。时间基准小，分辨率高，定时范围小；时间基准大，分辨率低，定时范围大。

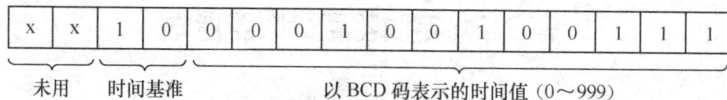

x	x	1	0	0	0	0	0	1	0	0	1	0	0	1	1	1

未用   时间基准   以 BCD 码表示的时间值（0~999）

图 6-18   定时器字

当定时器启动时，累加器 1 的低字节的内容被当作定时时间值装入定时字中，该过程由操作系统自动完成。用户只需给累加器 1 装入不同的数值即可，将数值装入累加器 1 的方式很多，但是必须要符合上图的格式。为了防止格式错误，可使用格式：W#16#wxyz。其中，w 表示时间基准，取值为 0、1、2 和 3，分别表示 10ms、100ms、1s 和 10s；xyz 表示定时值，取值为十进制 0~999。例如，当定时器字为 W#16#2127 时，时间基准为 1s，定时时间为 127 $\times$ 1s=127s。

定时器运行时，会从当前的定时值开始减计时，直到等于 0 时为止，表示定时时间到。定时时间到后，定时器的输出动作。

二、定时器指令

1. 脉冲定时器（S_PULSE）

脉冲定时器类似于数字电路中上升沿触发的单稳态电路。图 6-19（a）所示的指令框是 S5 脉冲定时器，S 为脉冲定时器的设置输入端，TV 为预置值输入端，R 为复位输入端，Q 为定时器位输出，BI 端输出不带时间基准的十六进制格式的当前时间值，BCD 端输出 S5T# 格式的当前时间值。可以不给 BI 和 BCD 输出端指定地址。S、R、Q 为 BOOL（位）变量，BI 和 BCD 为字变量，TV 为 S5TIME 变量。各变量均可使用 I、Q、M、L、D 存储区。

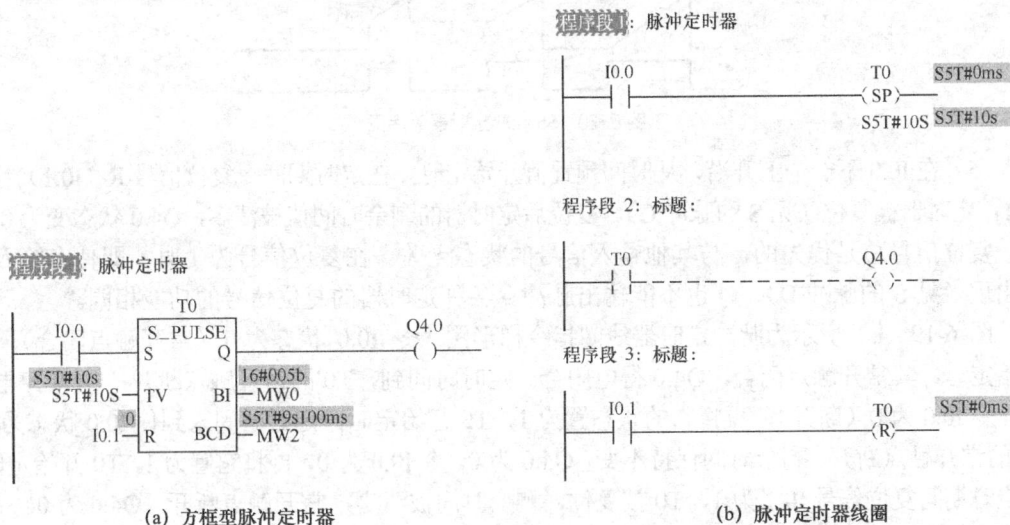

(a) 方框型脉冲定时器　　(b) 脉冲定时器线圈

图 6-19　脉冲定时器的程序状态监控

当脉冲定时器输入端 S 出现一个上升沿，且复位输入端 R 为 0 时，则定时器启动运行，输出端 Q 为 1。如果在定时器运行过程中，S 端变为 0 时，定时器会停止运行，并且输出 Q 为 0。在定时器运行中，当复位输入端 R 从 0 变为 1 时，定时器复位。

在 BI 端和 BCD 端能够显示输出当前的时间值，其中 BI 为二进制编码，BCD 显示为 BCD 码。

可以根据脉冲定时器的时序图（见图 6-20）来做仿真实验，从而解释定时器的功能，仿真步骤如下。

（1）打开 PLCSIM，将 OB1 和系统数据下载到仿真 PLC 中。将仿真 PLC 切换到 RUN 或 RUN-P 模式。

（2）打开 OB1，单击工具栏上的 按钮，启动程序状态监控功能，如图 6-19（a）所示。

（3）脉冲定时器从输入信号 S（I0.0）的上升沿开始输出一个脉冲信号。令输入脉冲的宽度大于等于时间预置值 10s，如图 6-20 中 S 端的脉冲 A，Q 输出的脉冲宽度等于 T0 的时间预置值 t。

单击 PLCSIM 窗口中 I0.0 对应的小方框，方框内出现 "√"。由于输入电路（I0.0 的常开触点）闭合，梯形图中的触点、方框和 Q4.0 的线圈均变为绿色，如图 6-19（a）所示，表示 T0 正在输出脉冲。T0 被启动后，从预置值开始，每经过一个时间基准，它的剩余时间值减 1。剩余时间值减为 0 时，定时时间到，Q4.0 的线圈断电。在定时期间，BI 端输出十六进制的剩余时间值，BCD 端输出 S5T#格式的剩余时间值。图 6-20 中的时序图用下降的斜坡表示定时期间剩余时间值递减，图中的 t 是定时器的时间预置值。

（4）令 I0.0 状态为 0，再将它状态置为 1，启动定时。未到时间预置值 10s 时，令 I0.0 状态变为 0（如图 6-20 所示 S 的脉冲 B），Q4.0 的线圈同时断电，剩余时间值保持不变，Q4.0 输出的脉冲宽度等于 I0.0 的输入脉冲的宽度。

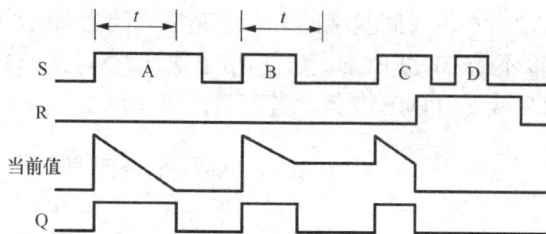

图 6-20 S5 脉冲定时器时序图

（5）在 I0.0 下一个上升沿，从时间预置值开始定时。在定时期间令复位信号 R（I0.1）状态为 1，定时器被复位（见 S 的脉冲 C）。复位后定时器的剩余时间值被清零，Q4.0 状态变为 0。

复位信号总是优先的，与其他输入信号的状态无关。在复位信号为 1 时，即使有输入信号出现（见 S 的脉冲 D），Q 也不能输出脉冲。各种定时器的复位信号的功能相同。

图 6-19（b）所示为脉冲定时器线圈指令梯形图。令 I0.0 状态为 1（常开触点闭合），T0 开始定时，其常开触点闭合，Q4.0 得电闭合。定时时间到，T0 的常开触点断开，Q4.0 掉电断开。令 I0.0 为 0（断开），再将它的状态置为 1，T0 开始定时，定时时间未到使 I0.0 状态为 0，T0 的常开触点断开，剩余时间保持不变，Q4.0 为 0。令 I0.0 为 0，再将它置为 1，T0 开始定时，在定时期间复位信号 I0.1 为 1，T0 被复位，剩余时间被清零，常开触点断开，Q4.0 为 0。

2. 扩展脉冲定时器（S_PEXT）

S5 扩展脉冲定时器的功能与脉冲定时器基本上相同，其区别在于前者在输入脉冲宽度小于时间预置值时，也能输出设定宽度的脉冲。扩展脉冲定时器梯形图符号如图 6-21 所示。

扩展脉冲定时器在 S 端出现正跳沿时开始运行，在运行过程中即使 S 端变为 0，定时器仍将一直保持运行，运行期间输出 Q 为 1。当计时值等于 TV 端设定的时间值后，输出 Q 为 0。若 S 端再有一个正跳沿，定时器重新启动。在运行过程中，R 端出现正跳沿时，定时器复位，BI 端和 BCD 端显示的剩余时间清零。图 6-22 所示为扩展脉冲定时器时序图。

如图 6-21 所示，如果输入 I0.0 从 0 变为 1，则定时器 T1 开始运行，即使 I0.0 变为 0，定时器都将运行 5s（如图 6-22 所示 S 端的波形 B）。定时期间如果 I0.0 又由 0 变为 1（如图 6-22 中 S 端的波形 C），定时器被重新启动，从设定值开始运行。在运行过程中如果 I0.1 有一个 0 到 1 的变化（如图 6-22 中 R 端的波形 D），则定时器复位。输出 Q4.0 在运行过程中一直为 1，而一旦定时器结束或者复位后，输出为 0。

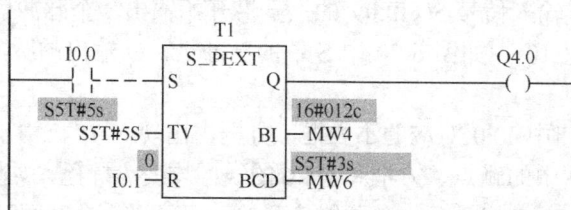

图 6-21 扩展脉冲定时器

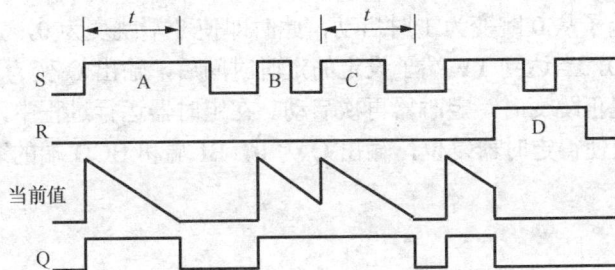

图 6-22　扩展脉冲定时器时序图

3. 接通延时定时器（S_ODT）

接通延时定时器是使用得最多的定时器，其梯形图符号如图 6-23 所示。

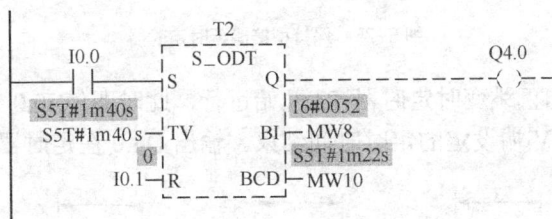

图 6-23　接通延时定时器

该定时器在 S 端子从 0 跳变为 1 时开始运行，定时器运行期间输出 Q 为 0。当达到 TV 端子设定的定时时间后，输出变为 1 并且一直保持，直到 S 端子再次由 0 变为 1。在运行过程中如果 S 端子跳变为 0，则定时器停止，输出 Q 为 0，并且 BI 端和 BCD 端显示剩余时间。在定时器运行过程中 R 端的正跳变使得定时器复位，输出 Q 为 0，剩余时间清零。图 6-24 所示为接通延时定时器的时序图。

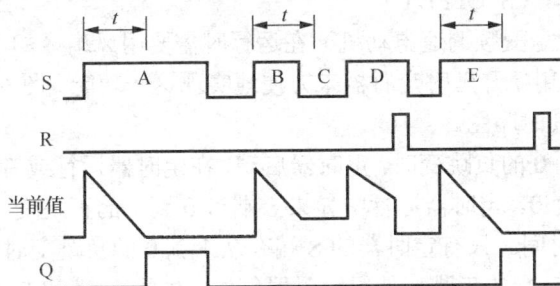

图 6-24　接通延时定时器时序图

在图 6-23 中，如果输入 I0.0 从 0 变为 1，则定时器 T2 开始运行；如果 I0.0 一直为 1（如图 6-24 所示 S 端的波形 A），定时器运行 100s 后，输出 Q4.0 为 1。定时期间如果 I0.0 从 1 变为 0（如图 6-24 所示 S 端的波形 B）则定时器停止运行，并且 Q4.0 也变为 0，BI 端和 BCD 端显示剩余时间，如图 6-23 所示。在运行过程中如果 I0.1 有一个 0 到 1 的变化（如图 6-24 所示 S 端的波形 D），则定时器复位，Q4.0 变为 0。

4. 保持型接通延时定时器（S_ODTS）

保持型接通延时定时器的功能与接通延时定时器基本相同，其区别在于前者在输入脉冲宽度小于时间预置值时，也能正常定时。其梯形图符号如图 6-25 所示。

该定时器在 S 端子从 0 跳变为 1 时启动，此时即使 S 端跳变为 0，定时器也保持运行，运行期间输出 Q 为 0，当达到 TV 端子设定的定时时间后，输出 Q 变为 1。定时器运行结束后，当 S 端再次出现正跳变时，定时器再次启动。在定时器运行过程中，无论 S 端子的状态如何，R 端的正跳变使得定时器复位，输出 Q 为 0，BI 端和 BCD 端的剩余时间清零。其时序图如图 6-26 所示。

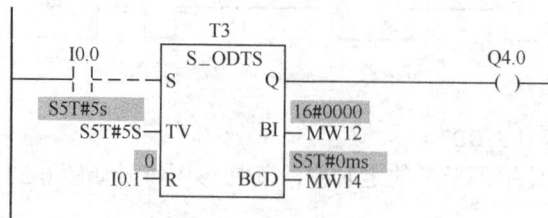

图 6-25　保持型接能延时定时器

在 I0.0 有 0 到 1 的正跳变时定时器 T3 开始运行，此时即使 I0.0 有 1 到 0 的负跳变，定时器继续运行，直到 TV 端设定的定时时间结束。输出 Q4.0 在定时器运行结束后变为 1。

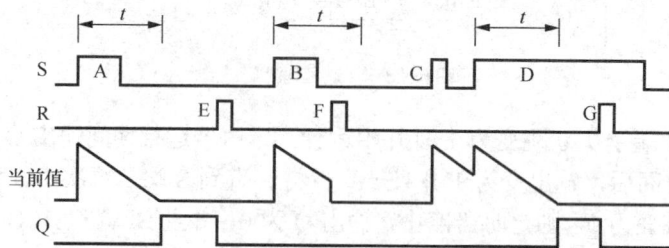

图 6-26　保持型接通延时定时器时序图

5. 断开延时定时器（S_OFFDT）

某些主设备（如大型变频调速电动机）在运行时需要用风扇冷却，停机后风扇应延时一段时间才能断电，可以用断开延时定时器来方便地实现这一功能。图 6-27 所示为断开延时定时器，图 6-28 所示为其时序图。

当 S 端出现从 1 到 0 的负跳变时，定时器启动，在定时器运行或者 S 为 1 时输出 Q 为 1。定时时间到后输出 Q 为 0。定时器运行中如果 S 端有 0 到 1 的正跳变，则定时器复位，BI 和 BCD 端显示当前剩余时间。只有定时器的 S 端有从 1 到 0 的负跳变时定时器才会重新启动。在定时器运行过程中，R 端的正跳变使得定时器复位，并且 BI 端和 BCD 端的剩余时间清零。

图 6-27 中，令 I0.0 状态为 1，其常开触点接通，T4 的输出位状态变为 1，Q4.0 的线圈通电。令 I1.0 状态为 0，T4 开始定时，输出 Q4.0 为 1，定时时间到，输出 Q4.0 为 0。

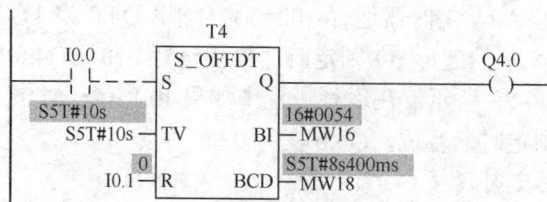

图 6-27　断开延时定时器

在启动信号 S（I0.0）波形 B 的下降沿，T4 开始定时。在定时期间，复位脉冲 R（I0.1）将 T4 复位，T4 的剩余时间值被清零，Q4.0 的线圈断电。

在启动信号 S 波形 C 的下降沿，T4 开始定时。在定时期间，令 S 状态为 1（如图 6-28 所示 S 波形的 D），T4 的剩余时间值保持不变。在波形 D 的下降沿，T4 又从时间预置值开始定时。在输入信号 I0.0 为 1 时（如图 6-28 所示 S 波形的 E），复位信号 I1.1（如图 6-28 所示 R 波形的 G），也能使 T4 复位。

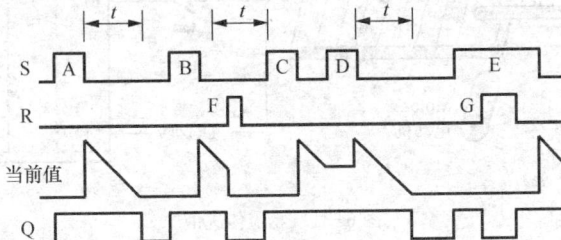

图 6-28 延时定时器时序图

【例 6-5】 接通延时定时器和脉冲定时器应用——用定时器构成一个脉冲发生器，当满足一定条件时，能够输出一定频率和一定占空比的脉冲信号。

工艺要求：当按钮 S1（I0.0）按下时，输出指示灯 H1（Q4.0）以灭 2s，亮 1s 的规律交替进行。脉冲时序如图 6-29 所示。

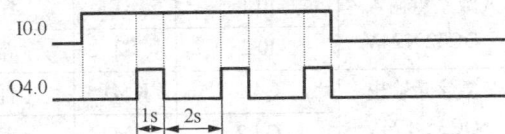

图 6-29 脉冲时序

控制程序可采用接通延时定时器或脉冲定时器实现，如图 6-30 所示。

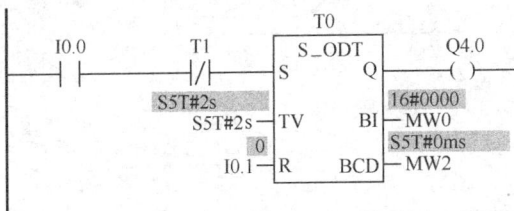

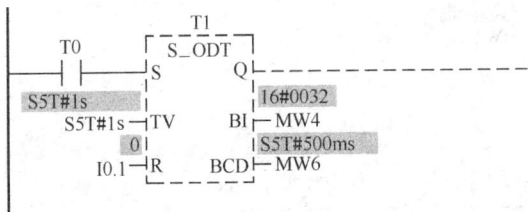

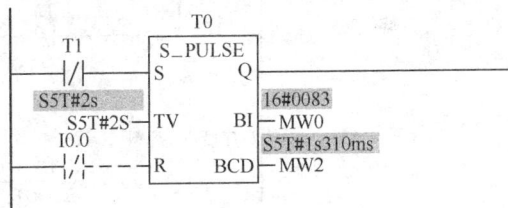

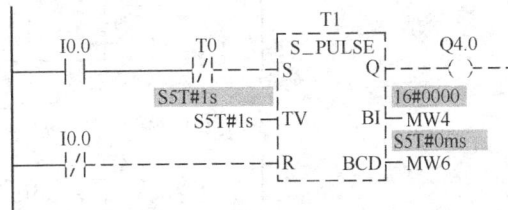

（a）　　　　　　　　　　　　　　　（b）

图 6-30 脉冲发生器控制程序

【例 6-6】 接通延时定时器的应用——电动机顺序启/停控制。

控制要求：如图 6-31（a）所示，某传输线由两个传送带组成，按物流要求，当按动启动按钮 S1 时，皮带电动机 Motor2 首先启动，延时 5s 后，皮带电动机 Motor1 自动启动；如果按动停止按钮 S2，则 Motor1 立即停机，延时 10s 后，Motor2 自动停机。

端子配置如图 6-31（b）所示。地址分配及符号定义见表 6-8。

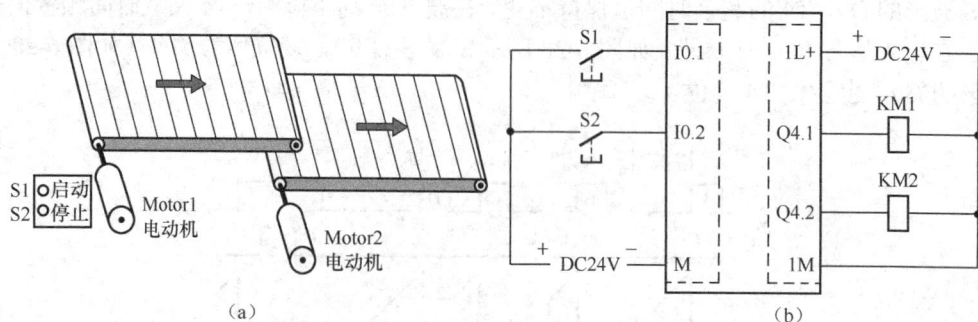

图 6-31　物流传送带

表 6-8　　　　　　　　　　电动机顺序启动控制系统地址分配表

编程元件	元件地址	符号	传感器/执行器	说　　明
数字量输入 DC32×24V	I0.1	S1	常开按钮 1	启动按钮
	I0.2	S2	常开按钮 2	停止按钮
数字量输出 DC32×24V	Q4.1	KM1	直流接触器	传送带电动机 Motor1 启/停控制
	Q4.2	KM2	直流接触器	传送带电动机 Motor2 启/停控制

物流传送带控制程序，可采用接通延时定时器和保持型接通延时定时器的功能块图指令实现，如图 6-32 所示；也可采用接通延时定时器和保持型接通延时定时器的线圈指令实现（略）。

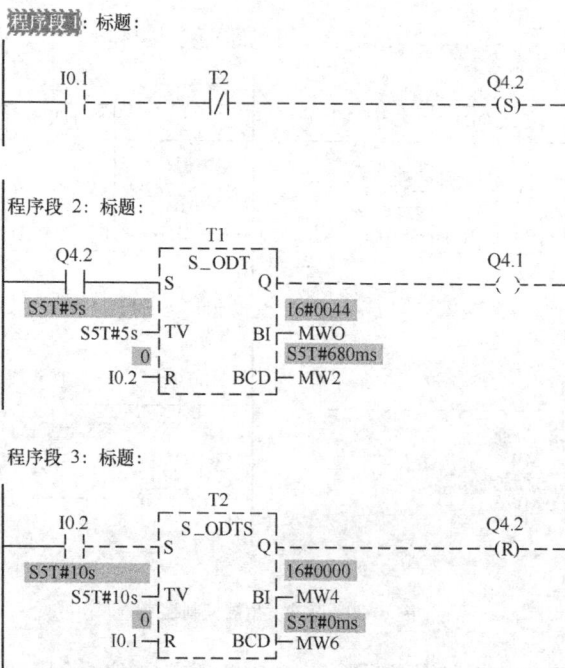

图 6-32　电动机顺序启/停控制程序状态监控

【例 6-7】 卫生间冲水控制电路设计。

1. 程序设计

I1.2 是光电开关检测到的有使用者的信号，如图 6-33 所示，用 Q4.5 控制冲水电磁阀。从 I1.2 的上升沿（有人使用）开始，用接通延时定时器 T5 实现 3s 的延时，3s 后 T5 的常开触点接通，使脉冲定时器 T6 的线圈通电，T6 的常开触点输出一个 4s 的脉冲。从 I1.2 的上升沿开始，断开延时定时器 T7 的常开触点接通。使用者离开时（在 I1.2 的下降沿），断开延时定时器开始定时，5s 后 T7 的常开触点断开，停止冲水。

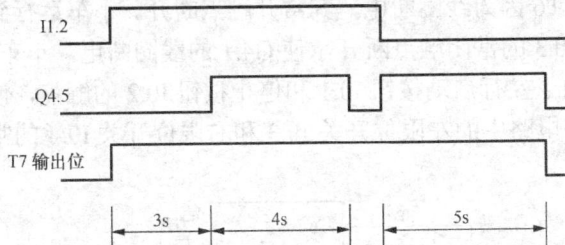

图 6-33 波形图

由波形图可知，控制冲水电磁阀的 Q4.5 输出的高电平脉冲波形由两块组成，4s 的脉冲波形由脉冲定时器 T6 的常开触点提供。T7 输出位的波形减去 I1.2 的波形得到宽度为 5s 的脉冲波形，可以用 T7 的常开触点与 I1.2 的常闭触点组成的串联电路来实现上述要求。两块脉冲波形的叠加用并联电路来实现。具体梯形图程序如图 6-34 所示。该电路使用了 3 种定时器。

2. 仿真调试

（1）单击 PLCSIM 中 I1.2 对应的小方框，方框中的 "√" 出现，I1.2 状态变为 1。从被监控的梯形图可以看出，接通延时定时器 T5 开始定时，同时断开延时定时器 T7 的常开触点接通。经过 3s 的延时后，T5 的常开触点闭合，脉冲定时器 T6 开始定时，其常开触点闭合，使 Q4.5 的线圈通电，电磁阀开始冲水。4s 后 T6 的常开触点断开，Q4.5 的线圈断电，停止冲水。

（2）单击 PLCSIM 中 I1.2 对应的小方框，方框中的 "√" 消失，I1.2 状态变为 0。此时 T7 开始定时，T7 的常开触点和 I1.2 的常闭触点组成的串联电路接通，Q4.5 的线圈通电，电磁阀冲水。5s 后 T7 的常开触点断开，Q4.5 的线圈断电，停止冲水。

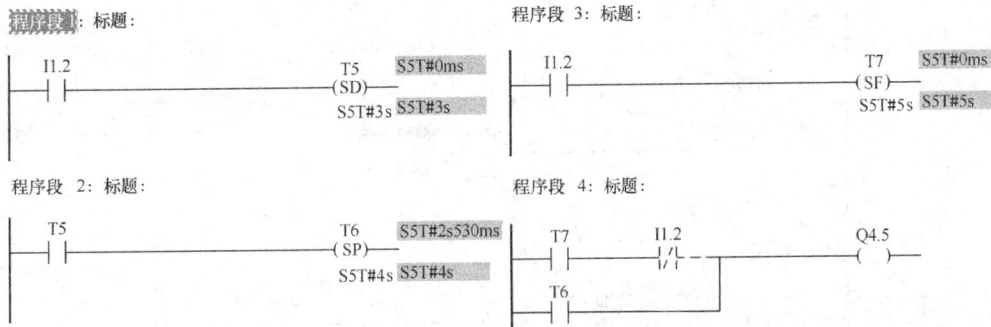

图 6-34 卫生间冲水控制电路

【例 6-8】 小车控制系统的设计。

1. 实验要求

图 6-35 中的小车开始时停在左边，左限位开关 SQ1 的常开触点闭合。要求按下列顺序控制小车。

（1）按下右行启动按钮 SB2，小车右行。

（2）小车走到右限位开关 SQ2 处停止运动，延时 8s 后开始左行。

（3）小车回到左限位开关 SQ1 处时停止运动。

2. 程序设计

根据上述要求设计的梯形图如图 6-36 所示。在控制右行的 Q4.0 的线圈回路中串联了 I0.4 的常闭触点，小车走到右限位开关 SQ2 处时，I0.4 的常闭触点断开，使 Q4.0 的线圈断电，小车停止右行。同时 I0.4 的常开触点闭合，T6 的线圈通电，开始定时。8s 后定时时间到，T6 的常开触点闭合，使 Q4.1 的线圈通电并自保持，小车开始左行。离开限位开关 SQ2 后，I0.4 的常开触点断开，T6 因为线圈断电，其常开触点断开。小车运行到左边的起始点时，左限位开关 SQ1 动作，I0.3 的常闭触点断开，使 Q4.1 的线圈断电，小车停止运动。

在梯形图中，保留了左行启动按钮 I0.1 和停止按钮 I0.2 的触点，使系统有手动操作的功能。在手动时，启保停电路中的左限位开关 I0.3 和右限位开关 I0.4 的常闭触点可以防止小车的运动超限。

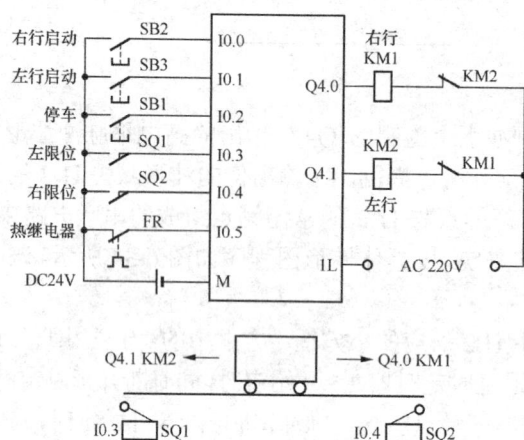

图 6-35　PLC 外部接线图

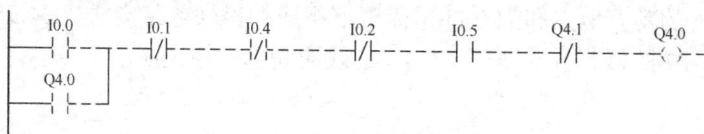

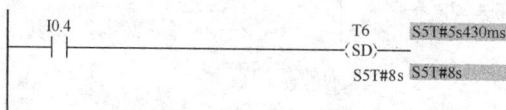

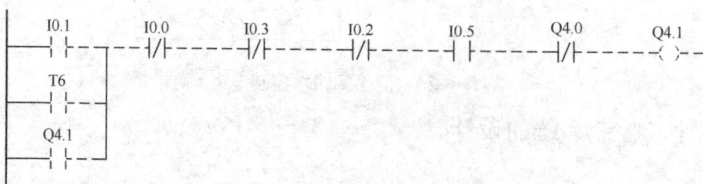

图 6-36　梯形图

3. 仿真实验过程

（1）将 OB1 和系统数据下载到仿真 PLC 中，将仿真 PLC 切换到 RUN-P 模式。

（2）生成 IB0、QB4 和 T6 对应的视图对象，如图 6-37 所示。

（3）两次单击 PLCSIM 中 I0.0 对应的小方框，方框中的"√"出现后又消失，以此来模拟按下和松开启动按钮。观察控制右行的 Q4.0 是否为 1 状态。

（4）单击 I0.4 对应的小方框，方框中出现"√"，模拟右限位开关动作，观察 Q4.0 是否变为 0 状态，小车停止右行；以及接通延时定时器 T6 是否开始定时。

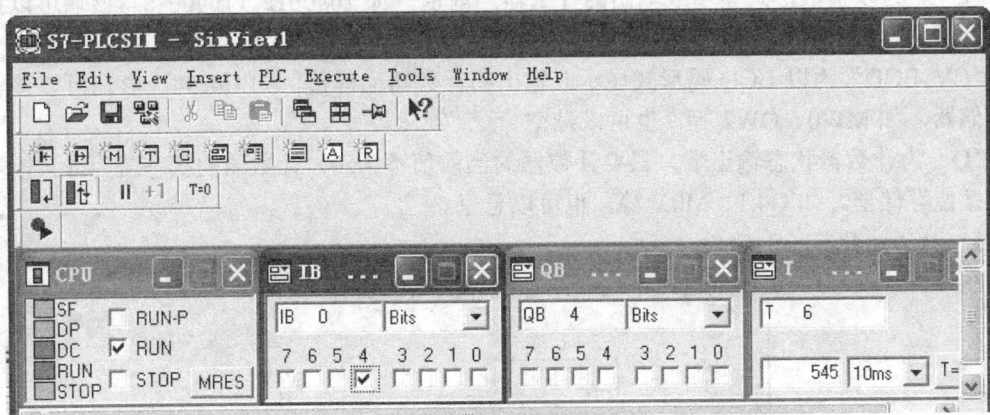

图 6-37　PLCSIM

（5）T6 的定时时间到时，观察 Q4.1 状态是否变为 1，小车左行。

（6）小车左行后离开右限位开关 I0.4，应及时将 I0.4 状态置为 0。

（7）令左限位开关 I0.3 状态为 1，模拟小车返回起点处，观察 Q4.1 的线圈是否断电，小车停止左行。

三、计数器指令

同定时器一样，S7 中的计数器也是一个复合单元，由当前计数器的字和表示其状态的字所组成。计数器有 3 种，即加法计数器（S_CU）、减法计数器（S_CD）和加减计数器（S_CUD）。和定时器一样，每种计数器在梯形图指令中有两种表示形式，即方框型的计数器和计数器线圈。

在 S7 系列 PLC 中的 CPU 的存储器中有计数器计数值存储区，每个计数器占 2 字节，称为计数器字。计数器字中的 0～11 位为二进制格式的计数值，范围为 0~999。对于计数器，有向上计数和向下计数，向上计数到 999 或者向下计数到 0 时计数器停止。

图 6-38 所示为可逆计数器梯形图符号。

"？？？"为计数器的编号，其编号范围与 CPU 的型号有关。

"CU"为加法计数器输入端，该端每出现一个上升沿，计数器自动加 1，当计数器的当前值为 999 时，计数值保持为 999，加 1 操作无效。

"CD"为减计数器输入端，该端出现上升沿的瞬间，计数器自

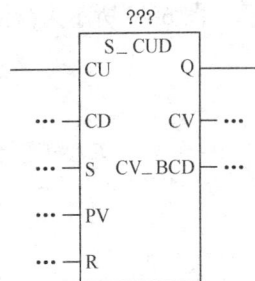

图 6-38　可逆计数器

动减 1，当计数器的当前值为 0 时，计数器保持为 0，减 1 操作无效。

"S"为预置信号输入端，该端出现上升沿的瞬间，将计数初值作为当前值。

"PV"为计数初值输入端，初值的范围为 0～999。可以通过字存储器（如 MW0、IW10 等）为计数器提供初值，也可以直接输入 BCD 码形式的立即数，此时的立即数格式为 C#xxx，如 C#5，C#123 等。

"R"为计数器复位输入端，在任何情况下，只需该端出现上升沿，计数器就会立即复位。复位后计数器当前值变为 0，输出状态为 0。

"CV"为以整数形式显示或输出的计数器当前值，如 16#0012、16#001a。该端可以接各种字存储器，如 MW0、QW2 等。

"CV_BCD"为以 BCD 码形式显示或输出的计数器当前值，如 C#234。该端可以接各种字存储器，如 MW0、QW2 等，也可以悬空。

"Q"为计数器状态输出端，只要计数器的当前值不为 0，计数器的状态就为 1。该端可以连接位存储器，如 Q4.1、M0.0 等，也可以悬空。

1. 加法计数器（S_CU）

图 6-39 所示为加法计数器，下面介绍加法计数器的仿真过程。

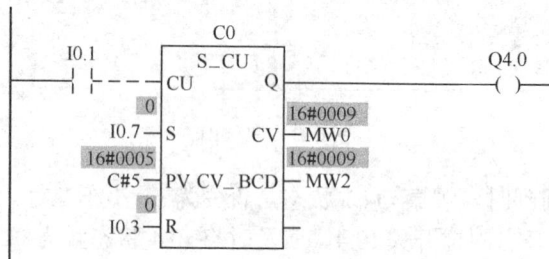

图 6-39　加法计数器

单击 PLCSIM 中加法计数脉冲 I0.1 对应的小方框，方框中出现"√"，CV 和 CV_BCD 输出端的计数值加 1 后变为 1，指令框变为绿色，Q4.0 的线圈通电，表示 C0 的计数器位状态为 1。再次单击该方框，"√"消失，I0.1 变为状态 0，计数值不变。多次单击 I0.1 对应的小方框，在 I0.1 由状态 0 变为状态 1 的上升沿，C0 的当前值加 1。

分别令加法计数输入 I0.1 状态为 0 和 1，单击两次 S（设置）输入 I0.7 对应的小方框，观察在 I0.7 的上升沿，CV 和 CV_BCD 输出端的值。在计数器的值非零时，令复位输入信号 I0.3 为 1 状态，观察复位的效果，计数器值是否变为 0，Q4.0 的线圈是否断电。

2. 减法计数器（S_CD）

图 6-40 所示为减法计数器。加、减法计数器的仿真实验过程基本相同，做实验时需要注

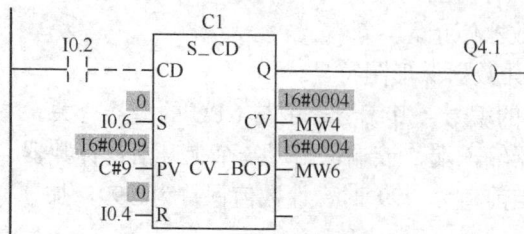

图 6-40　减法计数器

意在减法计数器信号 CD 的上升沿，计数值是否减 1。当减至 0 时，Q 输出状态是否变为 0，使得 Q4.1 的线圈断电。

3. 加减计数器（S_CUD）

图 6-41 所示为加减计数器。CU 和 CD 分别为加、减计数器输入端。做实验时观察在 I1.0 和 I1.2 的上升沿，计数值是否分别被加、减 1；观察在 S 的输入 I1.4 的上升沿，是否能将 PV 的设定值送给计数器；观察计数值大于 0 和等于 0 时输出信号 Q 的状态；观察复位输入 I1.6 为 1 时，计数值和位输出 Q 的变化。

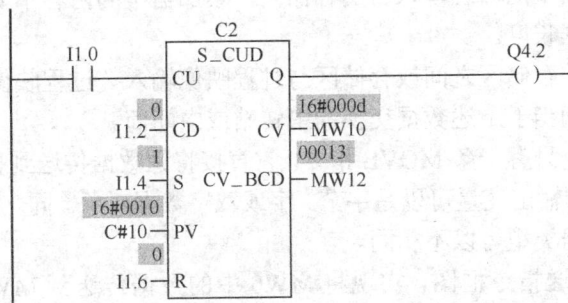

图 6-41　加减计数器

计数器一般用来在设定了预置值指定的脉冲数后，进行某种操作。为了实现这一要求，最简单的方法是将预置值送入减法计数器，计数值减为 0 时，其常闭触点闭合，用它来完成要做的工作。如果使用加法计数器，则需要增加比较指令来判断计数值是否等于预置值。

4. 加法计数器线圈指令

图 6-42 所示为用计数器线圈指令设计的加法计数器。"设置计数值"线圈 SC 用来设置计数值，图中 I0.0 的常开触点由断开变为接通时，预置值 6 被送入 C3 的计数器字。图中标有 CU 的线圈为加法计数器线圈。在 I0.1 的上升沿，如果计数值小于 999，计数值加 1。复位输入 I0.2 为 1 时，计数器被复位，计数器位和计数值被清零。

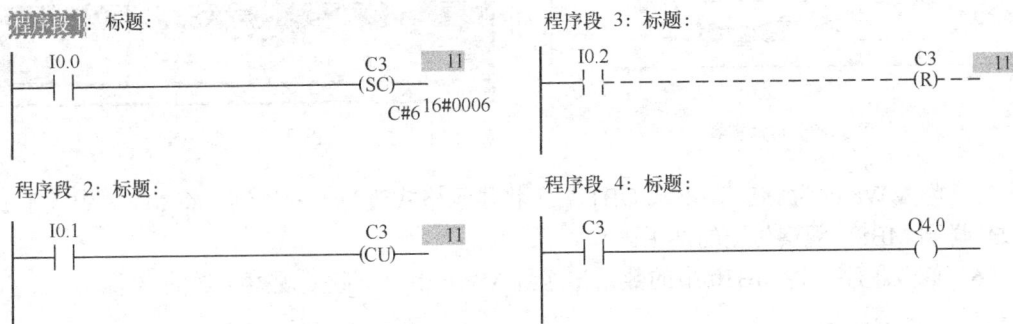

图 6-42　加法计数器线圈指令

第四节　数据处理功能指令

数据处理功能指令主要实现对数据的非运算类操作，包括将数据装入某一存储器、传送数据、转换指令、比较指令、移位和循环指令等操作。

一、传送指令

装入指令（L）和传送指令（T），可以对输入或输出模块与存储区之间的信息交换进行编程。

装入指令将源操作数装入累加器 1，在此之前，累加器 1 原有的数据被自动移入累加器 2。装入指令可以对字节、字和双字进行操作，数据长度小于 32 位时，数据在累加器中右对齐，即被装入的数据在累加器的低端，其余的高位字节填 0。

传送指令将累加器 1 的内容写入目的存储区，累加器 1 的内容不变。被复制的数据字节取决于目的地址的数据长度。

在语句表程序中，存储区之间或存储区与过程映像输入 / 过程映像输出之间不能直接进行数据交换，累加器相当于上述数据交换的中转站或中间商。

梯形图的传送指令只有一条 MOVE 指令，它直接将源数据传送到目的地址，不需经过累加器中转。输入变量和输出变量可以是字节、字或双字数据对象。同一条 MOVE 指令的输入变量和输出变量的数据类型可以不相同。

图 6-43 所示为传送指令框图，实现将 MW0 中的数据传送到 MW8 中。仿真调试过程如下。

（1）打开 PLCSIM，生成 MW0 和 MW8 的视图对象，将 OB1 下载到仿真 PLC 中，仿真 PLC 切换到 RUN_P 模式，600 输入到 MW0 的视图对象，如图 6-44 所示。

（2）打开 OB1，单击工具栏上的监视按钮，启动程序状态监控功能。

（3）用右键单击显示的监控数值，执行快捷菜单命令"表达式"→"十进制"，改用十进制数显示监控数值。

（4）用 PLCSIM 将 I0.0 置 1，观察指令执行的情况。如图 6-44 所示。

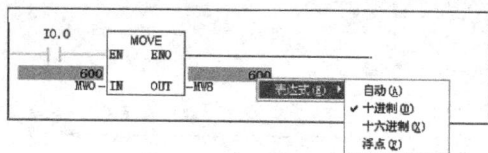

图 6-43 传送指令

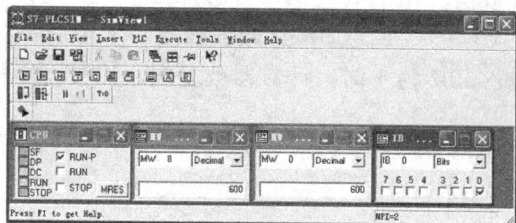

图 6-44 PLCSIM

（5）将 MW8 改为 MB8，下载 OB1 后，将显示格式改为十六进制，将 MW8 中大于 255 的数传送到 MB8，观察传送的结果。

（6）修改程序，将 MB10 中的数据传送到 MW6 中，下载后观察传送的结果。

二、比较指令

比较指令主要比较两个数的大小，并且按照比较的结果给予输出。根据不同的数据类型可分为 3 类，整数类（I）、长整数类（D）和实数类（R）。每一类的比较有 6 种：大于（GT）、等于（EQ）、小于（LT）、大于等于（GE）、小于等于（LE）和不等于（NE），如图 6-45 所示。

比较指令在梯形图中相当于一个常开触点，在能够放置触点的位置就可放置该指令。该类指令可以与其他触点串联或者并联使用。当输入为 1 时，该类指令对 IN1 端子输入的数和

IN2 端子输入的数进行比较，如图 6-45 所示。在使用比较器时需保证两个数据的类型必须相同，如果满足条件，则输出为 1（真），否则为 0（假）。

图 6-45 中的 OB1 为两个整数进行比较，如果 IN1 和 IN2 相等，则输出 Q4.0 被置位为 1，即线圈通电。仿真过程如下。

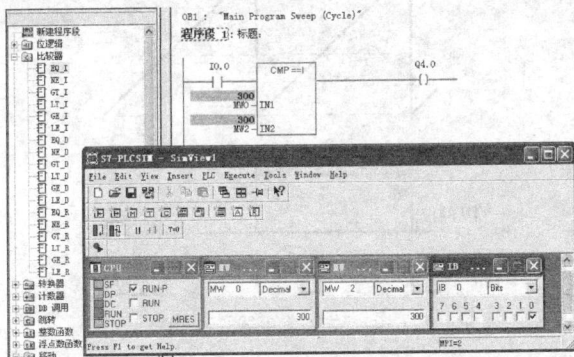

图 6-45 比较指令及应用程序状态监控

（1）打开 PLCSIM，生成 MW0 和 MW2 的视图对象，将 OB1 下载到仿真 PLC 中，仿真 PLC 切换到 RUN_P 模式，300 分别输入到 MW0 和 MW2 的视图对象，如图 6-45 所示。

（2）打开 OB1，单击工具栏上的 button 按钮，启动程序状态监控功能。

（3）用 PLCSIM 将 I0.0 置 1，观察指令执行的情况，如图 6-45 所示。

（4）将 MW0 和 MW2 视图对象中的数据改变为不相等的两个数，观察 Q4.0 的状态是否发生变化。

【例 6-9】 基于比较指令的方波发生器。

图 6-46 中的 T0 是接通延时定时器，当 I0.0 的常开触点接通时，T0 开始定时，其剩余时间值从预置时间值 2s 开始递减。减至 0 时，T0 的定时器位状态变为 1，它的常闭触点断开，使它的定时器位变为 0。T0 的常闭触点闭合，又从预置时间值开始定时。

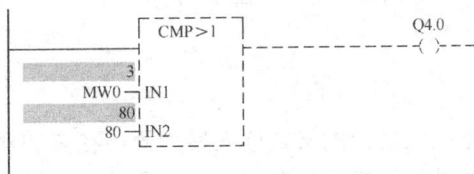

图 6-46 方波发生器程序监控

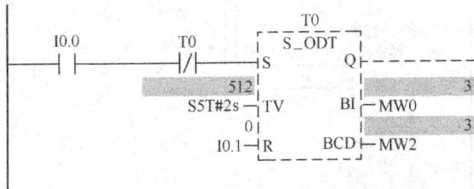

T0 的十六进制剩余时间（单位为 10ms）被写入 MW0 后，与常数 80 比较。剩余时间大于等于 80（800ms）时，比较指令等效的触点闭合，Q4.0 的线圈通电，通电的时间为 1.2s。

剩余时间小于 80 时，比较指令等效的触点断开，Q4.0 的线圈断电 0.8s。

将程序 OB1 下载到仿真 PLC 后，启动程序状态监控，接通 I0.0 的常开触点，观察 Q4.0 的状态和 T0 的剩余时间是否按照图 6-47 所示的波形变化。

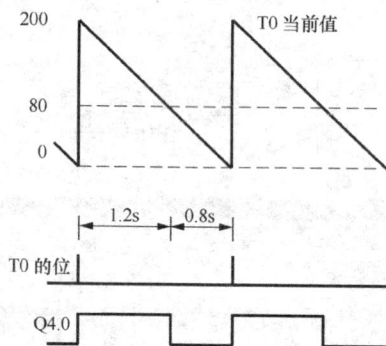

图 6-47　方波发生器的波形图

【例 6-10】　路灯控制电路的仿真练习。

OB1 的局部变量 OB1_DATE_TIME 是调用 OB1 的日期和时间，共 8 字节。其数据格式为：DATE_AND_TIME，起始地址为 LB12，8 字节分别是 BCD 码格式的年、月、日、时、分、秒、毫秒的百位和十位，最后一字节的 0～3 位代表星期，4～7 位是毫秒的个位。时、分的值在 LW15 中。

路灯控制电路如图 6-48 所示，LW15 中的时、分值大于等于 16#1700（17:00）或小于 16#600（6:00）时，控制路灯的 Q4.1 的线圈通电，反之则断电。

将程序输入到 OB1 后下载到仿真 PLC 中，启动程序状态监控，显示格式为十六进制数（实际上是 BCD 码）。用 PLCSIM 设置 MW22 中的开灯时间和 MW24 中的关灯时间的时、分值。

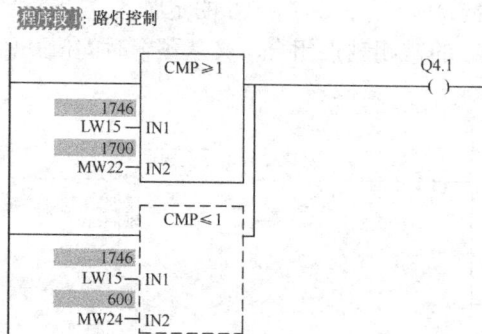

图 6-48　路灯控制程序状态监控

三、转换指令

数据转换指令将源数据按照规定的格式读入累加器，在累加器中对数据进行类型转换，再将转换的结果送到目的地址。转换操作有 BCD 码和整数、长整数之间的互相转换，实数和长整数之间的转换，数的取反、取负等，如图 6-49 所示。

在 STEP 7 中，整数和长整数以其补码形式表示。BCD 码有 16 位的 BCD 码和 32 位 BCD 码两种，范围分别为 -999～999 和 -9 999 999～9 999 999。

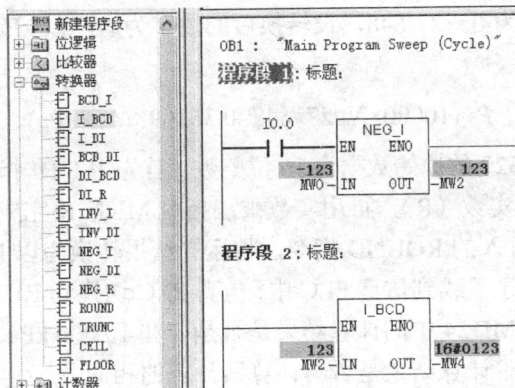

图 6-49　转换指令及应用程序状态监控

数据转换指令的 LAD 指令如图 6-49 所示，只有当 EN 端为 1 时，该指令才能运行，其中被转换的数据从 IN 端输入，转换后的数据从 OUT 端输出。

如图 6-49 所示，OB1 中的程序段 1 为整数取反操作，并将取反后的数据送入 MW0 中保存；程序段 2 将 MW0 中的数据转换为 BCD 码，并保存在 MW2 中。

用鼠标右键单击 SIMATIC 管理器左边窗口中的"块"，执行快捷菜单中出现的命令"插入新对象"→"变量表"，生成变量表 VAT1，如图 6-50 所示。显示格式 DEC 和 HEX 分别是十六进制数和十进制数。

打开 PLCSIM，将图 6-49 所示的梯形图程序 OB1 下载到仿真 PLC 中，将仿真 PLC 切换到 RUN-P 模式。打开 OB1，单击工具栏上的 按钮，启动程序状态监控功能。

图 6-50　变量表

在变量表第 1 行的"修改数值"列输入十进制数 123，单击工具栏上的 按钮，"修改数值"被写入 PLC 内的 MW0，并在"状态值"列显示出来。图 6-49 中的程序段 1 将它转换为十进制数-123，程序段 2 将 MW0 中的数转换为 W#16#F123。二进制数的最高 4 位均为 1，表示该数是负数。

将 MW0 中的数分别修改为 123 和 5678，观察转换后的 MW2 中的十进制数。

执行菜单命令"视图"→"STL"，观察图 6-49 中对应的语句表程序。

四、数学运算指令

数学运算指令包括整数运算指令和浮点数运算指令。

1. 整数运算指令

整数函数指令包括整数（I）和长整数（DI）两种数据的运算。其中整数长度为 2 字节，长整数长度为 4 字节。整数运算包括加法、减法、乘法、除法以及求余运算。在一个运算指令中，两个数的类型必须一致。

2. 浮点数运算指令

浮点数的数据类型为 REAL，浮点数的运算包括加法、减法、乘法、除法、绝对值、求平方、平方根、自然指数、自然对数、三角函数及反三角函数运算。

【例 6-11】　压力计算程序中的数据处理。

压力变送器的量程为 0～10MPa，输出信号为 4～20mA，模拟量输入模块的量程为 4～

20mA，转换后的数字量为 0~27 648，设转换后的数字为 N，以 kPa 为单位的压力值的转换公式为

$$P=(10000 \times N)/27\ 648=0.36169 \times N \quad (kPa) \qquad (6-1)$$

来自 AI 模块的 PIW320 的原始数据为 16 位整数，首先用 I_DI 指令将整数转换为双整数，然后用 DI_R 指令转换为实数（R），再用实数乘法指令 MUL_R 完成式（6-1）的运算，如图 6-51 所示。最后用四舍五入的 ROUND 指令，将运算结果转换为以 kPa 为单位的整数。

打开 PLCSIM，将程序下载到仿真 PLC 中，仿真 PLC 切换到 RUN-P 模式。将 0 和 27 648 分别输入 PIW320，观察 MD24 中的计算结果是否是 0 和 10 000 kPa。将 0~27 648 之间的任意数值输入 PIW320，观察计算结果是否与计算器计算的相同。

指令 ROUND 的运算结果为双字，但是由式（6-1）可知最终的运算结果实际上不会超过一个字，保存运算结果的 MD24 的高位字 MW24 的值为 0，运算结果的有效部分在低位字 MW26 中，如图 6-51 所示。

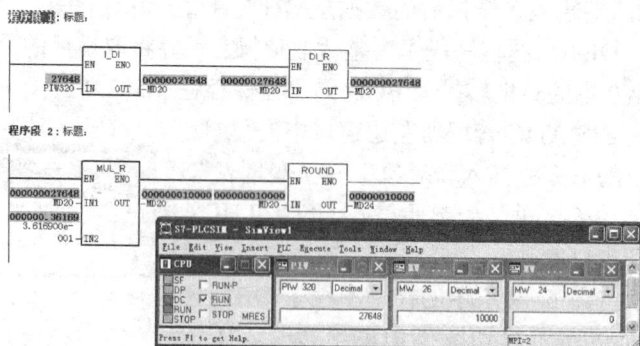

图 6-51　压力测量值计算程序

【例 6-12】　求 sin 60° 的值。

浮点数三角函数指令的角度是以弧度为单位的浮点数。图 6-52 中的 MD10 中的角度值是以度为单位的浮点数，使用三角函数指令之前应先将角度值乘以 $p/180.0$，转换为弧度，然后用三角函数指令求结果。

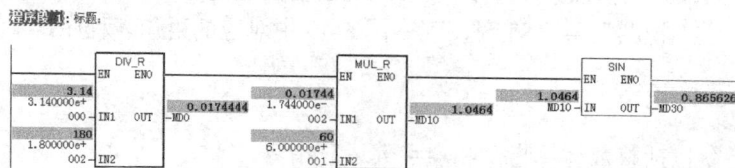

图 6-52　三角函数指令应用

五、移位指令

移位指令有左移位（SHL）和右移位（SHR）两类，移位的数据类型有整数、长整数、字和双字 4 种，其中整数和长整数为有符号数移位，字和双字为无符号数移位。

1. 有符号数右移指令

右移指令将从 IN 输入的数据逐位右移，其中 N 指定了移位的位数，对于整数和长整数，右移后空出位填以符号位。如图 6-53 中变量表的"状态值"一栏，-500 所对应的二进制数，

右移 4 位后，空出的位用符号位 1 填充。对于字和双字，右移后空出位填以 0。该指令只有在 EN 端为 1 时才能够工作。

右移指令有整数右移指令 SHR_I、长整数右移指令 SHR_DI、字右移指令 SHR_W 和双字右移指令 SHR_DW 4 种。

对于整数右移和字右移指令，可以右移 0 到 15 位，当 N 大于 16 时按 16 对待。而对于长整数右移和双字右移指令，可以右移 0 到 31 位，当 N 大于 32 时按 32 对待。移位后的数字可以在 OUT 端扫描输出。

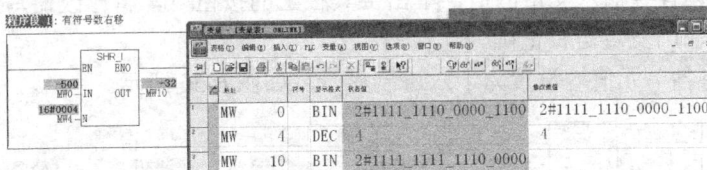

图 6-53　有符号数右移指令

改变 MW4 中的移位次数，观察移位的结果。

2. 无符号数左移指令

无符号数左移指令有字左移指令 SHL_W 和双字左移指令 SHL_DW 两种。该指令按照 N 指定的移位次数将从 IN 输入的数值向左移，该指令只有在 EN 端为 1 时才能够工作。

对于字左移指令可以左移 0 到 15 位，当 N 大于 16 时输出 OUT 为 0。对于双字左移指令 SHL_DW 左移从 IN 输入的数值，可以左移 0 到 31 位，当整个数字左移后，右侧填充 0，当 N 为 0 时也填充空位。移位后的数字可以在 OUT 端扫描输出，如图 6-54 所示。

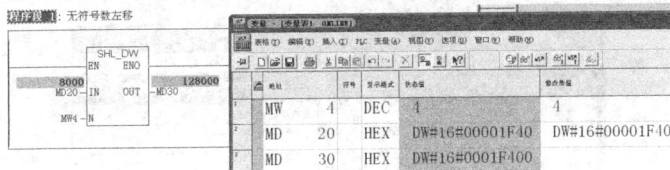

图 6-54　无符号数左移指令

3. 双字循环移位指令

双字循环移位指令有循环左移指令 ROL_DW 和循环右移指令 ROR_DW 两种。只有当 EN 为逻辑 1 时，该指令才能运行。这两条指令用于对 IN 端输入的双字按照 N 指定的循环移位的次数进行循环移位（左移或者右移）。移位时空缺部分将由移出部分补齐，移位结果可以在 OUT 端扫描输出。图 6-55 所示为双字循环左移指令。

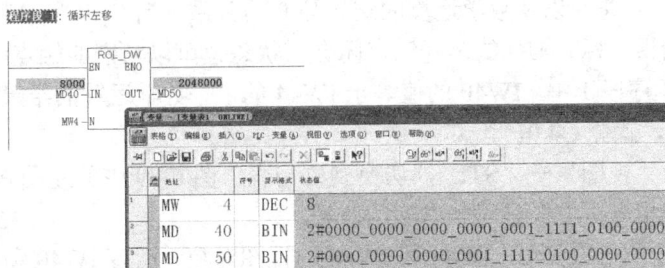

图 6-55　双字循环左移指令

六、字逻辑运算指令

字逻辑运算指令是对两个字（W，长度为 16 位）或者双字（DW，长度为 32 位）逐位进行逻辑运算。该指令有与（AND）、或（OR）和异或（XOR）3 种逻辑运算功能。

OB1 中的字逻辑运算指令梯形图如图 6-56 所示，打开 PLCSIM，将程序下载到仿真 PLC 中，将仿真 PLC 切换到 RUN_P 模式。

生成变量表如图 6-57 所示，在变量表中输入有关的地址，显示格式均为二进制（BIN）。在"修改值"列设置各输入变量的值，单击工具栏上的按钮，将修改值写入 PLC，观察状态值列各指令的输出变量是否正确。

在 OB1 中将各单元值均设置为十六进制显示，如图 6-56 所示。

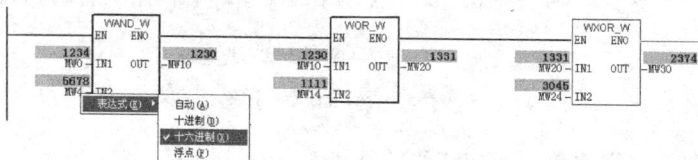

图 6-56　子逻辑运算指令状态监控

MW0=0001 0010 0011 0100B 　　MW4=0101 0110 0111 1000B

MW14=0001 0001 0001 0001B　　MW24=0011 0000 0100 0101B

MW0　AND　MW4=1230H=0001001000110000B

MW10　OR　MW14=1331H=0001001100110001B

MW20　XOR　MW24=2374H=0010001101110100B

图 6-57　变量表

七、状态位指令

梯形图中的状态位指令以常开触点或常闭触点的形式出现。这些触点的通断取决于状态位 BR、OV、OS 的状态，以及数学运算的结果与 0 的关系。当 CC0 和 CC1 均为 1 时，表示数学运算指令有错误，标有 UO 的常开触点闭合。状态位可以与别的触点串并联。如图 6-58 所示，在 OB1 的程序段 1 中，IW40 的值等于 IW44 的值，数学运算的结果将等于 0，程序顺序执行到程序段 2，置位 Q4.0。

执行菜单命令"视图"→"STL"，切换到语句表。图 6-59 中的左图是图 6-58 所示的梯形图对应的语句表指令，右图是对状态字的监控。

打开 PLCSIM，生成 IW40、IW44 和 IW48 的视图对象，改变 IW40 和 IW44 的值，观察状态字（Status Word）的变化。

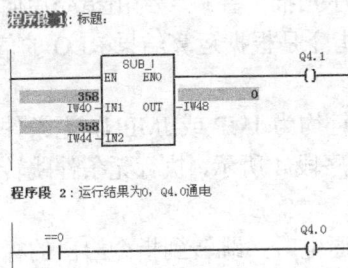

图 6-58　状态位指令

图 6-59　指令表程序状态监控

第五节　控制指令

控制指令可控制程序的执行顺序，使得 CPU 能根据不同的情况执行不同的程序。控制指令包括逻辑控制指令、程序控制指令、主控继电器指令和与数据块有关的指令。

一、逻辑控制指令

逻辑控制指令的执行取决于当时有关的状态位的状态。指令表中的逻辑控制指令包括跳转指令和循环指令，见表 6-9。在没有执行跳转指令和循环指令时，各条语句按从上到下的顺序逐条执行。执行逻辑控制指令时（不包括无条件跳转），根据状态字中有关位的状态，决定是否跳转到指令中的地址标号所在的目的地址。跳转到目的地址后，程序继续顺序执行。

表 6-9　　　　　　　　　　　　　　逻辑控制指令与状态位触点指令

逻辑控制指令	状态位触点指令	描　述	逻辑控制指令	状态位触点指令	描　述
JU	—	无条件跳转到标号指定的地址	JOS	OS	OS=1 时跳转或触点闭合
JL	—	多分支跳转	JZ	=0	运算结果为 0 时跳转或触点闭合
JC	—	RLO=1 时跳转到标号指定的目的地址	JN	<>0	运算结果非 0 时跳转或触点闭合
JCN	—	RLO=0 时跳转到标号指定的目的地址	JP	>0	运算结果为正时跳转或触点闭合
JCB	—	RLO=1 时跳转，将 RLO 复制到 BR	JM	<0	运算结果为负时跳转或触点闭合
JNB	—	RLO=0 时跳转，将 RLO 复制到 BR	JPZ	>=0	运算结果>=0 时跳转或触点闭合
JBI	BR	BR=1 时跳转或梯形图中触点闭合	JMZ	<=0	运算结果<=时跳转或触点闭合
JNBI	—	BR=0 时跳转	LUO	UO	运算出错时跳转或触点闭合
JO	OV	OV=1 时跳转或触点闭合	LOOP	—	循环指令

目的地址由跳转指令后面的标号指定，该地址标号指出程序要跳往何处，可向前跳转，也可以向后跳转，最大跳转距离为-32 768 或 32 767 字。

标号最多由 4 个字符组成，第一个字符必须是字母，其余字符可以是字母或数字。与它相同的标号还必须写在程序跳转的目的地前面，称为目标地址标号。目标地址标号和跳转指令必须在同一个块内。在同一个块中的目标地址标号不能重名，在不同逻辑块中的目标标号可以重名。

无条件跳转指令执行时，将直接中断当前的线性程序扫描，并跳转到由指令后面的标号所指定的目标地址处重新执行线性程序扫描。条件跳转指令是根据运算结果 RLO 的值，或状态字各标志位的状态改变线性程序扫描。

梯形图中的无条件跳转指令和条件跳转指令的助记符均为 JMP 或 JMPN，无条件跳转指令的线圈直接与右边的垂直电源线相连，如图 6-60 中程序段 4 所示，执行无条件跳转指令后马上跳转到指令给出的标号处。

条件跳转指令的线圈受触点电路的控制，跳转线圈通电时，跳转到指令给出的标号处，如图 6-60 中程序段 2 所示。

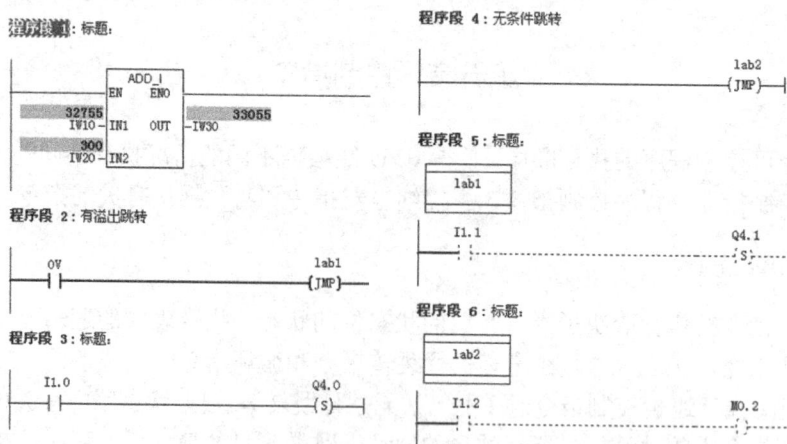

图 6-60　状态位触点指令与跳转指令的应用

二、程序控制指令

程序控制指令包括逻辑块调用指令、逻辑块结束指令、主控继电器指令和与数据块有关的指令，见表 6-10。

表 6-10　　　　　　　　　　　　　　程序控制指令

语句表指令	梯形图指令	描述	语句表指令	梯形图指令	描述
BE	—	块结束	MCRA	MCRA	激活主控继电器功能
BEU	—	块无条件结束	MCRD	MCRD	取消主控继电器功能
BEC	—	块条件结束	MCR(	MCR<	打开主控继电器区
CALL FCn	—	调用功能	)MCR	JMCR>	关闭主控继电器区
CALL SFCn	—	调用系统功能	OPN	OPN	打开数据块
CALL FBn1,DBn2	—	调用功能块	CDB	—	交换数据块的编号
CALL SFBn1,DBn2	—	调用系统功能块	L DBLG	—	共享数据块的长度装入累加器 1
CC FCn 或 SFCn	CALL	RLO=1 时条件调用	L DBNO	—	共享数据块的编号装入累加器 1
UC FCn 或 SFC	CALL	无条件调用	L DILG	—	背景数据块的长度装入累加器 1
RET	RET	条件返回	L DINO	—	背景数据块的长度装入累加器 1

1. 逻辑块

STEP 7 将用户编写的程序和程序所需的数据放置在块中，这些块都是有程序的块，称为逻辑块。逻辑块包括组织块（OB）、功能（FC）、功能块（FB）、系统功能（SFC）和系统功能块（SFB），见表 6-11。逻辑块类似于子程序，使用户程序结构化，可以简化程序组织，使程序易于修改、查错和调试。程序运行时所需的数据和变量存储在数据块中。

表 6-11　　　　　　　　　　　　　　用户程序中的块

块的类型		简要描述
逻辑块	组织块（OB）	操作系统与用户程序的接口，决定用户程序的结构
	功能块（FB）	用户编写的包含经常使用的功能的子程序，有专用的存储区（背景数据块）
	功能（FC）	用户编写的包含经常使用的功能的子程序，没有专用的存储区
	系统功能块（SFB）	集成在 CPU 模块中，通过 SFB 调用系统功能，有专用的存储区（背景数据块）
	系统功能（SFC）	集成在 CPU 模块中，通过 SFC 调用系统功能，没有专用的存储区
数据块	背景数据块（DI）	用于保存 FB 和 SFB 的输入、输出参数和静态变量，其数据是自动生成的
	共享数据块（DB）	存储用户数据的数据区域，供所有的逻辑块共享

系统功能块和系统功能集成在 S7 CPU 的操作系统中，不占用程序空间。它们是预先编好程序的逻辑块，可以在用户程序中调用这些块，但是用户不能打开和修改它们。FB 和 SFB 有专用的存储区，其变量保存在指定给它们的背景数据块中。FC 和 SFC 没有背景数据块。

逻辑块可以调用 OB 之外的逻辑块，被调用的块又可以调用别的块，称为嵌套调用。

如果出现中断事件，CPU 将停止当前正在执行的程序，去执行中断事件对应的组织块（即中断程序）。执行完后，返回到程序中断处继续执行。

逻辑块结束指令包括无条件结束指令（BEU）、块结束指令（BE）和块条件结束指令（BEC）。

执行块结束指令时，将终止当前块的程序扫描，返回调用它的块。BEU 和 BE 是无条件执行的，而 BEC 只是在 RLO=1 时执行。

BEU 指令的执行不需要任何条件，但是如果 BEU 指令被跳转指令跳过，当前程序扫描不会结束，在块内的跳转目标处，程序将被继续启动。

块调用指令用来调用功能块、功能、系统功能块或系统功能，或调用西门子预先编制好的其他标准块。

梯形图中的 CALL 线圈可以调用功能或系统功能，调用时不能传递参数。调用可以是无条件的，CALL 线圈直接与左侧垂直线相连，相当于语句表中的 UC 指令；也可以是有条件的，条件由控制 CALL 线圈的触点电路提供，相当于语句表中的 CC 指令。

调用逻辑块时，如果需要传递参数，可以用方框指令来调用功能块。图 6-61 所示方框中的 FB1 是被调用的功能块，DB1 是调用 FB1 时的背景数据块。

条件返回指令（RET）以线圈的形式出现，用于有条件地离开逻辑块，条件由控制它的触点电路提供，RET 线圈不能直接连接在左侧的垂直"电源线"上。如果是无条件地返回调用它的块，在块结束时并不需要使用 RET 指令。

2. 功能块的生成与调用

（1）生成功能块

功能块是用户编写的有自己的存储区（背景数据块）的逻辑块，功能块的输入 / 输出参数和静态变量（STAT）用指定的背景数据块（DI）存放，临时变量存储在局部数据堆栈中。功能块执行完后，背景数据块中的数据不会丢失，但是不会保存它的临时变量。

调用功能块和系统功能块时需要为它们指定一个背景数据块，背景数据随功能块的调用而打开，在调用结束时自动关闭。

用新建项目向导生成一个名为"FB 例程"的项目，CPU 为 CPU 315-2DP。执行 SIMATIC 管理器的菜单命令"插入"→"S7 块"→"功能块"，在出现的"属性—功能块"对话框中，如图 6-61 所示，默认的名称为 FB1，将创建语言设置为 LAD（梯形图）。单击"多情景标题"（有的版本为多重背景）复选框，去掉其中的"√"，取消多重背景功能。单击"确定"按钮后，在 SIMATIC 管理器右边窗口出现 FB1。

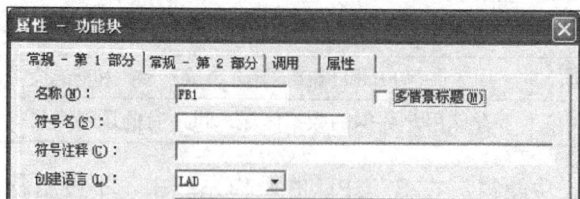

图 6-61 FB1 的属性对话框

（2）生成局部变量

控制要求如下：用输入参数"start"（启动按钮）和"stop"（停止按钮）控制输出参数"motor"（电动机）。按下停止按钮，输入参数 tof 指定的断电延时定时器开始定时，输出参数"brake"（制动器）为 1 状态，经过设置的时间预置值后，停止制动。图 6-62 的上面是 FB1 的变量声明表，下面是程序。

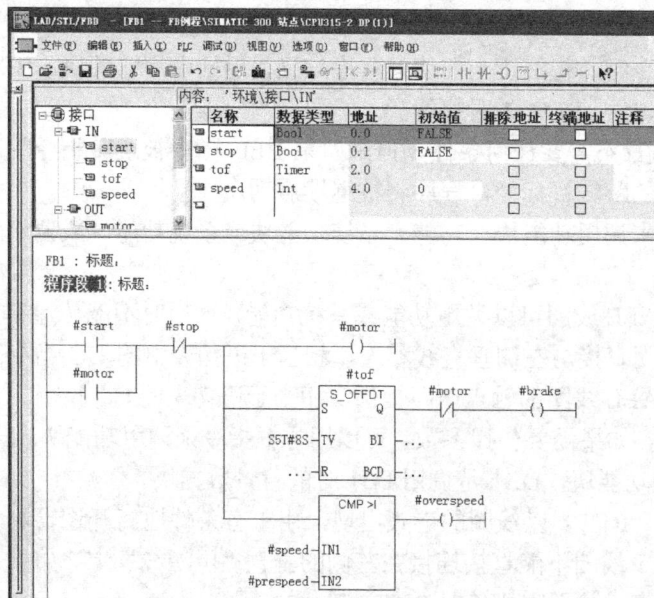

图 6-62 FB1 的局部变量表与程序

输入参数 speed（实际转速）与静态变量 prespeed（预置转速）比较，当实际转速大于预置转速时，输出参数 overspeed（转速过高，Bool 变量）为 1 状态。

块的形式参数的数据类型可以使用基本数据类型、复杂数据类型、Timer（定时器）、Counter（计数器）、块（FB、FC、DB）、Pointer（指针）、ANY 等。

本例程的输入参数 tof 的数据类型为 Timer，实参应为定时器的编号（如 T0）。

从功能块执行完到下一次重新调用它，其静态变量（STAT）的值保持不变。

（3）在 OB1 中调用 FB1

双击打开 OB1，执行菜单命令"视图"→"总览"，显示出左边的指令列表。打开 FB 文件夹，将其中的 FB1 拖放到程序区的水平"导线"上，如图 6-63 所示。双击方框上面的红色"？？？"，输入背景数据块的名称 DB1，按"Enter"键，出现"实例数据块 DB1 不存在，是否要生成它？"对话框。单击"是"按钮确认，打开 SIMATIC 管理器，可以看到自动生成的 DB1。

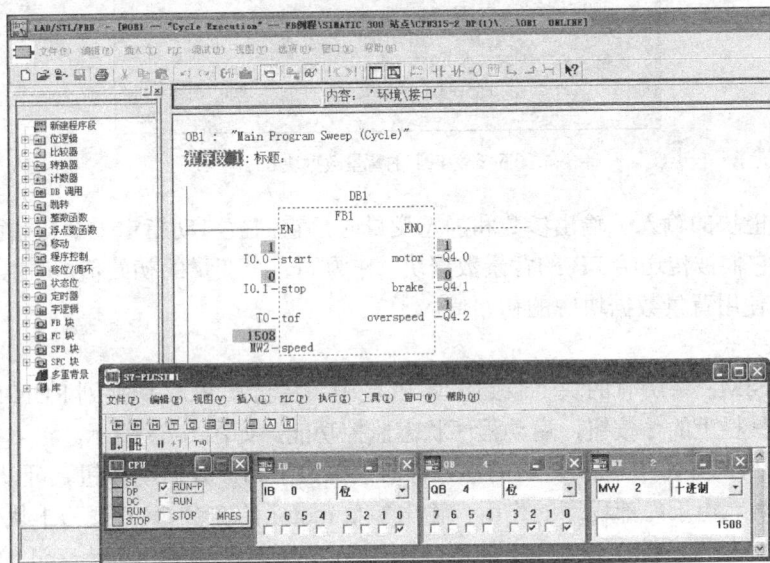

图 6-63　OB1 调用 FB1 的程序状态

也可以首先生成 FB1 的背景数据块，如图 6-64 所示，然后在调用 FB1 时使用它。应设置生成的数据块为背景数据块，如果有多个功能块，还应设置是哪一个功能块的背景数据块。

图 6-64　背景数据块的属性对话框

（4）背景数据块

执行 SIMATIC 管理器的菜单命令"插入"→"S7 块"→"数据块"，在出现的"属性—

数据块”对话框中，如图 6-64 所示，默认的名称为 DB1，类型为共享数据块，单击下拉菜单选择背景 DB，单击“确定”按钮。

背景数据块中的变量就是其功能块的局部变量中的 IN、OUT、IN OUT 和 STAT 变量，如图 6-62 和图 6-65 所示。功能块的数据永久性地保存在它的背景数据块中，功能块执行完后也不会丢失，以供下次执行时使用。其他代码块可以访问背景数据块中的变量。不能直接删除和修改背景数据块中的变量，只能在它的功能块的变量申明表中删除和修改这些变量。

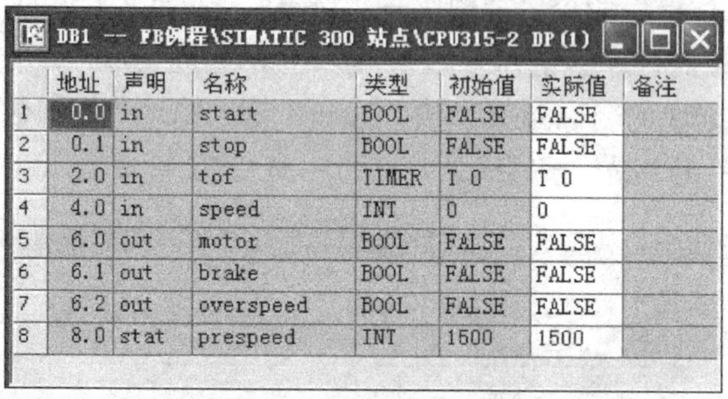
DB1 -- FB例程\SIMATIC 300 站点\CPU315-2 DP(1)

	地址	声明	名称	类型	初始值	实际值	备注
1	0.0	in	start	BOOL	FALSE	FALSE	
2	0.1	in	stop	BOOL	FALSE	FALSE	
3	2.0	in	tof	TIMER	T 0	T 0	
4	4.0	in	speed	INT	0	0	
5	6.0	out	motor	BOOL	FALSE	FALSE	
6	6.1	out	brake	BOOL	FALSE	FALSE	
7	6.2	out	overspeed	BOOL	FALSE	FALSE	
8	8.0	stat	prespeed	INT	1500	1500	

图 6-65 FB1 的背景数据块 DB1

当生成功能块的输入 / 输出参数和静态变量时，它们被自动指定一个初始值，可以修改这些初始值。它们被传送给 FB 的背景数据块，作为同一个变量的初始值。调用 FB 时没有指定实参的形参使用背景数据块中的初始值。

（5）仿真实验

打开 PLCSIM，将所有的块下载到仿真 PLC 中，将仿真 PLC 切换到 RUN-P 模式。打开 OB1，单击工具栏上的按钮，启动程序状态监控功能，如图 6-63 所示。

单击两次 PLCSIM 中 I0.0 对应的小方框，模拟按下和放开启动按钮。可以看到 OB1 中 I0.0 的值的变化。由于内部程序的作用，输出参数 motor 的实参 Q4.0 变为 1 状态。

用 PLCSIM 修改实际转速 MW2 的值，当它大于等于转速预置值 prespeed 的初始值 1 500 时，输出参数 overspeed 和它的实参 Q4.2 为 1 状态，反之为 0 状态。

单击两次 I0.1 对应的小方框，模拟按下和放开停止按钮。可以看到 Q4.0 变为 0 状态，电动机停机。同时控制制动的 Q4.1 变为 1 状态，经过程序设置的延时时间后，Q4.1 变为 0 状态。

以上主要介绍功能块的生成与调用，但是其他块的生成与调用与功能块的生成与调用相似，不再介绍。

三、主控继电器指令

主控继电器指令简称为 MCR（Master Control Relay）。主控继电器指令用来控制 MCR 区内的指令是否被正常执行，相当于一个用来接通和断开“能流”的主令开关，见表 6-10。MCR 指令用的并不多，S7-200 没有 MCR 指令。

在图 6-66 所示梯形图程序中，程序段 3 和 4 是 MCR 区。MCRA 为激活主控继电器指令，MCRD 为取消激活主控继电器指令。

打开主控继电器区指令“MCR<”，在 MCR 堆栈中保存该指令之前的逻辑运算结果 RLO

（即 MCR 位），关闭主控继电器区指令"MCR>"，从 MCR 堆栈中取出保存在里面的 RLO。

MCR 区可以嵌套使用，允许的最大嵌套深度为 8 级。

图 6-66 所示的 MCR 位受到 I0.6 的控制，I0.6 与 MCR 堆栈中的 MCR 位的状态相同。MCR 位状态为 1 时，才会执行 MCR 控制区的 Q4.1 的线圈和 MOVE 指令。MCR 位状态为 0 时，Q4.1 状态为 0。

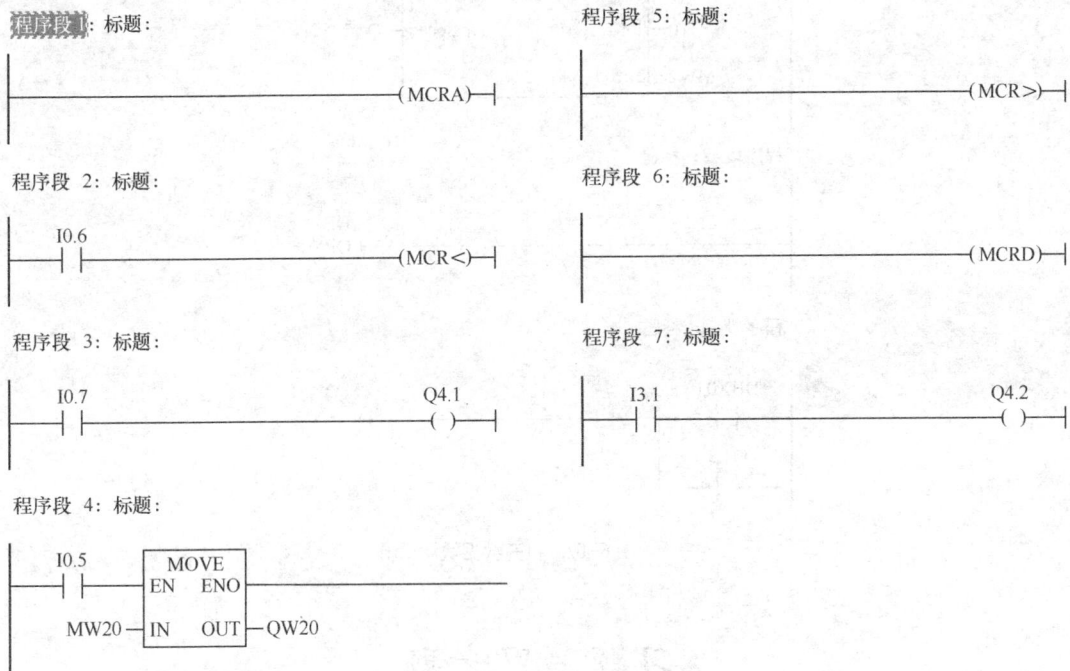

图 6-66 主控继电器指令

四、数据块指令

数据块指令见表 6-10。在访问数据块时，需要指明被访问的是哪一个数据块，以及访问该数据块中的哪个数据。在指令中同时给出数据块的编号和数据块中的地址，如 DB1.DBX4.5，可以直接访问数据块中的数据。访问时可以使用绝对地址，也可以使用符号地址。

在语句表中，OPN 指令用来打开数据块。访问已经打开的数据块内的存储单元，可以省略其地址中数据块的编号。

同时只能分别打开一个共享数据块和背景数据块，打开的共享数据块和背景数据块的编号分别存放在 DB 寄存器和 DI 寄存器中。

打开新的数据块后，原来打开的数据块自动关闭。调用一个功能块时，它的背景数据块被自动打开。如果该功能块调用了其他的块，调用结束后返回该功能块，原来打开的背景数据块不再有效，必须重新打开它。

在梯形图中，与数据块操作有关的只有一条无条件打开共享数据块或背景数据块指令，如图 6-67 所示。因为数据块 DB1 已经被打开，图中的数据位 DBX0.0 相当于 DB1.DBX0.0。

程序段 1：标题：

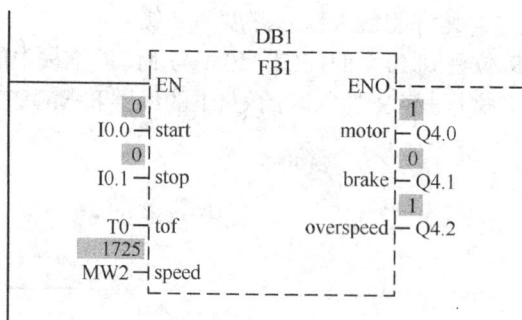

程序段 2：标题：

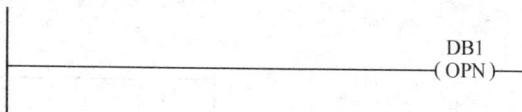

程序段 3：标题：

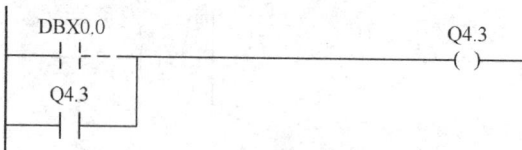

图 6-67　打开数据块

习题与思考题

6-1 填空题。

（1）M＿＿＿是 MW100 中的最低位。

（2）MB＿＿＿是 MD100 中最低的 8 位对应的字节。

（3）WORD（字）是 16 位＿＿符号数，INT（整数）是 16 位＿＿＿符号数。

（4）Q4.2 是输出字节＿＿＿的第＿＿＿位。

（5）RLO 是＿＿＿＿＿＿＿＿＿的简称。

（6）状态字的＿＿＿位与方框指令的使能输出 ENO 的状态相同。

（7）状态字的＿＿＿位与位逻辑指令中的位变量的状态相同。

（8）算术运算有溢出或执行了非法的操作时，状态字的＿＿＿＿位被置 1。

（9）接通延时定时器的 SD 线圈＿＿＿时开始定时，定时时间到时剩余时间值为＿＿＿，其定时器位变为＿＿＿＿，其常开触点＿＿＿＿，常闭触点＿＿＿＿。定时期间如果 SD 线圈断电，定时器的剩余时间＿＿＿＿＿＿＿。线圈重新通电时，又从＿＿＿＿＿＿开始定时。复位输入信号为 1 时，定时器位变为＿＿＿＿。定时器位为 1 时如果 SD 线圈断电，定时器的常开触点＿＿＿＿。

（10）在加法计数器的设置输入 S 端的＿＿＿＿＿，将预置值 PV 指定的值送入计数器字。在加法计数脉冲输入信号 CU 的＿＿＿＿＿，如果计数值小于＿＿＿＿＿＿，计数值加 1。复位输入信号 R 为 1 时，计数值被＿＿＿＿＿。计数值大于 0 时计数器位（即输出 Q）为＿＿＿＿＿；计数值为 0 时，计数器位为_____。

（11）L#20 是____位的_____常数。

（12）S5T#l0S 和 T#l0S 二者之一能用于梯形图的是_____。

6-2　怎样打开和关闭梯形图和语句表中的符号显示和符号信息？

6-3　怎样关闭程序中的注释？怎样才能在打开块时不显示注释？

6-4　设计一个楼梯灯开关，要求当行人从下到上或者从上到下时，可以在楼梯开关 SB1 上开灯，在 SB2 上关灯。

6-5　电动机延时自动关闭控制。控制要求：按动启动按钮 S1（I0.0），电动机 M（Q4.0）立即启动，延时 5min 以后自动关闭。启动后按动停止按钮 S2（I0.1），电动机立即停止。

6-6　半径（小于 1 000 的整数）在 MD10 中，圆周率为 3.14159，用浮点数运算指令计算圆的周长，将运算结果转换为整数，存放在 MD14 中。将程序输入到 OB1 后下载到仿真 PLC 中，调试程序直到满足要求。

6-7　将 MW8 每 2s 加 1，并将结果送 MW8。设置时钟脉冲周期，编写梯形图程序，并输入到 OB1 后下载到仿真 PLC 中，调试程序直到满足要求。

6-8　定时器与计数器的仿真练习。

按下按钮 I0.0 后，Q0.0 状态变为 1 并自保持（见题图 6-1），I0.1 输入 3 个脉冲后（用 C0 计数），T0 开始定时，5s 后 Q0.0 状态变为 0，同时 C0 被复位，用定时器指令和减计数器指令设计出梯形图程序。输入到 OB1 后下载到仿真 PLC 中，检查是否能满足要求。

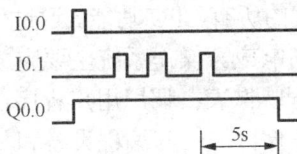

题图 6-1　波形图

6-9　在变量表中生成用二进制格式显示的 MW20，在 PLCSIM 中生成视图对象 MB20，令其中的 MB20.0 状态为 1。在变量表中观察 MB20.0 是 MW20 的第几位（最低位为第 0 位），并解释原因。

6-10　在项目"FB 例程"的 OB1 中，再调用一次 FB1，背景数据块为 DB2，注意两次调用时 FB1 的实参的地址不能重叠。分别改变两次调用 FB1 的输入参数，在仿真 PLC 观察输出参数的变化是否符合程序的要求。

6-11　第 1 次按下按钮指示灯亮，第 2 次按下按钮指示灯闪亮，第 3 次按下按钮指示灯灭，如此循环，试编写其 PLC 控制的 LAD 程序。

6-12　用一个按钮控制 2 盏灯，第 1 次按下时第 1 盏灯亮，第 2 盏灯灭；第 2 次按下时第 1 盏灯灭，第 2 盏灯亮；第 3 次按下时两盏灯都灭。

6-13　编写 PLC 控制程序，使 Q4.0 输出周期为 5s，占空比为 20% 的连续脉冲信号。

第七章　S7-300 PLC 程序设计方法

第一节　STEP 7 的程序结构

一、S7 CPU 中的程序

CPU 原则上运行两种不同的程序：操作系统和用户程序。

1. 操作系统

每个 S7 系列 PLC 的 CPU 都固化有集成的操作系统，它提供了一套系统运行和调度的机制，用于组织与特定控制任务无关的所有 CPU 功能。通过修改操作系统参数（操作系统默认设置），可以在某些区域影响 CPU 响应。操作系统主要完成的任务包括：处理重起；更新输入的过程映像表，并刷新输出过程映像表；调用用户程序；采集中断信息，调用中断 OB；识别错误并进行错误处理；管理存储区域；与编程设备和其他通信伙伴进行通信。

2. 用户程序

用户程序是用户为处理特定自动化而创建的程序，并将其下载到 CPU 中。用户程序需要完成的任务包括：确定 CPU 的重起和热重起条件；处理过程数据；响应中断；处理正常程序周期中的干扰。

STEP 7 编程软件允许使用者构造用户程序，即将程序分成单个、独立的程序段。这使得程序结构简化，易于修改，系统调试变得更简单。

3. 用户程序中的块结构

S7 系列 PLC 提供各种类型的块，可以存放用户程序和相关数据。根据处理的需要，用户程序可以由不同的块构成，各种块之间的关系如图 7-1 所示。

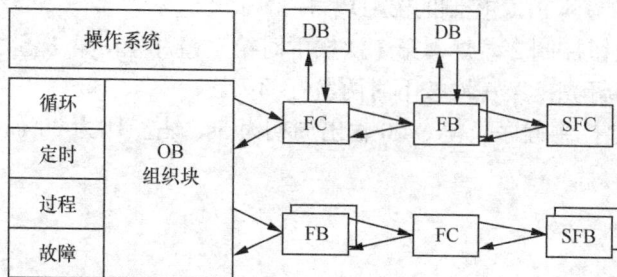

图 7-1　各种块的关系

（1）组织块（OB）

组织块 OB 是操作系统与用户程序的接口，由操作系统调用，组织块中的程序是用户编写的。组织块用于控制扫描循环和中断程序的执行、PLC 的启动和错误处理等，可以使用的组织块与 CPU 的型号有关。

OB 按触发事件分成几个级别，这些级别有不同的优先级。如果在执行中断程序（组织块）时，又检测到一个中断请求，CPU 将比较两个中断源的中断优先级。中断优先级响应原则：高优先级的 OB 可中断低优先级的 OB，而低优先级的 OB 不能中断高优先级的 OB，具有相同优先级的 OB，按照产生中断请求的先后次序进行处理。这种处理方式称为中断程序的嵌套调用。

组织块 OB1 是用户自己编写的主循环组织块，相当于高级语言的主程序或主函数，其他功能和功能块只有通过 OB1 的调用才能被 CPU 执行，CPU 在整个运行过程中会不断循环扫描 OB1。事实上可以把整个程序都放在 OB1 中，让它连续不断的循环处理（线性程序），也可以把程序块放在不同的块中，OB1 在需要的时候调用这些块（分部程序和结构化程序）。OB1 是用户程序中唯一不可缺少的程序模块。

当 PLC 接通电源后，CPU 有 3 种启动方式，即暖启动、热启动和冷启动，可以在 STEP 7 中设置 CPU 的属性时选择其一。暖启动组织块为 OB100，热启动组织块为 OB101，冷启动组织块为 OB102。对应 OB100~OB102，CPU 只在启动运行时对其进行一次扫描，其他时间只对 OB1 进行循环扫描。

暖启动时，过程映像数据以及非保持的存储器位、定时器和计数器被复位。具有保持功能的存储器位、定时器、计数器和所有的数据块将保留原数值。程序将重新开始运行，执行 OB100 后，循环执行 OB1。手动暖启动时，将模式选择开关扳到 STOP 位置，"STOP" LED 亮，然后扳到 RUN 或 RUN-P 位置。

S7-400 CPU 在 RUN 状态时如果电源突然丢失，进行重新上电，将执行 OB101，自然地完成热启动。热启动从上次 RUN 模式结束时，程序被中断之处继续执行，不对计数器等复位。热启动只能在 STOP 状态时，没有修改用户程序的条件下才能进行。

冷启动时，过程数据区的所有过程映像数据、存储器位、定时器、计数器和数据块均被清除，即被复位为零，包括有保持功能的数据。用户程序从装载存储器载入工作寄存器，调用 OB102 后，循环执行 OB1。

（2）功能（FC）和功能块（FB）

功能和功能块都是用户自己编写的程序模块，相当于高级语言的子程序或子函数，自身带有以名称方式给出的形式参数，被其他程序块（OB、FB、FC）调用时，可以将实际参数赋值给形式参数。

功能和功能块的根本区别在于 FC 没有自己的存储区（背景数据块），调用时必须向形参配实参；而 FB 有自己的存储区，通过背景数据块传递参数，因此调用任意一个 FB 时，必须指定一个背景数据块。

（3）系统功能（SFC）和系统功能块（SFB）

系统功能和系统功能块属于系统块，是集成在 CPU 中预先编制好的功能和功能块。通常 SFC 和 SFB 提供一些系统级别的功能调用，并且它们的编号和功能是固定的。用户在编制自己的程序时，可根据需要直接调用 SFC 和 SFB。但是，由于 CPU 内部没有给 SFB 分配背景 DB，因此，在调用 SFB 之前，必须由用户生成相关的背景 DB。

（4）背景 DB 和共享 DB

数据块分为背景数据块和共享数据块，它们的主要区别：共享数据块用于存储全局数据，所有逻辑块都可以访问共享数据块内存储的信息。用户只能自己编辑全局数据，并在数据块中声明必需的变量以存储数据。背景数据块是专用的存储器区，即用作功能块的存储器。背景数据块不是由用户编辑的，而是由编辑器生成的。

二、STEP 7 用户程序结构

STEP 7 用户程序一般有以下 3 种结构，线性程序结构、分部式程序和结构化程序。

1. 线性程序结构（线性化编程）

所谓线性程序结构，就是将整个用户程序连续放置在一个循环程序块（OB1）中，块中的程序按顺序执行，CPU 通过反复执行 OB1 来实现自动化控制任务。这种结构和 PLC 所代替的硬接线继电器控制类似，CPU 逐条地处理指令。

线性程序结构简单，不涉及功能、功能块、数据块、局部变量和中断等比较复杂的概念，容易入门。事实上所有的程序都可以用线性结构实现，不过，线性结构一般适用于相对简单的控制程序编写。

2. 分部式程序（分部编程、分块编程）

所谓分部程序，就是将整个程序按任务分成若干个部分，并分别放置在不同的功能（FC）、功能块（FB）及组织块中，在一个块中可以进一步分解成段。在组织块 OB1 中包含按顺序调用其他块的指令，并控制程序执行。

在分部程序中，既无数据交换，也不存在重复利用的程序代码。功能和功能块不传递也不接收参数，分部式程序结构的编程效率比线性程序有所提高，程序测试也较方便，对程序员的要求也不太高。对不太复杂的控制程序可考虑采用这种程序结构。

3. 结构化程序（结构化编程或模块化编程）

所谓结构化程序，就是在处理复杂自动化控制任务的过程中，为了使任务更易于控制，常把过程要求类似或相关的功能进行分类，分割为可用于几个任务的通用解决方案的小任务，这些小任务以相应的程序段表示，就是块。OB1 通过调用这些程序块来完成整个自动化控制任务。

结构化程序的特点是每个块在 OB1 中可能会被多次调用，以完成具有相同过程工艺要求的不同控制对象。这种结构可简化程序设计过程、减小代码长度、提高编程效率，比较适用于较复杂自动化控制任务的设计。

第二节　S7-300 PLC 的应用系统设计

一、PLC 应用系统设计的内容和步骤

PLC 应用系统设计的核心内容是解决实际问题，所以其设计方法比较灵活。但是无论系统的复杂程度如何，作为一个设计人员，必须养成遵守设计规范和原则的好习惯，这对系统的调试和维护等会带来很大的方便。

PLC 系统的设计必须要满足被控设备或者工业生产过程的控制要求，在此基础之上要求控制系统简单、经济并且操作方便，同时要求系统工作安全可靠，并有一定的扩展和改进的

余地等。

在系统的设计中，首先要根据实际条件制定技术路线，作为设计的依据；接着需要选定电器元件，如执行器件（电动机、电磁阀等），选择电器输入 / 输出器件；选择 PLC 型号并分配地址，绘制接线图；进行软件的编写；同时设计控制柜等；最后进行系统的调试和文档的编写工作。

二、应用实例设计

【例 7-1】   交通信号灯的 PLC 控制系统设计。

图 7-2 所示为双干道交通信号灯设置示意图。在十字路口南北方向以及东西方向均设有红、黄、绿 3 种信号灯，12 只灯按一定的时序循环往复工作。

图 7-2 交通信号灯设置示意图

控制要求：信号灯受电源总开关控制，接通电源，信号灯系统开始工作；关闭电源，所有的信号灯都熄灭。当程序运行出错，东西与南北方向的灯同时点亮时，程序自动关闭，在晚上，车辆稀少时，要求交通灯处于下班状态，即两个方向的黄灯一直闪烁，闪烁的频率为 0.5Hz。

白天信号灯处于上班状态时，东西以及南北方向的红灯为长亮，时间为 30s；东西以及南北方向的绿灯为长亮 25s，然后闪烁 3s，闪烁频率为 0.5Hz；接着东西以及南北方向的黄灯同时闪烁，时间为 2s。时序图如图 7-3 所示。

1. 创建 S7 项目

执行菜单命令"文件" → "'新建项目'向导"，创建交通灯控制系统的 S7 项目，并命名为"S7_交通灯"。

2. 硬件配置

在"S7_交通灯"项目内打开"SIMATIC 300 站点"文件夹，打开硬件配置窗口，并按图 7-4 所示完成硬件配置。

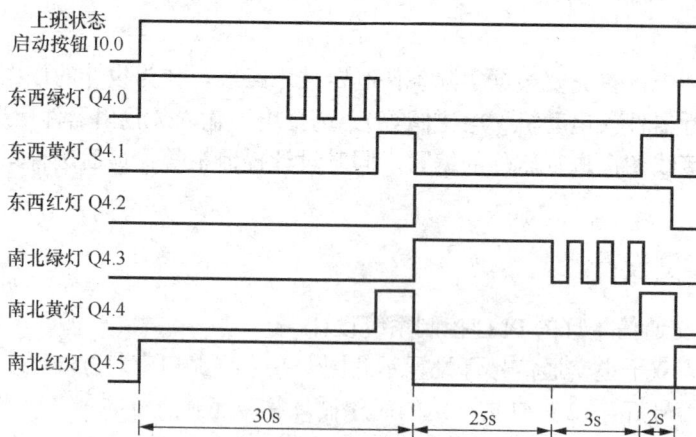

图 7-3　交通灯时序图

图 7-4　交通灯控制系统硬件配置

3. 编辑符号表

选择"S7_交通灯"项目的"S7 程序（1）"文件夹，双击"符号"图标，打开符号编辑器，按图 7-5 所示编辑符号表。

图 7-5　交通灯控制系统符号表

4. 程序设计

本例因功能比较简单，采用线性化编程，OB1 中程序如图 7-6 所示。

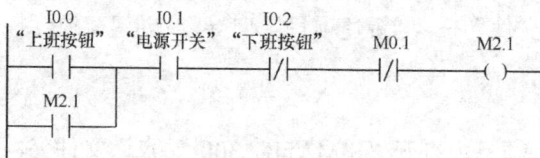

图 7-6　交通灯控制系统 LAD 程序

程序段 2：控制交通灯为下班状态，即黄灯常闪烁

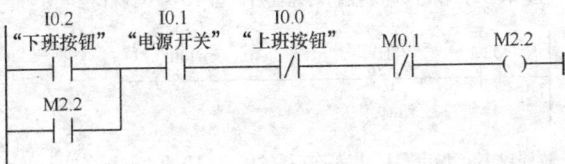

```
    I0.2          I0.1          I0.0
 "下班按钮"      "电源开关"     "上班按钮"      M0.1        M2.2
 ───┤ ├───────────┤ ├───────────┤/├──────────┤/├──────────( )───
    │
    │  M2.2
 ───┤ ├───
```

程序段 3：南北红灯计时，30s 后启动 T0，当 T0 为 0 时红灯亮

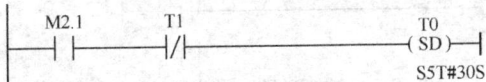

```
    M2.1          T1                            T0
 ───┤ ├───────────┤/├───────────────────────( SD )───
                                              S5T#30S
```

程序段 4：东西红灯计时，30s 后启动 T1，当 T0 为 1 时红灯亮

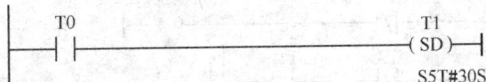

```
    T0                                         T1
 ───┤ ├───────────────────────────────────( SD )───
                                            S5T#30S
```

程序段 5：东西绿灯闪亮计时，25S 后启动 T2，绿灯闪

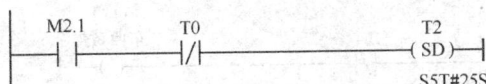

```
    M2.1          T0                            T2
 ───┤ ├───────────┤/├───────────────────────( SD )───
                                              S5T#25S
```

程序段 6：东西绿灯闪亮计时，3s 后停止

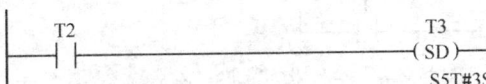

```
    T2                                         T3
 ───┤ ├───────────────────────────────────( SD )───
                                            S5T#3S
```

程序段 7：东西黄灯与南北黄灯计时，同时亮时同灭，共计 2s

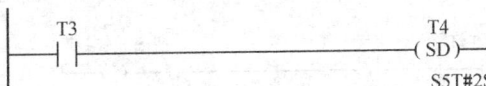

```
    T3                                         T4
 ───┤ ├───────────────────────────────────( SD )───
                                            S5T#2S
```

程序段 8：南北绿灯长亮计时，25s 后启动 T5

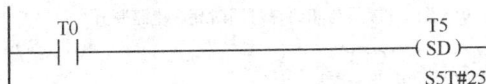

```
    T0                                         T5
 ───┤ ├───────────────────────────────────( SD )───
                                            S5T#25S
```

程序段 9：南北绿灯闪亮计时，3s 后启动 T6

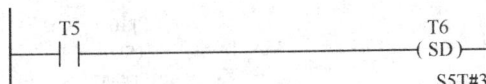

```
    T5                                         T6
 ───┤ ├───────────────────────────────────( SD )───
                                            S5T#3S
```

程序段 10：南北黄灯与东西黄灯计时，同时亮时同灭，共计 2s

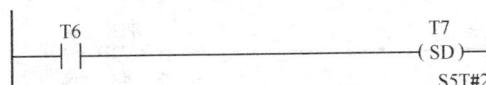

```
    T6                                         T7
 ───┤ ├───────────────────────────────────( SD )───
                                            S5T#2S
```

图 7-6 交通灯控制系统 LAD 程序（续）

程序段 11：输出 Q4.5 控制南北红灯，当 T0 为 0 时灯亮

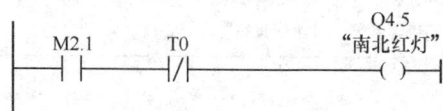

```
     M2.1      T0                          Q4.5
                                        "南北红灯"
 ─────┤├───────┤/├──────────────────────────( )────
```

程序段 12：输出 Q4.2 控制东西红灯，当 T0 为 1 时灯亮

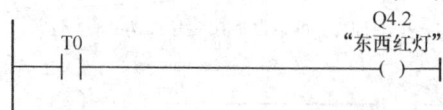

```
      T0                                    Q4.2
                                         "东西红灯"
 ─────┤├──────────────────────────────────( )────
```

程序段 13：输出 Q4.0 控制东西绿灯，首先绿灯亮 25s，然后闪烁 3s

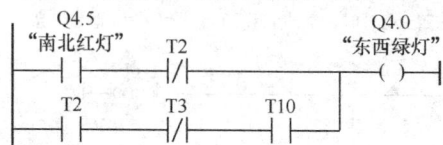

```
     Q4.5
    "南北红灯"    T2                         Q4.0
                                         "东西绿灯"
 ─────┤├───────┤/├────────────────┬────────( )────
                                  │
      T2       T3       T10        │
 ─────┤├───────┤/├───────┤├───────┘
```

程序段 14：输出 Q4.1 控制东西黄灯，输出 Q4.4 控制南北黄灯

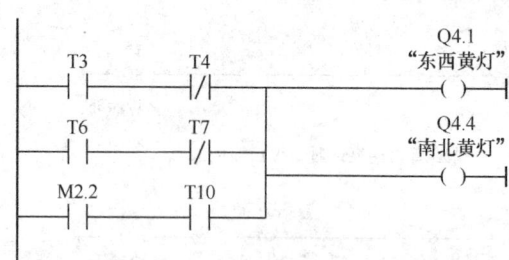

```
                                           Q4.1
                                        "东西黄灯"
      T3       T4                   ┌───────( )────
 ─────┤├───────┤/├──────────────────┤
                                    │      Q4.4
      T6       T7                   │    "南北黄灯"
 ─────┤├───────┤/├──────────────────┼───────( )────
                                    │
     M2.2      T10                   │
 ─────┤├───────┤├────────────────────┘
```

程序段 15：输出 Q4.3 控制南北绿灯，首先绿灯亮 25s，然后闪烁 3s

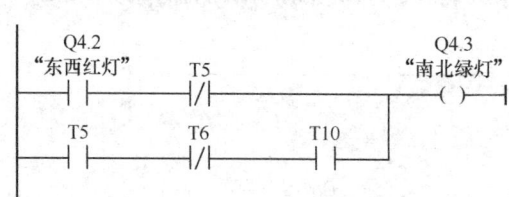

```
     Q4.2
    "东西红灯"    T5                         Q4.3
                                         "南北绿灯"
 ─────┤├───────┤/├────────────────┬────────( )────
                                  │
      T5       T6       T10        │
 ─────┤├───────┤/├───────┤├───────┘
```

程序段 16：当南北绿灯与东西绿灯同时亮，电路断开

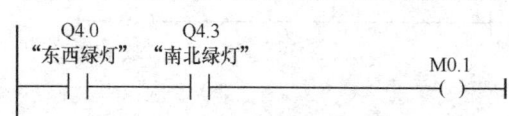

```
     Q4.0      Q4.3
    "东西绿灯"  "南北绿灯"
 ─────┤├───────┤├───────────────────────────( )────
                                            M0.1
```

程序段 17：利用 T10、T11 产生脉冲宽度为 0.5s 的脉冲信号

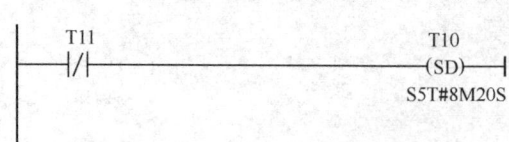

```
     T11                                    T10
 ─────┤/├──────────────────────────────────(SD)───
                                         S5T#8M20S
```

程序段 18：标题：

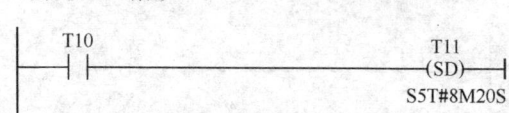

```
     T10                                    T11
 ─────┤├───────────────────────────────────(SD)───
                                         S5T#8M20S
```

图 7-6　交通灯控制系统 LAD 程序（续）

【例 7-2】 使用开关量实现搅拌控制系统程序设计。

图 7-7 所示为一搅拌控制系统，有 3 个开关量液位传感器，分别检测液位的高、中和低。现要求对 A、B 两种液体原料按等比例混合，请编写控制程序。

控制要求：按启动按钮后系统自动运行，首先打开进料泵 1，开始加入液料 A→中液位传感器动作后，则关闭进料泵 1，打开进料泵 2，开始加入液料 B→高液位传感器动作后，关闭进料泵 2，启动搅拌器→搅拌 10s 后，关闭搅拌器，开启放料泵→当低液位传感器动作后，延时 5s 后关闭放料泵。按停止按钮，系统应立即停止运行。

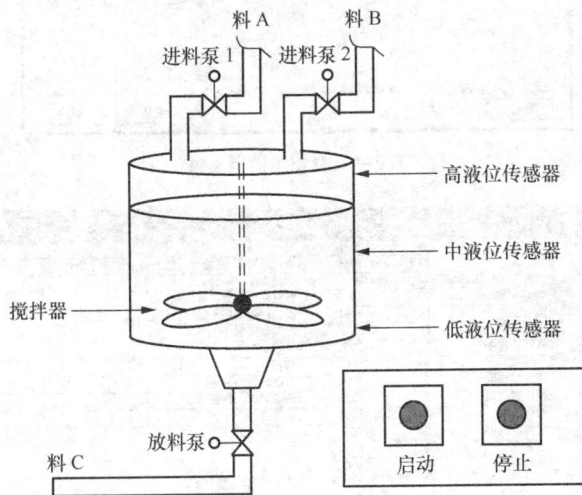

图 7-7 搅拌控制系统原理图

1. 创建 S7 项目

执行菜单命令"文件"→"'新建项目'向导"，创建搅拌控制系统的 S7 项目，并命名为"S7_FC"。项目包含组织块 OB1 和 OB100。

2. 硬件配置

在"S7_FC"项目内打开"SIMATIC 300 站点"文件夹，打开硬件配置窗口，并按图 7-8 所示完成硬件配置。双击模拟量模块所在行，弹出图 7-9 所示的"属性"对话框，单击地址，取消"系统默认"方框内的"√"，将模块的模拟量输入通道和输出通道的起始地址均修改为 256。

3. 编辑符号表

选择"S7_FC"项目的"S7 程序（1）"文件夹，双击"符号"图标，打开符号编辑器，按图 7-10 所示编辑符号表。

插..	模块	订货号	固件	M..	I 地址	Q 地址	注释
1	PS 307 5A	6ES7 307-1EA00-0AA0					
2	CPU315-2 DP(1)	6ES7 315-2AG10-0AB0	V2.0	2			
X2	DP				2047*		
3							
4	DI32xDC24V	6ES7 321-1BL00-0AA0			0...3		
5	DO32xDC24V/0.5A	6ES7 322-1BL00-0AA0				4...7	
6	AI4/AO4x14/12Bit	6ES7 335-7HG00-0AB0			256...27	256...263	
7							

图 7-8 搅拌控制系统硬件配置

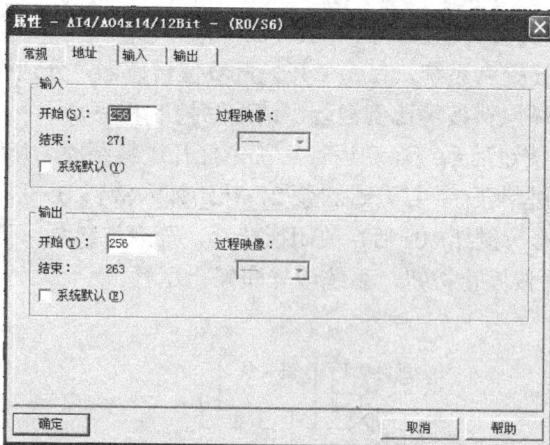

图 7-9　模拟量通道属性

图 7-10　搅拌控制系统符号表

4. 规划程序结构

该系统按分部结构设计程序，每个功能 FC 实现整个控制任务的一部分，不重复调用，如图 7-11 所示。分部结构的控制程序由 6 个逻辑块组成，其中 OB1 为主循环组织块，OB100 为初始化程序，FC1 为液料 A 控制程序，FC2 为液料 B 控制程序，FC3 为搅拌控制程序，FC4 为出料控制程序。

5. 编辑功能 FC

在"S7_FC"项目内选择块文件夹，然后反复执行菜单命令"插入"→"S7 块"→"功能"，分别建立 4 个功能：FC1、FC2、FC3 和 FC4。由于在符号表内已经为 FC1～FC4 定义了符号名，因此在 FC 的属性对话框内系统会自动添加符号名。

在"S7_FC"项目内选择块文件夹，依次双击逻辑块图标，分别打开各块的 S7 程序编辑器，完成相应逻辑块的编辑。

（1）编辑 FC1

FC1 实现液料 A 的进料控制，由单个网络组成，控制程序如图 7-12 所示。

（2）编辑 FC2

FC2 实现液料 B 的进料控制，由单个网络组成，控制程序如图 7-13 所示。

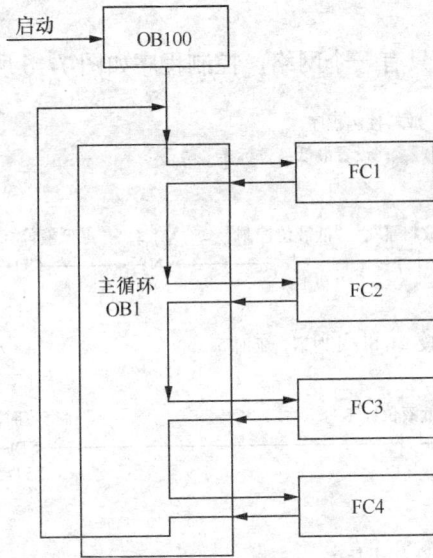

图 7-11　搅拌控制系统程序结构

FC1：标题：

程序段1：关闭进料泵 1，启动进料泵 2

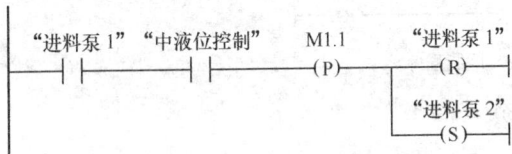

图 7-12　FC1 的 LAD 控制程序

FC2：标题：

程序段1：关闭进料泵 2，启动搅拌器

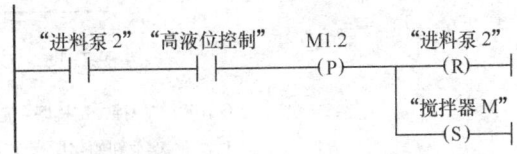

图 7-13　FC2 的 LAD 控制程序

（3）编辑 FC3

FC3 实现搅拌器的控制，由两个网络组成，控制程序如图 7-14 所示。

FC3：标题：

程序段1：设置 10s 搅拌定时

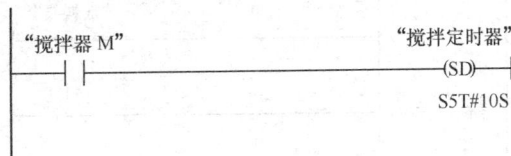

程序段 2：关闭搅拌器，启动放料泵

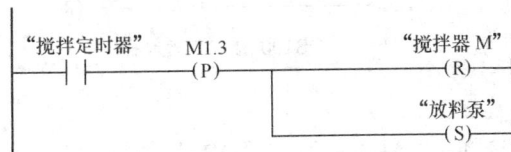

图 7-14　FC3 的 LAD 控制程序

（4）编辑 FC4

FC4 实现出料控制，由 3 个网络组成，控制程序如图 7-15 所示。

（5）编辑 OB100

OB100 为启动组织块，只有一个网络，控制程序如图 7-16 所示。

FC4：放料控制程序

程序段 1：设置最低液位标志

```
  "放料泵"   "低液位控制"      M1.4    "最低液位标志"
 ——| |————————| |——————————(N)—————————(S)——|
```

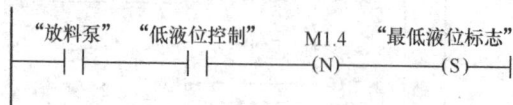

程序段 2：SD 定时器，延时 5s

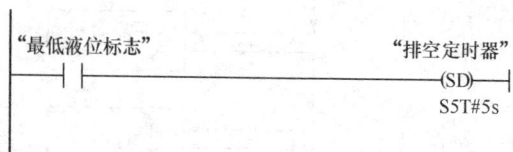

```
  "最低液位标志"                       "排空定时器"
 ——| |——————————————————————————————————(SD)——|
                                         S5T#5s
```

程序段 3：1 有效

```
  "排空定时器"                           "放料泵"
 ——| |—————————————————————————————————————(R)——|
                    |
                    |                  "最低液位标志"
                    |——————————————————————(R)——|
```

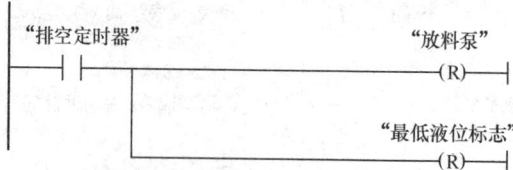

图 7-15　FC4 的 LAD 控制程序

OB100："搅拌控制程序 - 完全启动复位组织"

程序段 1：初始化所有输出变量

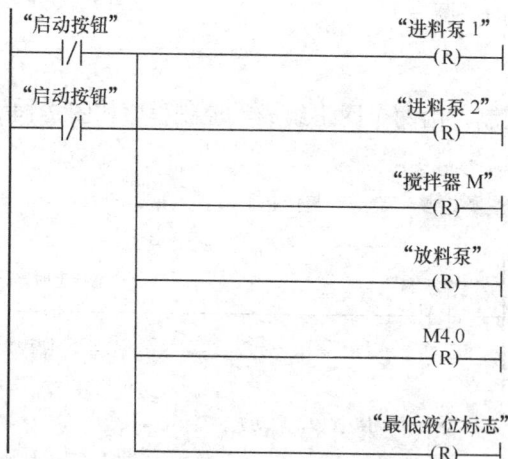

```
  "启动按钮"                            "进料泵 1"
 ——|/|——————————————————————————————————(R)——|
                 |
  "启动按钮"      |                      "进料泵 2"
 ——|/|———————————|——————————————————————(R)——|
                 |
                 |                      "搅拌器 M"
                 |——————————————————————(R)——|
                 |
                 |                      "放料泵"
                 |——————————————————————(R)——|
                 |
                 |                        M4.0
                 |——————————————————————(R)——|
                 |
                 |                    "最低液位标志"
                 |——————————————————————(R)——|
```

图 7-16　OB100 的 LAD 控制程序

6. 在 OB1 中调用功能 FC

在 "S7_FC" 项目内选择块文件夹，双击 "OB1" 图标，在 S7 程序编辑器中打开 OB1。当 FC1、FC2、FC3 和 FC4 编辑完成后，在程序元素目录的 "FC 块" 目录中就会出现可调用的 FC1、FC2、FC3 和 FC4，在 LAD 语言环境下可以块图的形式被调用，如图 7-17 所示。

主循环组织块由 5 个网络组成，梯形图如图 7-18 示。

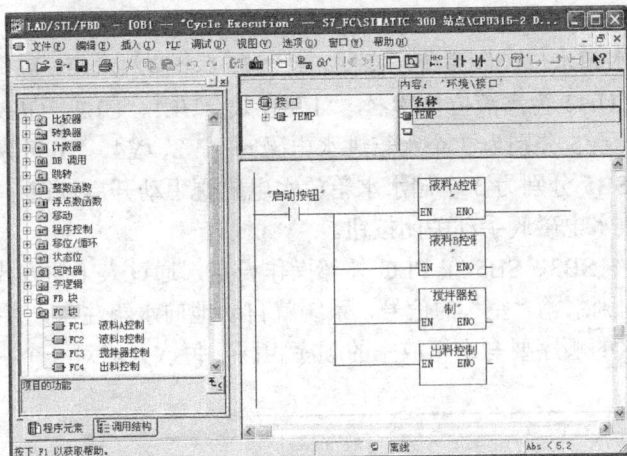

图 7-17 调用 FC1、FC2、FC3 和 FC4

OB1："分部式结构的搅拌器控制程序 - 主循环组织块"

程序段 1：设置当前液位信号暂存器

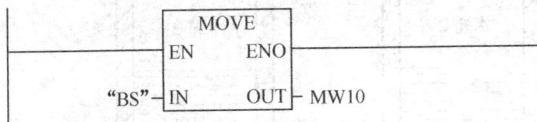

程序段 2：将当前液位送显示器显示

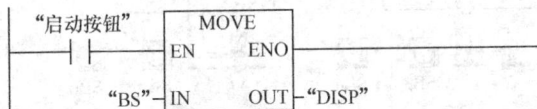

程序段 3：设置原始标志

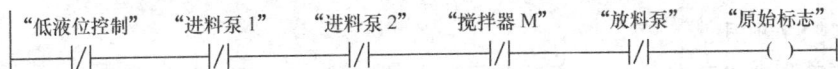

程序段 4：启动进料泵 1

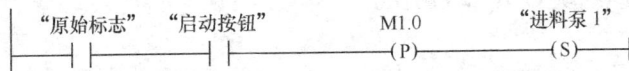

程序段 5：调用 FC1、FC2、FC3、FC4

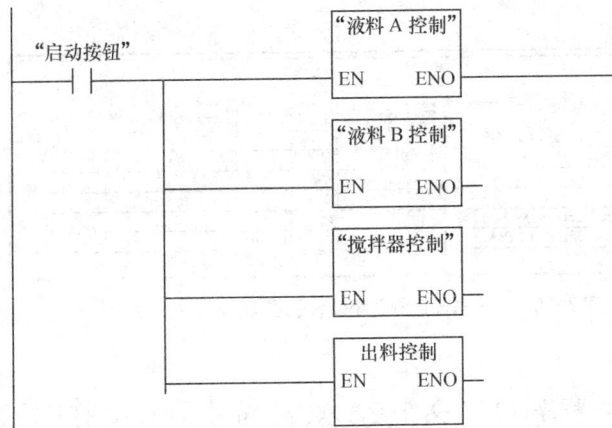

图 7-18 OB1 的 LAD 控制程序

【例 7-3】 水箱水位控制系统程序设计。

图 7-19 所示为水箱水位控制系统示意图。系统有 3 个储水水箱，每个水箱有两个液位传感器，UH1、UH2、UH3 为高液位传感器，"1" 有效；UL1、UL2、UL3 为低液位传感器，"0" 有效。Y1、Y3、Y5 分别为 3 个水箱进水电磁阀；Y2、Y4、Y6 分别为 3 个水箱放水电磁阀。SB1、SB3、SB5 分别为 3 个储水水箱放水电磁阀手动开启按钮；SB2、SB4、SB6 分别为 3 个储水水箱放水电磁阀手动关闭按钮。

控制要求：SB1、SB3、SB5 在 PLC 外部操作设定，通过人工的方式，按随机的顺序将水箱放空。只要检测到水箱 "空" 的信号，系统就自动地向水箱注水，直到检测到水箱 "满" 信号为止。水箱注水的顺序要与水箱放空的顺序相同，每次只能对一个水箱进行注水操作。

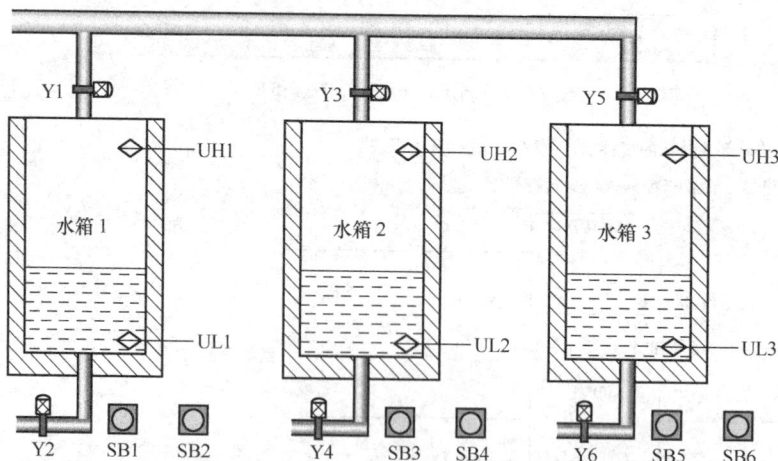

图 7-19　水箱水位控制系统示意图

1. 创建 S7 项目

执行菜单命令 "文件" → " '新建项目' 向导"，创建水箱水位控制系统的 S7 项目，并命名为 "S7_FB"。项目包含组织块 OB1 和 OB100。

2. 硬件配置

在 "S7_FB" 项目内打开 "SIMATIC 300 站点" 文件夹，打开硬件配置窗口，并按图 7-20 所示完成硬件配置。

图 7-20　水箱水位控制系统硬件配置图

3. 编辑符号表

选择 "S7_FB" 项目的 "S7 程序（1）" 文件夹，双击 "符号" 图标，打开符号编辑器，按图 7-21 所示编辑符号表。

	状态	符号		地址		数据类型		注释
1		OB1	OB	1	OB	1		主循环组织块
2		OB100	OB	100	OB	100		启动复位组织块
3		水箱控制	FB	1	FB	1		水箱控制功能块
4		水箱1	DB	1	DB	1		水箱1的数据块
5		水箱2	DB	2	DB	2		水箱2的数据块
6		水箱3	DB	3	DB	3		水箱3的数据块
7		SB1	I	1.0	BOOL			水箱1放水电磁阀手动开启按钮，常开
8		SB2	I	1.1	BOOL			水箱1放水电磁阀手动关闭按钮，常开
9		SB3	I	1.2	BOOL			水箱2放水电磁阀手动开启按钮，常开
10		SB4	I	1.3	BOOL			水箱2放水电磁阀手动关闭按钮，常开
11		SB5	I	1.4	BOOL			水箱3放水电磁阀手动开启按钮，常开
12		SB6	I	1.5	BOOL			水箱3放水电磁阀手动关闭按钮，常开
13		UH1	I	0.1	BOOL			水箱1高液位传感器，水箱满信号
14		UH2	I	0.3	BOOL			水箱2高液位传感器，水箱满信号
15		UH3	I	0.5	BOOL			水箱3高液位传感器，水箱满信号
16		UL1	I	0.0	BOOL			水箱1低液位传感器，放空信号
17		UL2	I	0.2	BOOL			水箱2低液位传感器，放空信号
18		UL3	I	0.6	BOOL			水箱3低液位传感器，放空信号
19		Y1	Q	4.0	BOOL			水箱1进水电磁阀
20		Y2	Q	4.1	BOOL			水箱1放水电磁阀
21		Y3	Q	4.2	BOOL			水箱2进水电磁阀
22		Y4	Q	4.3	BOOL			水箱2放水电磁阀
23		Y5	Q	4.4	BOOL			水箱3进水电磁阀
24		Y6	Q	4.5	BOOL			水箱3放水电磁阀

图 7-21　水箱水位控制系统符号表

4. 规划程序结构

水箱水位控制系统的 3 个水箱具有相同的操作要求，因此可以由一个功能块（FB）通过赋予不同的实参来实现，采用结构化程序设计，程序结构如图 7-22 所示。控制程序由 3 个逻辑块和 3 个背景数据块构成，其中 OB1 为主循环组织块，OB100 为初始化程序，FB1 为水箱控制程序，DB1 为水箱 1 数据块，DB2 为水箱 2 数据块，DB3 为水箱 3 数据块。

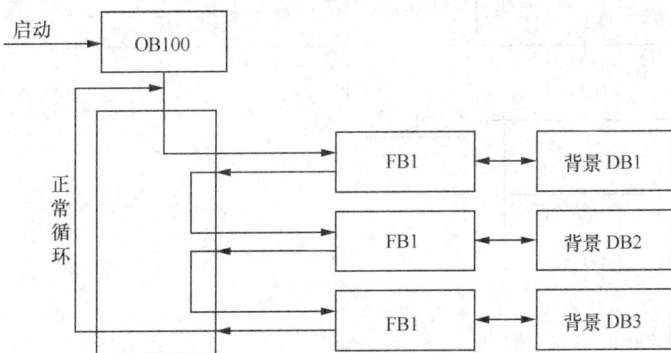

图 7-22　水箱水位控制系统程序结构

5. 编辑功能 FB

在"S7_FB"项目内选择块文件夹，然后反复执行菜单命令"插入"→"S7 块"→"功能"，创建功能块 FB1。由于在符号表内已经为 FB1 定义了符号名，因此在 FB 的属性对话框内系统会自动添加符号名为"水箱控制"。

双击逻辑块图标，打开 FB1 编辑窗口，编辑 FB1 的局部变量声明表及程序代码。

（1）定义局部变量声明表

FB1 的局部变量声明表定义了 8 个输入参数和 3 个输出参数，如图 7-23 所示。单击图 7-23 中左边窗口的 OUT 或 IN_OUT，显示对应参数的详细内容。

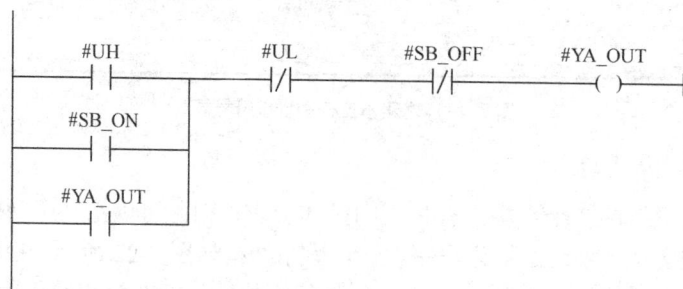

图 7-23　FB1 的局部变量声明表

（2）编写程序代码

FB1 由 3 个程序段组成，控制程序如图 7-24 所示。

FB1：水箱控制

程序段 1：水箱放水控制

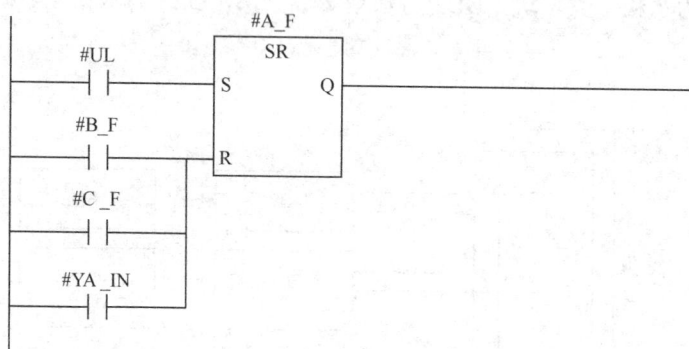

程序段 2：设置水箱空标志

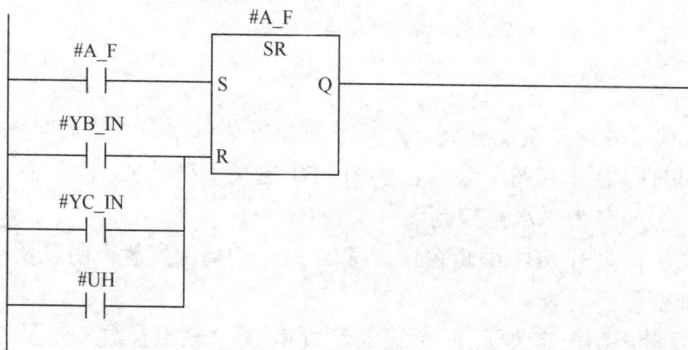

程序段 3：水箱进水控制

图 7-24　FB1 的 LAD 控制程序

6. 建立背景数据块（DI）

在"S7_FB"项目内选择块文件夹，执行菜单命令"插入"→"S7 块"→"数据块"，创建与 FB1 相关联的背景数据块 DB1、DB2 和 DB3。由于在符号表内已经为 DB1、DB2 和 DB3 定义了符号名，因此在 DB1、DB2 和 DB3 的属性对话框内系统会自动添加符号名"水箱 1""水箱 2"和"水箱 3"。

依次双击数据块的图标，分别打开数据块 DB1、DB2 和 DB3。由于在创建 DB1、DB2 和 DB3 之前，已经完成了对 FB1 的变量声明，建立了相应的数据结构，所以在创建与 FB1 相关联的 DB1、DB2 和 DB3 时，STEP 7 自动完成了数据块的数据结构。图 7-25 所示为 DB1 的数据结构，DB2 和 DB3 的数据结构与 DB1 完全相同。

7. 编辑启动组织块 OB100

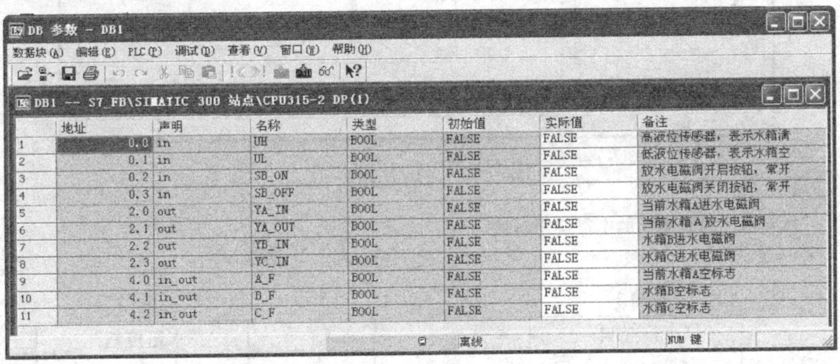

图 7-25　DB1 的数据结构

在启动组织块 OB100 内，主要完成各输出信号的复位，控制程序如图 7-26 所示。

OB100："Complete Restart"
程序段 1：对电磁阀复位

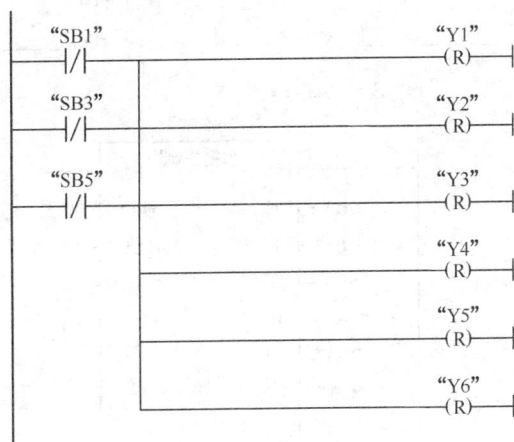

图 7-26　OB100 的 LAD 控制程序

8. 在 OB1 中调用无静态参数的功能块

FB1 编辑完成后，在 S7 程序编辑器的程序元素目录的 FB 块目录中就会出现所有可调用的 FB1，如图 7-27 所示。在 OB1 的代码区调用 FB1 并赋予实参，从而实现对 3 个水箱的控制。OB1 的 LAD 控制程序如图 7-28 所示。

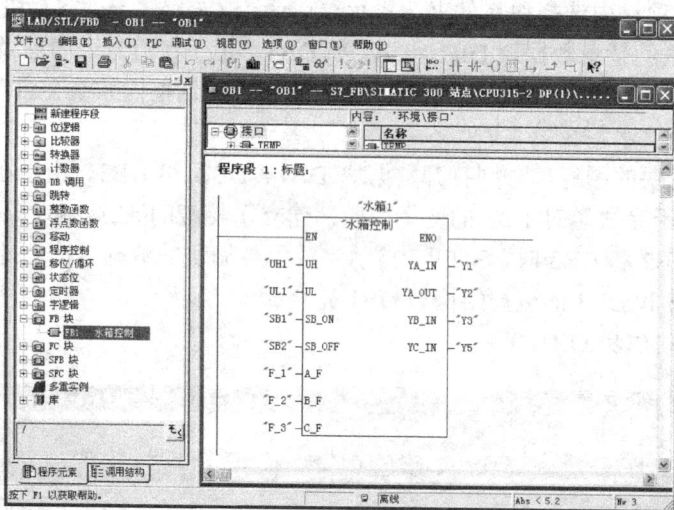

图 7-27　可调用的 FB1

OB1:"水箱水位控制系统的主循环组织块"
程序段 1　标题:

程序段 2: 标题:

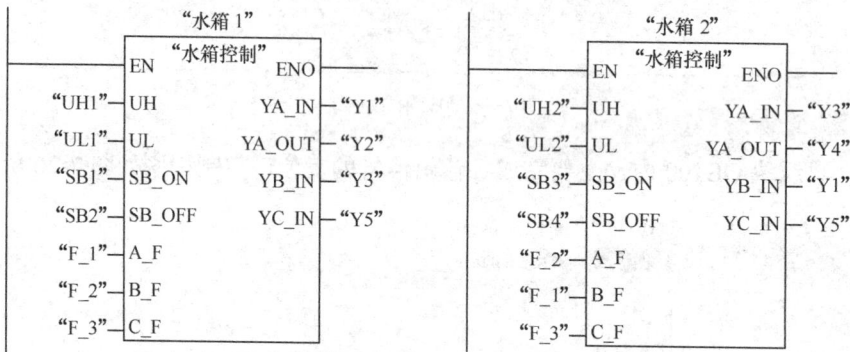

程序段 3: 标题:

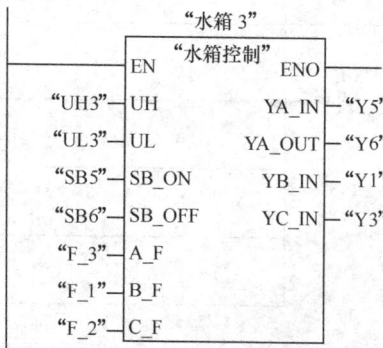

图 7-28　OB1 的 LAD 控制程序

【例 7-4】　机械手控制系统的 PLC 程序设计。

图 7-29 所示的机械手用来将工件从点 A 搬运到点 B。其控制面板如图 7-30 所示，图 7-31

所示为 PLC 的外部接线图。输出 Q4.1 状态为 1 时工件被夹紧，状态为 0 时被松开。

　　根据实际生产需要，机械手的工作方式有 5 种，即手动、单周期、单步、连续和回原点。要求通过控制面板的相关转换开关和控制按钮来决定机械手的具体动作。工作方式选择开关的 5 个位置分别对应 5 种工作方式。为了保证在紧急情况下（包括 PLC 发生故障）能可靠地切断 PLC 的负载电源，设置了交流接触器 KM，如图 7-31 所示。运行时按下"负载电源"按钮，使 KM 线圈得电并自锁，KM 的主触点接通，给外部负载提供交流电源，出现紧急情况时用"紧急停车"按钮断开负载电源。

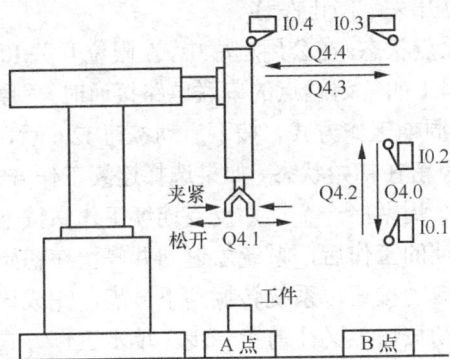

图 7-29　机械手示意图

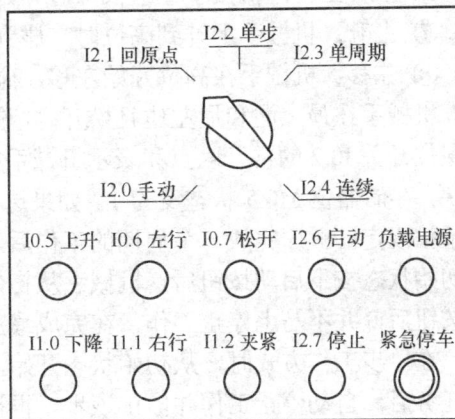

图 7-30　控制面板

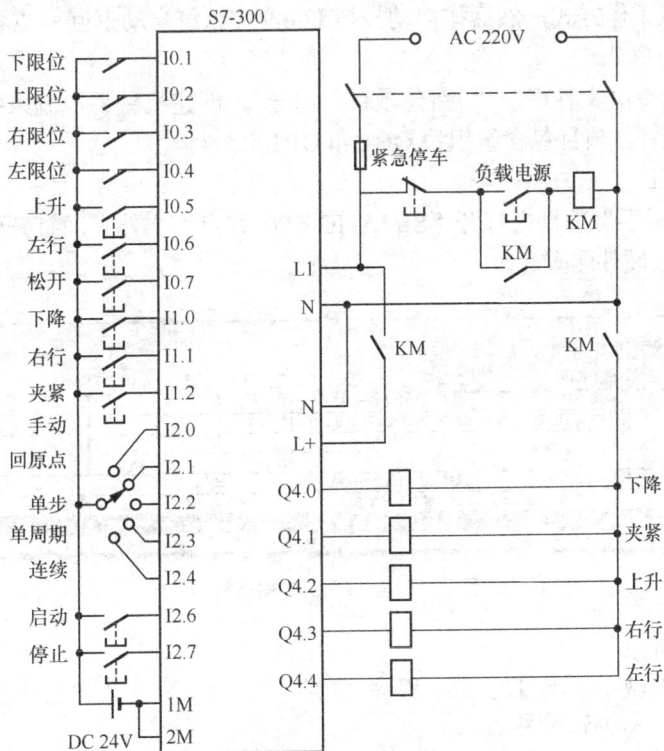

图 7-31　PLC 外部接线图

根据生产工艺过程，机械手搬运工件的一个控制周期分为以下 8 个部分。

① 下降：当检测到点 A 有工件时，机械手开始下降。下降到低位时，碰到下限位开关，机械手停止下降。

② 夹紧工件：机械手在最低位时开始夹紧工件，延时数秒抓住、抓紧。

③ 上升：机械手上升到高位时，碰到上限位开关，停止上升。

④ 右移：机械手右移到位时，碰到右限位开关，停止右移。

⑤ 下降：机械手下降到点 B 时，碰到下限位开关，停止下降。

⑥ 松开工件：机械手在最低位时开始放松工件，延时数秒。

⑦ 上升：机械手上升到高位时，碰到上限位开关，停止上升。

⑧ 左移。机械手在高位开始左移，碰到左限位开关，停止左移。

机械手在最上面和最左边且松开时，称为系统原点状态。在公用程序中，左限位开关 I0.4、上限位开关 I0.2 的常开触点和表示机械手松开的 Q4.1 的常闭触点的串联电路接通时，"原点条件" 存储器位 M0.5 状态变为 1。如果选择的是单周期工作方式，按下启动按钮 I2.6 后，机械手按规定的顺序完成一个周期的工作后，返回并停留在初始状态。如果选择连续工作方式，在初始状态按下启动按钮后，机械手从初始状态一个周期接一个周期反复连续工作。按下停止按钮后，并不马上停止工作，在完成最后一个周期的工作后，系统才返回并停留在初始状态。在单步工作方式时，从初始状态开始，按一下启动按钮，系统转换到下一步，完成该步的任务后，自动停止工作并停止该步，再按一下启动按钮，又往前走一步。单步工作方式常用于系统的调试。

在进入单周期、连续和单步工作方式之前，系统应处于原点状态；如果不满足这一条件，可以选择回原点工作方式，然后按启动按钮 I2.6，使系统自动返回原点状态。

1. 创建 S7 项目

执行菜单命令 "文件" → "'新建项目' 向导"，创建机械手控制系统的 S7 项目，并命名为 "S7 机械手"。项目包含组织块 OB1 和 OB100。

2. 硬件配置

在 "S7 机械手" 项目内打开 "SIMATIC 300 站点" 文件夹，打开硬件配置窗口，并按图 7-32 所示完成硬件配置。

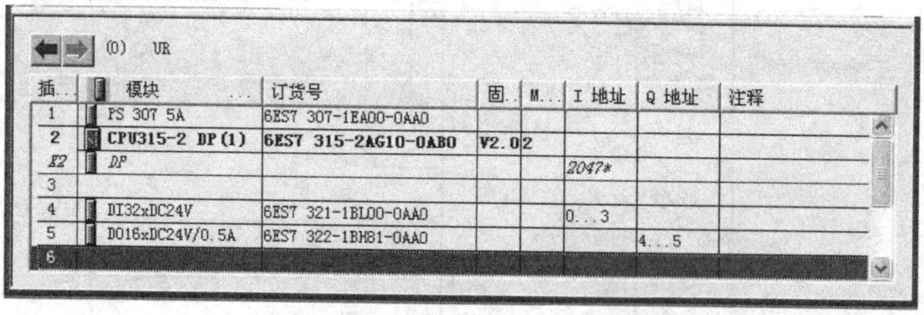

插	模块	...	订货号	固..	M..	I 地址	Q 地址	注释
1	PS 307 5A		6ES7 307-1EA00-0AA0					
2	CPU315-2 DP (1)		6ES7 315-2AG10-0AB0	V2.0	2			
E2	DP					2047*		
3								
4	DI32xDC24V		6ES7 321-1BL00-0AA0			0...3		
5	DO16xDC24V/0.5A		6ES7 322-1BH81-0AA0				4...5	
6								

图 7-32　机械手控制系统硬件配置图

3. 编辑符号表

选择 "S7 机械手" 项目的 "S7 程序（1）" 文件夹，双击 "符号" 图标，打开符号编辑器，按图 7-33 所示编辑符号表。

4. 程序设计

项目名称为 "S7 机械手"，在主程序 OB1 中，用调用功能（FC）的方式来实现各种工作方式的切换。公用程序 FC1 是无条件调用的供各种工作方式公用的程序。由外部接线图可知，工作方式选择开关是单刀 5 掷开关，同时只能选择一种工作方式。选择手动方式时，调用手动程序 FC2；选择返回原点工作方式时，调用回原点程序 FC4；选择连续、单周期和单步工作方式时，调用程序 FC3。

	状态	符号		地址		数据类型	注释
1		下限位	I	0.1	BOOL	常开
2		上限位	I	0.2	BOOL	常开
3		右限位	I	0.3	BOOL	常开
4		左限位	I	0.4	BOOL	常开
5		上升按钮	I	0.5	BOOL	常开触点
6		左行按钮	I	0.6	BOOL	常开触点
7		松开按钮	I	0.7	BOOL	常开触点
8		下降按钮	I	1.0	BOOL	常开触点
9		右行按钮	I	1.1	BOOL	常开触点
10		夹紧按钮	I	1.2	BOOL	常开触点
11		手动方式按钮	I	2.0	BOOL	常开触点,自锁
12		回原点	I	2.1	BOOL	常开触点,自锁
13		单步方式按钮	I	2.2	BOOL	常开触点,自锁
14		单周期方式按钮	I	2.3	BOOL	常开触点,自锁
15		连续方式按钮	I	2.4	BOOL	常开触点,自锁
16		起动按钮	I	2.6	BOOL	常开触点,自锁
17		停止按钮	I	2.7	BOOL	常开触点,自锁
18		下降输出	Q	4.0	BOOL	1有效,机械手下降
19		夹紧输出	Q	4.1	BOOL	1有效,机械手夹紧工件
20		上升输出	Q	4.2	BOOL	1有效,机械手上升
21		右行输出	Q	4.3	BOOL	1有效,机械手右移
22		左行输出	Q	4.4	BOOL	1有效,机械手左移

图 7-33　机械手控制系统符号表

（1）OB100 中的初始化程序

CPU 进入 RUN 模式的第一个扫描周期，执行图 7-34 所示的组织块 OB100。如果此时原点条件满足，M0.5 状态为 1，为进入单步、单周期和连续工作方式做好准备。如果 M0.5 状态为 0，禁止在单步、单周期和连续工作方式下工作。

OB100："初始化程序"

程序段1: 原点条件

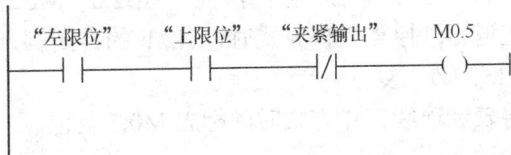

程序段 2: 初始状态

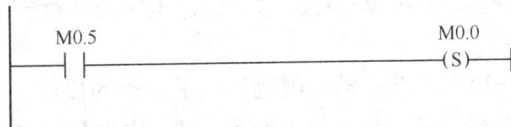

程序段 3: 标题:

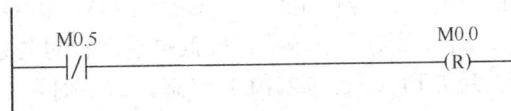

图 7-34　OB100 的 LAD 控制程序

（2）公用程序 FC1

图 7-35 所示的公用程序主要用于工作方式之间相互切换的处理。当系统处于手动工作方式或原点方式时，I2.0 或 I2.1 状态为 1。与 OB100 中的处理相同，如果此时满足原点条件，M0.0 将被置位，反之则复位。

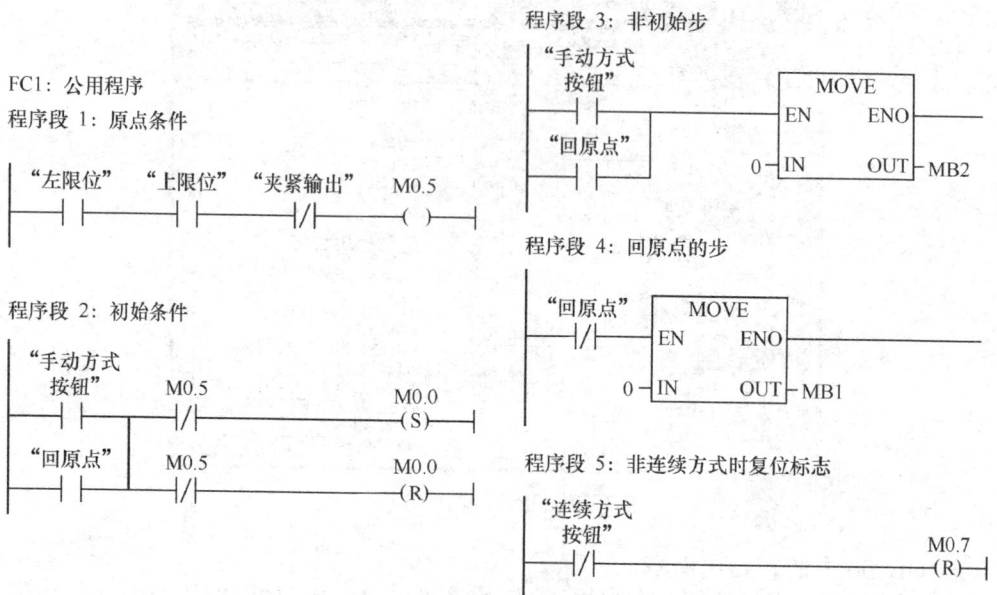

图 7-35 FC1 的 LAD 控制程序

当系统从自动工作方式切换到手动或原点工作方式，然后又返回自动工作方式时，可能会出现同时有两个活动状态的情况，引起错误的动作。为此在手动或回原点工作方式时，用 MOVE 指令将除初始步以外的各步对应的存储器位（MB2.0～MB2.7）复位。

因为同样的原因，在退出回原点工作方式时，（I2.1 的常闭触点闭合），将包含回原点的各步的标志位（MB1.0～MB1.5）复位。

在非连续方式时，将表示连续工作方式时的标志 M0.7 复位。

（3）手动程序 FC2

图 7-36 所示为手动程序 FC2 的梯形图，手动操作时用 I0.5～I1.2 对应的 6 个按钮控制机械手的升、降、左行、右行、夹紧和松开。为了保证系统的运行安全，在手动程序中设置了一些必要的联锁。

① 用限位开关 I0.1～I0.4 的常开触点限制机械手运动的极限位置。

② 设置上升与下降之间、左行与右行之间的互锁，用来防止功能相反的两个输出的状态同时为 1。

③ 上限位开关 I0.2 的常开触点与控制左行、右行的 Q4.4 和 Q4.3 的线圈串联，机械手升到最高位置才能左、右移动，以防止机械手在较低位置运行时与别的物体碰撞。

④ 机械手在最左边或最右边（I0.3 或 I0.4 状态为 1）时，才允许松开工件、上升和下降。

FC2: 手动程序

程序段 1: 夹紧

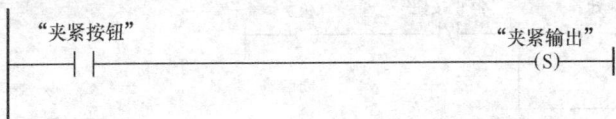

程序段 2: 松开

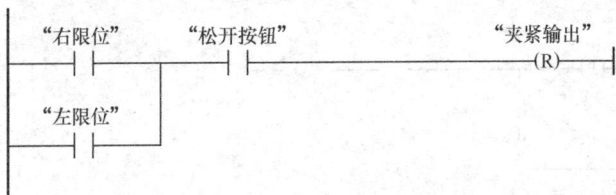

程序段 3: 上升、下降

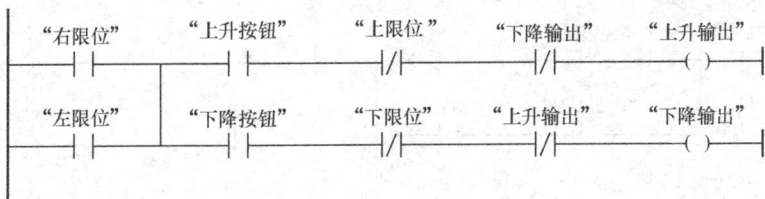

程序段 4: 左行

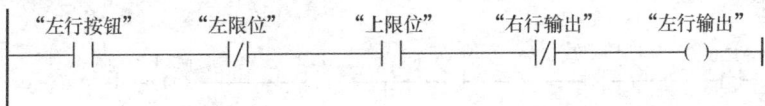

程序段 5: 右行

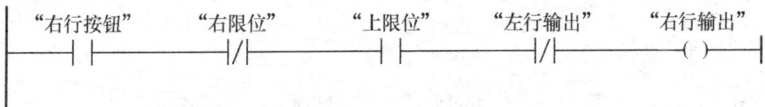

图 7-36　FC2 的 LAD 控制程序

（4）单周期、连续和单步程序 FC3

单周期、连续和单步这 3 种工作方式的控制程序合并在自动程序 FC3 中，如图 7-37 所示。这 3 种工作方式主要是用"连续"标志 M0.7 和"转换允许"标志 M0.6 来区分的。在单周期工作方式时，I2.3 状态为 1。按一次启动按钮，系统只工作一个周期。在连续工作方式时，I2.4 状态为 1。在初始状态按下启动按钮 I2.6，M2.0 状态变为 1，机械手下降。与此同时，控制连续工作的 M0.7 的"线圈"通电并自保持。如果系统处于单步工作方式时，I2.2 状态为 1，它的常闭触点断开，"转换允许"存储位 M0.6 状态在一般情况下为 0，不允许步与步之间的转换。当按下启动按钮 I2.6 时，M0.6 在 I2.6 的上升沿时的一个扫描周期状态为 1，M0.6 的常开触点接通，系统转换到下一步。

FC3：单周期、连续和单步程序

程序段.1：连续

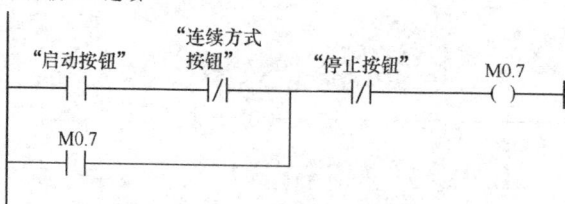

程序段 2：转换允许

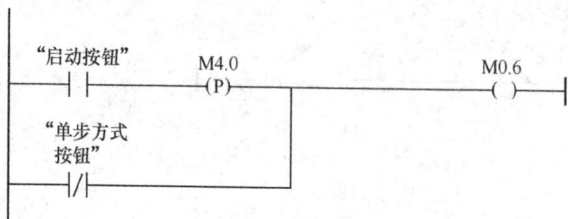

程序段 3：下降

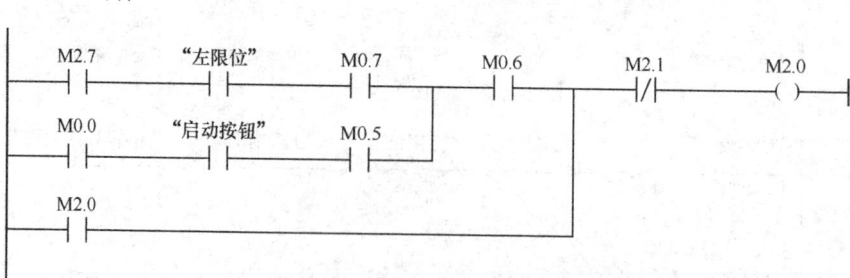

程序段 4：夹紧

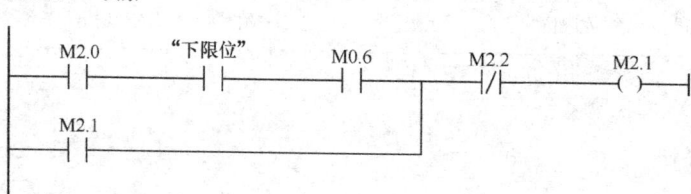

程序段 5：上升

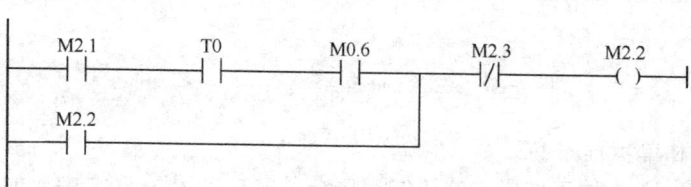

程序段 6：右行

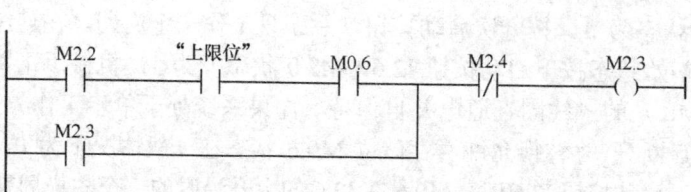

图 7-37　FC3 的 LAD 控制程序

程序段 7：下降

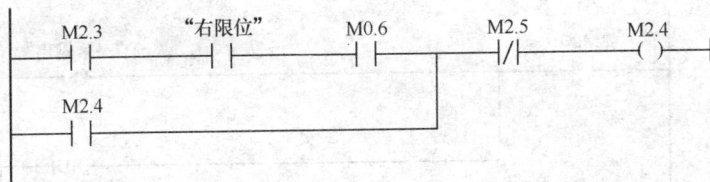

程序段 8：松开

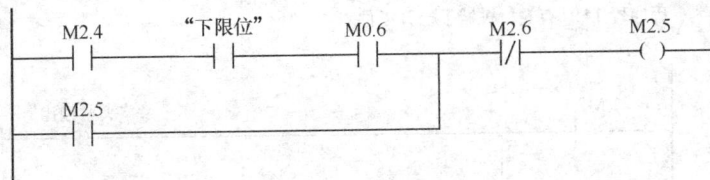

程序段 9：上升

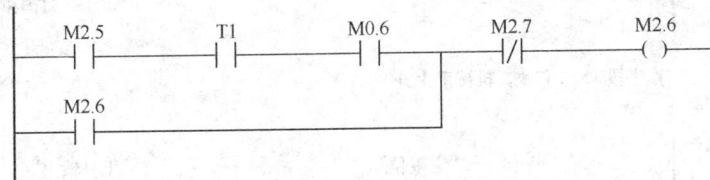

程序段 10：左行

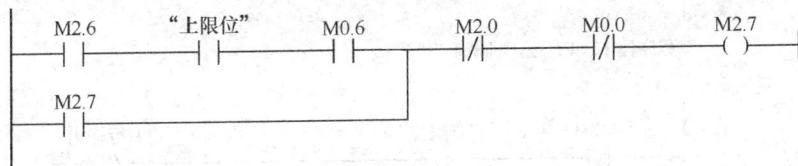

程序段 11：初始

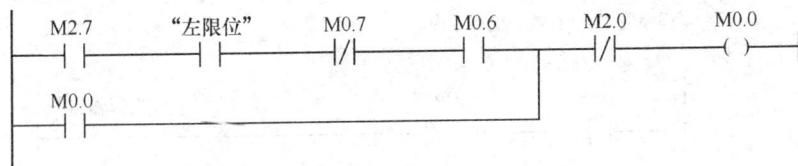

程序段 12:1有效，机械手下降

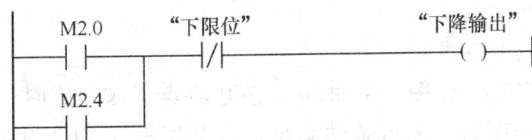

图 7-37　FC3 的 LAD 控制程序（续）

程序段 13：1有效，机械手夹紧工件

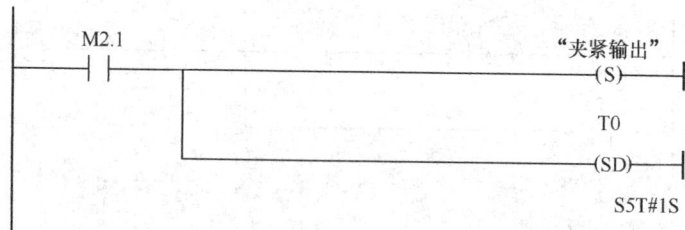

```
        M2.1                                    "夹紧输出"
      ──┤├──────┬──────────────────────────────────(S)───
               │
               │                                    T0
               └──────────────────────────────────(SD)───
                                                  S5T#1S
```

程序段 14：1有效，机械手松开工件

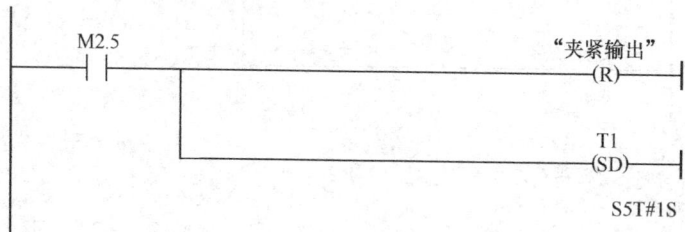

```
        M2.5                                    "夹紧输出"
      ──┤├──────┬──────────────────────────────────(R)───
               │
               │                                    T1
               └──────────────────────────────────(SD)───
                                                  S5T#1S
```

程序段 15：1有效，机械手上升

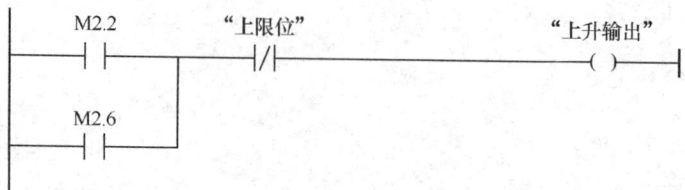

```
        M2.2        "上限位"                    "上升输出"
      ──┤├────┬──────┤/├──────────────────────────( )───
              │
        M2.6  │
      ──┤├────┘
```

程序段 16：1有效，机械手右移

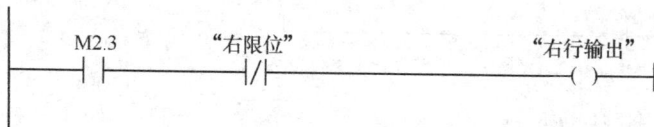

```
        M2.3        "右限位"                    "右行输出"
      ──┤├──────────┤/├──────────────────────────( )───
```

程序段 17：1有效，机械手左移

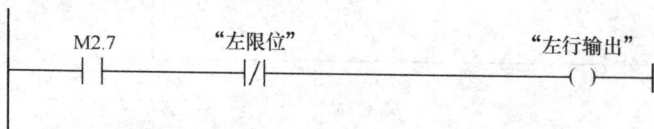

```
        M2.7        "左限位"                    "左行输出"
      ──┤├──────────┤/├──────────────────────────( )───
```

图 7-37 FC3 的 LAD 控制程序（续）

（5）自动返回原点程序 FC4

功能 FC4 实现自动返回原点功能，如图 7-38 所示。在回原点工作方式时，I2.1 状态为 1，调用 FC4。自动返回原点的操作结束后，原点条件满足。在公用程序 FC1 中，M0.5 状态变为 1，M0.0 被复位，为进入单周期、连续和单步工作方式做好准备。

FC4: 自动返回原点程序
程序段 1: 上升

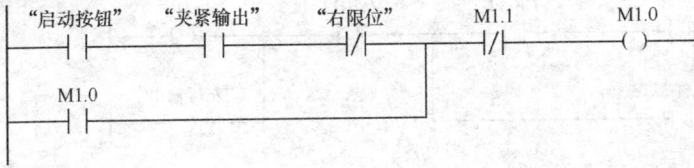

程序段 2: 右行

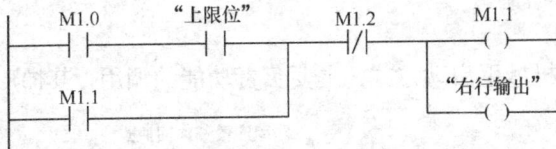

程序段 3: 下降

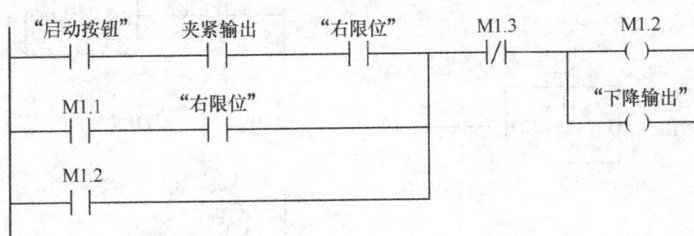

程序段 4: 上升

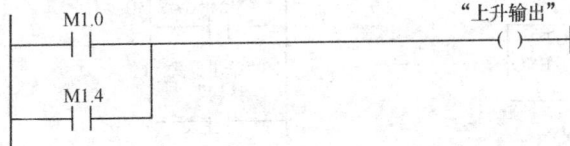

程序段 5: 松开

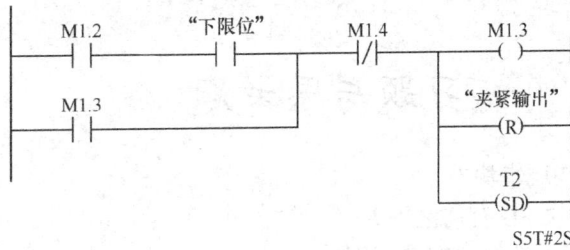

程序段 6: 上升

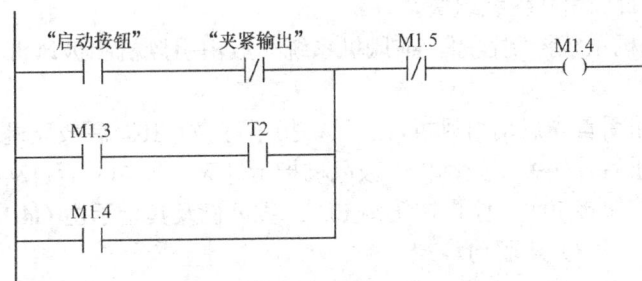

图 7-38 FC4 的 LAD 控制程序

程序段 7：上升

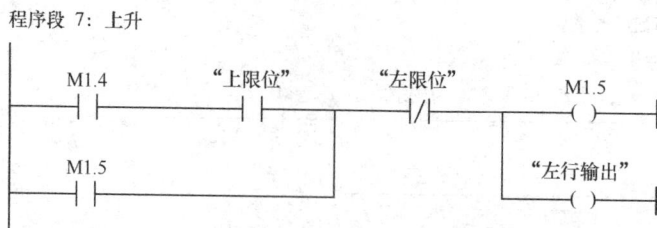

图 7-38 FC4 的 LAD 控制程序（续）

（6）主程序 OB1

主程序 OB1 用于设定机械手启动方式，主要负责功能的调用，其梯形图如图 7-39 所示。

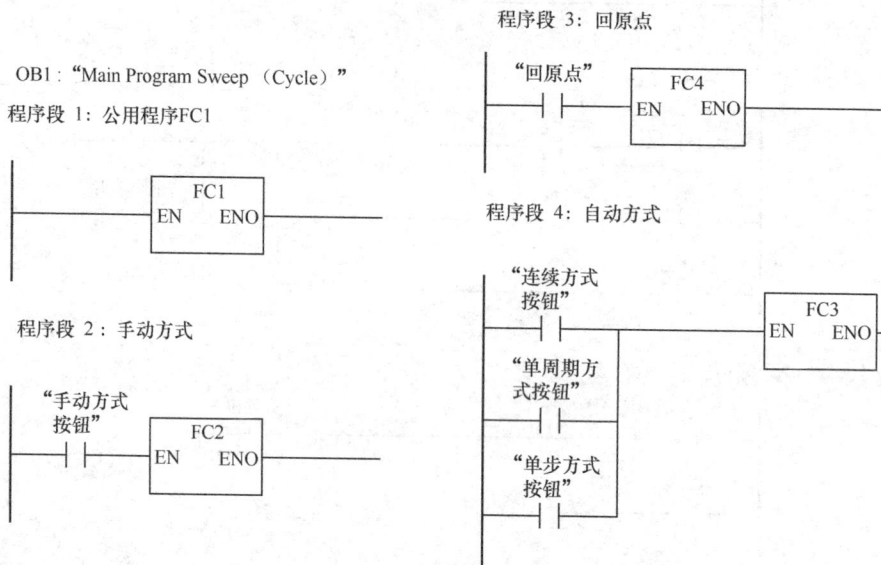

图 7-39 OB1 的 LAD 控制程序

习题与思考题

7-1 STEP 7 中有哪些逻辑块？

7-2 功能 FC 和功能块 FB 有何区别？

7-3 共享数据块和背景数据块有何区别？

7-4 组织块可否调用其他组织块？

7-5 设计鼓风机系统控制程序。鼓风机系统一般由引风机和鼓风机两级构成。控制要求为：

①按下启动按钮后首先启动引风机，引风机指示灯亮，10s 后鼓风机自动启动，鼓风机指示灯亮；按下按钮后首先关断鼓风机，鼓风机指示灯灭，经 20s 后自动关断引风机和引风机指示灯。②启动按钮接 I0.0，停止按钮接 I0.1。鼓风机及其指示由 Q4.1 和 Q4.2 驱动，引风机及其指示由 Q4.3 和 Q4.4 驱动。

7-6 某设备有 3 台风机，当设备处于运行状态时，如果有 2 台或 2 台以上风机工作，则指示灯常亮，指示"正常"；如果仅有 1 台风机工作，则该指示灯以 0.5Hz 的频率闪烁，指示"一级报警"；如果没有风机工作了，则指示灯以 2Hz 的频率闪烁，指示"严重警报"。当设备不运转时，指示灯不亮。试用 STL 及 LAD 编写符合要求的控制程序。

提示：本题要点是如何实现"一灯多用"功能。指示灯 H1 指示了正常、一级报警、严重警报和设备停止 4 种状态。

7-7　某自动生产线上，使用有轨小车来运转工序之间的物件，小车的驱动采用电动机拖动，其行驶示意图如题图 7-1 所示。

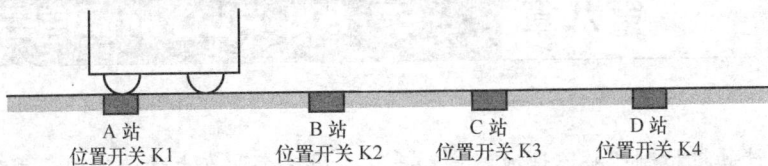

题图 7-1

控制过程为：①小车从 A 站出发驶向 B 站，抵达后，立即返回 A 站；②接着直向 C 站驶去，到达后立即返回 A 站；③第三次出发一直驶向 D 站，到达后返回 A 站；④必要时，小车按上述要求出发三次运行一个周期后能停下来；⑤根据需要，小车能重复上述过程，不停地运行下去，直到按下停止按钮为止。要求：按 PLC 控制系统设计的步骤进行完整的设计。

第八章　S7-300 PLC 的通信与网络

近年来，计算机控制已被迅速地推广和普及，很多企业在大量地使用各式各样的可编程设备，如工业控制计算机、PLC、变频器、机器人、数控加工中心、柔性制造系统等。有的企业已实现了全车间或全厂的综合自动化，将不同厂家的可编程设备连接到多层网络上，相互之间进行数据通信，实现集中管理和分散控制。因此，通信与网络已经成为控制系统不可缺少的重要组成部分，也是控制系统设计和维护的重点和难点之一。

本章首先介绍有关数字通信的知识，然后结合具体实例介绍 S7-300 的各种通信网络和通信功能。

第一节　数据通信

一、数据通信的概念

通常把具有一定的编码、格式和位长要求的数字信号称为数据信息。数据通信就是将数据信息通过适当的传送线路从一台机器传送到另一台机器。这里的机器可以是计算机、PLC或具有数据通信功能的其他数字设备。

数据通信系统的任务是把地理位置不同的计算机和 PLC 及其他数字设备连接起来，高效率地完成数据的传送、信息交换和通信处理三项任务。

数据通信系统一般由传送设备、传送控制设备、传送协议、通信软件等组成。

二、数据传送方式

计算机的数据传送共有两种方式：并行数据传送和串行数据传送。

并行数据传送的特点：各数据位同时传送，传送速率快、效率高。但有多少数据位就需多少根数据线，因此传送成本高。在集成电路芯片的内部、同一插件板上各部件之间、同一机箱内各插件板之间等的数据传送都是并行的，如图 8-1 所示。并行数据传送的距离通常小于 30m。

串行数据传送的特点：数据传送按位顺序进行，最少只需一根传输线即可完成，成本低，但速率慢。计算机与远程终端或终端与终端之间的数据传送通常都是串行的。串行数据传送的距离可以从几米到几千千米，如图 8-2 所示。

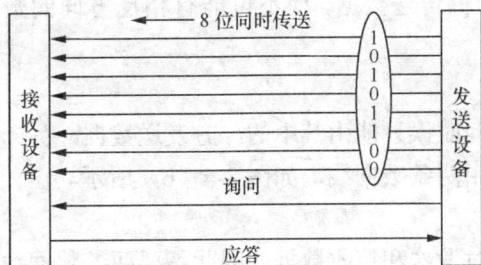

图 8-1　并行数据传送

图 8-2　串行数据传送

三、串行通信

1. 串行通信的方式

串行数据传送又分为异步传送和同步传送两种方式。

异步通信是指以字符（帧）为单位传送数据。异步串行通信字符信息格式如图 8-3（a）所示，发送的字符由 1 个起始位、7 个或 8 个数据位、1 个奇偶校验位（可以没有）和停止位（一位或两位）组成。用起始位和停止位标识每个字符的开始和结束，两次传送时间间隔不固定。通信双方需对采用的信息格式和数据的传输速率做相同的约定。异步通信的缺点是传送附加的非有效信息较多，传输速率较低，但是随着通信速率的提高，可以满足控制系统通信的要求，PLC 一般采用异步通信。

为了提高速度，去掉这些标志位，就是同步通信。同步通信中，在数据开始传送前用同步字符来指示（常约定 1～2 个），并由时钟来实现发送端和接收端同步，即检测到规定的同步字符后，下面就连续按顺序传送数据，直到通信告一段落。同步传送时，字符与字符之间没有间隙，也不用起始位和停止位，仅在数据块开始时用同步字符 SYNC 来指示，如图 8-3（b）所示。

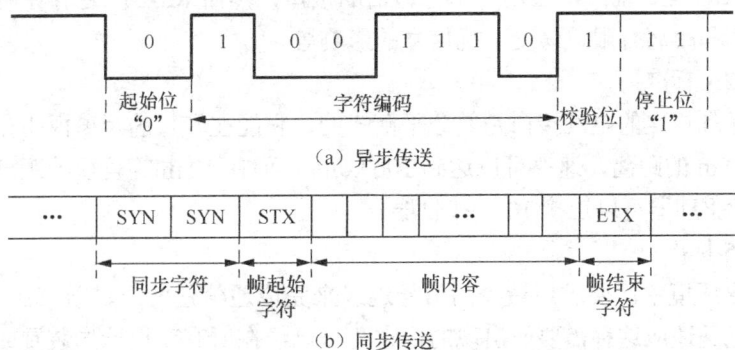

（a）异步传送

（b）同步传送

图 8-3　串行通信传送方式

2. 串行通信的数据通路形式

串行通信共有以下几种数据通路形式。

（1）单工形式

单工形式的数据传送是单向的。通信双方中一方固定为发送端，另一方则固定为接收端。该数据通信只需要一条数据线，如图 8-4（a）所示。例如，计算机与打印机之间的串行通信就是单工形式，因为只能由计算机向打印机传送数据，而不可能有相反方向的数据传送。

（2）半双工形式

半双工形式的数据传送也是双向的。但在任何时候只能由其中的一方发送数据，另一方接收数据。因此只需要一条数据线，但也可以采用两条数据线，如图 8-4（b）所示。

（3）全双工形式

全双工形式的数据传送是双向的，且可以同时发送和接收数据，因此需要两条数据线，如图 8-4（c）所示。A 端和 B 端双方都可以一面发送数据，一面接收数据。

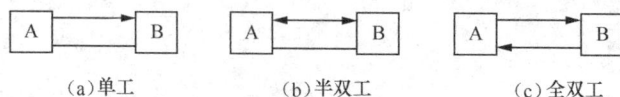

(a)单工　　　　　　(b)半双工　　　　　　(c)全双工

图 8-4　数据通路形式

3. 串行通信接口标准

（1）RS-232C 串行接口标准

RS-232C 既是一种协议标准，又是一种电气标准。PLC 与上位计算机之间是通过 RS-232C 标准接口来实现的。

RS-232C 的标准接插件是 9 针和 25 针的 DB 型连接器，工业控制中 9 针的连接器用得较多。当通信距离较近时，通信双方可以直接连接，最简单的通信只需要 3 根线（发送线、接收线和信号地线）便可以实现全双工异步串行通信。RS-232C 采用负逻辑，规定逻辑"1"电平在-15～-5 V 范围内，逻辑"0"电平在＋5～＋15 V 范围内。这样在线路上传送的电平可高达±12 V，较之小于＋5 V 的 TTL 电平来说有更强的抗干扰性能。RS-232C 最大传送距离为 15 m，最高传输速率为 20 kbit/s，只能进行一对一的通信。

尽管 RS-232C 是目前广泛应用的串行通信的接口，然而 RS-232 还存在着一系列不足之处，如传送速率和距离有限、易受干扰信号的影响等。

（2）RS-422A 标准

RS-422A 标准规定的电气接口是差分平衡式的，它能在较长的距离内明显地提高传输速率，例如，1200 m 的距离，速率可以达到 100 kbit/s，而在 12 m 等较短的距离内则可提高到 10 Mbit/s。一台驱动器可以连接 10 台接收器。

（3）RS-485 标准

在许多工业环境中，要求用最少的信号连线来完成通信任务。目前广泛应用的 RS-485 串行接口总线正是适应这种需要而出现的，它几乎已经在所有新设计的装置或仪表中出现。RS-485 实际上是 RS-422A 的简化变形，它与 RS-422A 的不同之处在于：RS-422A 支持全双工通信，RS-485 仅支持半双工通信。使用 RS-485 通信接口和双绞线可以组成串行通信网络，构成分布式系统，总线上最多可以有 32 个站。RS-485 串行口在 PLC 局域网中应用很普遍，如西门子 S7 系列 PLC 采用的就是 RS-485 串行口。

四、网络通信协议

在计算机通信网络中，对所有通信设备或站点来说，它们都要共享网络中的资源。但是由于接到网上的设备或计算机可能出自不同的生产厂家，型号也不尽相同，硬件和软件上的差异给通信带来障碍。所以，一个计算机通信网络必须有一套全网"成员"共同遵守的约定，以便实现彼此通信和资源共享，通常把这种约定称为网络协议。

国际标准化组织 ISO 提出了开放系统互连模型 OSI，作为通信网络的国际标准化的参考模型，它详细描述了通信功能的 7 个层次，如图 8-5 所示。

OSI 按系统功能分为 7 层，每层都有相对的独立功能，相对的两层之间有清晰的接口，因而系统层次分明，便于设计、实现和修改补充。OSI 模型的低四层对用户数据进行可靠的透明传输，另外的高三层分别对数据进行分析、解释、转换和利用。发送方传送给接收方的数据，实际上是经过发送方各层从上到下传递到物理层，通过物理媒体传输到接收方后，再经过从下到上各层的传递，最后到达接收方的应用程序。

图 8-5　开放系统互连模型

1. 物理层

物理层是通信网上各设备之间的物理接口，直接把数据从一台设备传送到另一台设备。物理层的下面是物理媒体，物理层定义了传输媒体的 4 个特性。

① 机械特性：规定了连接器或插件的规格和安装。

② 电气特性：规定了传输线上数字信号的电平、传输距离和传输速率等。

③ 功能特性：定义了连接器内各插脚的功能。

④ 过程特性：规定了信号之间的时序关系，以便正确地发送数据和接收数据。

2. 数据链路层

数据链路层保证物理链路的可靠性，并提供建立和释放链路的方法，它把发送的数据组成帧，进行差错控制和介质访问控制。

3. 网络层

网络层的主要功能是报文包的分段、报文包阻塞的处理和通信子网中路径的选择。

4. 传输层

传输层的信息传送单位是报文（Message），它的主要功能是流量控制、差错控制、连接支持，传输层向上一层提供一个可靠的端到端的数据传送服务。

5. 会话层

会话层的功能是支持通信管理和实现最终用户应用进程之间的同步，按正确的顺序收发数据，进行各种对话。

6. 表示层

表示层用于应用层信息内容的形式交换，例如，数据加密/解密、信息压缩/解压和数据兼容，把应用层提供的信息变成能够共同理解的形式。

7. 应用层

应用层为 OSI 的最高层，为用户的应用服务提供信息交换，为应用接口提供操作标准。

不是所有的通信协议都需要 OSI 参考模型中的全部 7 层，例如，有的现场总线通信协议值采用了 7 层协议中的第 1 层、第 2 层和第 7 层。

五、工业局域网

计算机网络是指将地理位置不同且具有独立功能的多个计算机系统连接起来，由功能完善的网络软件实现网络资源共享。计算机网络由计算机系统、通信链路和网络节点组成。

按所覆盖的地域范围大小，即通信距离远近，计算机网络可分为远程网、局域网和分布式多处理机三类。

决定局域网络特性的主要技术有：用以传输数据的传输介质，用以连接各种设备的拓扑结构，用以共享资源的介质访问控制方法。

1. 拓扑结构

网络中各节点之间连接方式的几何抽象称为网络拓扑（Topology）。

局域网的拓扑结构通常有 3 种类型：星型、环型和总线型，如图 8-6 所示。

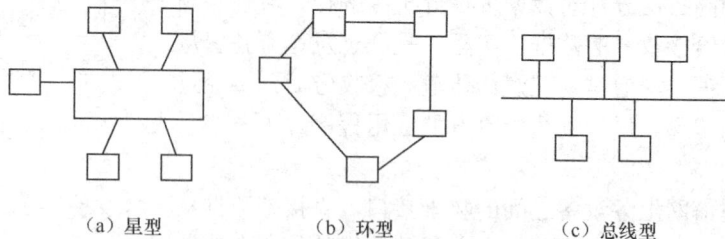

| （a）星型 | （b）环型 | （c）总线型 |

图 8-6　网络拓扑结构图

2. 介质访问控制技术

介质访问控制是指对网络通道占有权的管理和控制。局域网络上的信息交换方式有两种：一种是线路交换，有固定的物理通道，如电话系统；还有一种是"报文交换"或"包交换"，无固定的物理通道。如果某节点出现故障，则通过其他通道把数据组送到目的节点。有些像传递邮包或电报的方式。

3. 局域网络（LAN）协议

LAN 的地理范围较小，一般只有 100～250 m，是得到广泛使用的一种网络技术。LAN 采用总线型或环型拓扑结构，没有中间交换点，不需要选择路径。

第二节　西门子 PLC 的通信网络

一、西门子 PLC 网络概述

西门子 PLC 网络结构示意图如图 8-7 所示。为了满足在单元层和现场层的不同要求，西门子公司提供了下列网络。

（1）MPI 网络

MPI 网络可用于单元层，它是 SIMATIC S7 和 C7 的点接口。MPI 本质上是一个 PG 接口，它被设计用来连接 PG 和 OP。MPI 网络智能用于连接少量的 CPU。

（2）工业以太网

工业以太网是一个开放的用于工厂管理和单元层的通信系统。它被设计为对时间要求不严格，用于传输大量数据的通信系统，可以通过网关设备来连接远程网络。

（3）工业现场总线

工业现场总线是开放的用于单元层和现场层的通信系统。有两个版本：对时间要求不严格的 PROFIBUS，用于连接单元层上对等的智能接点；对时间要求严格的 PROFIBUS DP，用于智能主机和现场设备之间的循环的数据交换。

（4）点到点连接

点到点连接通常用于对时间要求不严格的数据交换，可以连接两个站或 OP、打印机、条码扫描器、磁卡阅读机等。

（5）ASI（执行器—传感器—接口）

ASI 是位于自动控制系统最底层的网络，可以将二进制传感器和执行器连接到网络上。

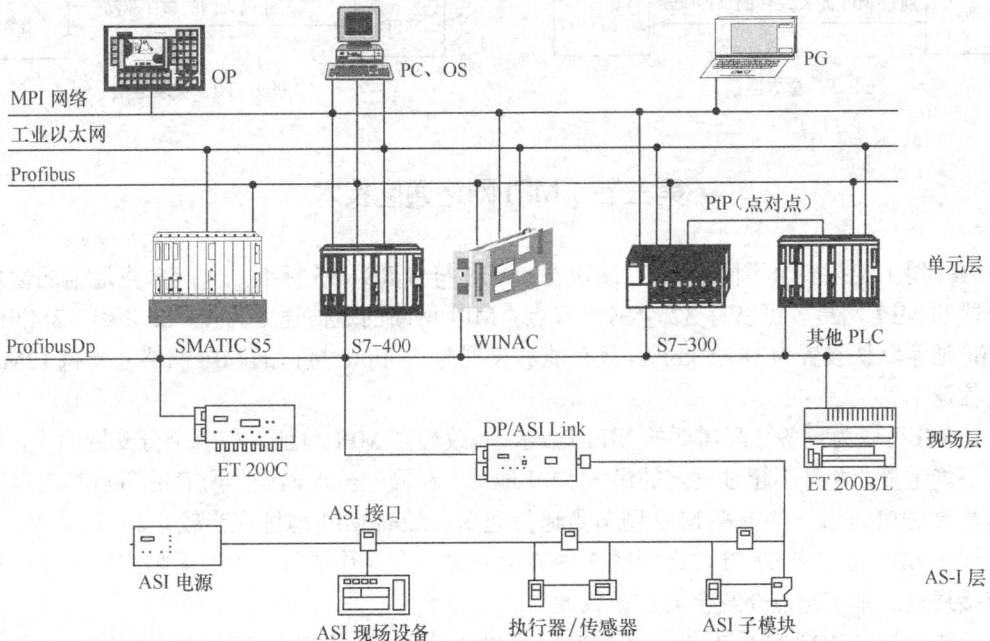

图 8-7 西门子 PLC 网络

二、网络通信方法

1. 全局数据通信

全局数据通信连接示意图如图 8-8 所示。这种通信方法通过 MPI 在 CPU 间循环地交换数据，而不需要编程。当过程映像被刷新时，在循环扫描检测点上进行数据交换。全局数据可以是输入、输出、标志位、定时器、计数器和数据块区。数据通信不需要编程，不需要 CPU的连接，而是利用全局数据表来配置。

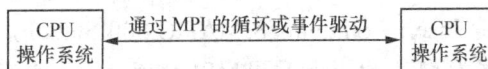

图 8-8 全局数据通信连接

2. 基本通信（非配置连接通信）

基本通信连接示意图如图 8-9 所示。这种通信方法可用于所有 S7-300/400 CPU，它通过 MPI 子网或站中的 K 总线来传送数据。最大用户数据量为 76B。当系统功能被调用时，通信连接被动态地建立和断开。在 CPU 上需要有一个自由的连接。

3. 扩展通信（配置连接通信）

扩展通信连接示意图如图 8-10 所示。这种通信方法可用于所有的 S7-400 CPU。通过任何子网（MPI、Profibus、Industrial Ethernet）可以传送最多 64KB 的数据。它是通过系统功能块（SFB）来实现的，支持有应答的通信。数据也可以读出或写入到 S7-300（PUT/GET 块）。不仅可以传送数据，而且可以执行控制功能，如控制通信对象的启动和停机。这种通信方法需要配置连接（连接表）。该连接在一个站的全启动时建立并且一直保持。在 CPU 上需要有自由的连接。

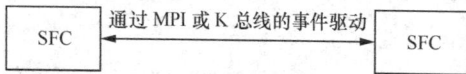

图 8-9 基本通信

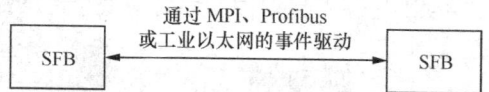

图 8-10 扩展通信

第三节 MPI 网络通信技术

MPI 用于连接多个不同的 CPU 或设备。MPI 符合 RS-485 标准，具有多点通信的性质。不分段的 MPI 网最多可以有 32 个网络节点。MPI 网络的通信速率为 19.2kbit/s～12Mbit/s，S7-300 通常默认设置为 187.5 kbit/s。只有能够设置为 Profibus 接口的 MPI 网络才支持 12Mbit/s 的通信速率。

用 PG 可以为设备分配需要的 MPI 地址，修改最高 MPI 地址。在一个分支网络中，MPI 地址不能重复，并且不超过设定的最大 MPI 地址；在同一分支网中，所有的节点都应设置相同的最高 MPI 地址；为提高 MPI 网节点通信速率，最高 MPI 地址应当较小。

通过 MPI 可实现 S7 PLC 之间的 3 种通信方式：全局数据包通信、无阻态连接通信和阻态连接通信。本节重点介绍全局数据包通信。

全局数据（GD）通信方式是以 MPI 分支网为基础而设计的。在 MPI 分支网上实现全局数据共享的两个或多个 CPU 中，至少有一个是数据的发送方，有一个或多个是数据的接收方。发送或接收的数据称为全局数据，或称为全局数。在 SIMATIC S7 中，利用全局数据可以建立分步式 PLC 间的通信联系，而不需要在用户程序中编写任何语句，只需利用组态进行适当配置，将需要交换的数据存在一个配置表中，但是它只能用来循环地交换少量数据。S7 程序中的功能块（FB）、功能（FC）、组织块（OB）都能用绝对地址或符号地址来访问全局数据。最多可以在一个项目中的 15 个 CPU 之间建立全局数据通信。

下面通过实例来介绍如何通过 MPI 网络配置，实现两个 CPU 315-2 DP 之间的全局数据通信。

1. 生成 MPI 硬件工作站

打开 STEP 7 编程软件，首先建一个 S7 项目，并命名为"全局数据"。选中"全局数据"项目名，然后执行菜单命令 Insert Station SIMATIC 300 Station，在此项目下插入两个 S7-300 的 PLC 站，分别重命名为 MPI_Station(1) 和 MPI_Station(2)。通过属性设置，完成两个 PLC

站的硬件组态，配置 MPI 地址和通信速率，在本例中 MPI 地址分别设置为 2 号和 4 号，通信速率为 187.5kbit/s。完成后单击 按钮，保存并编译硬件组态。最后将硬件组态数据下载到 CPU 中。图 8-11 所示为在 NetPro 中组态好的 MPI 网络。

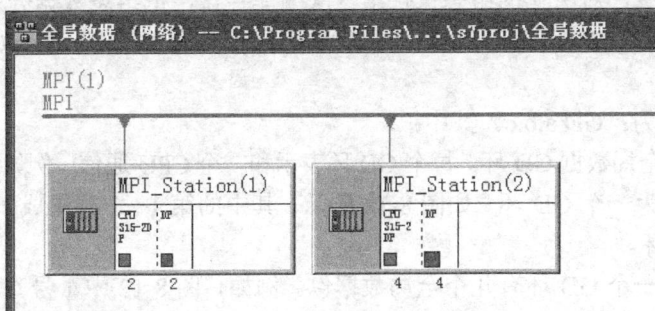

图 8-11　组态的 MPI 网络

2. 连接网络

用 PROFIBUS 电缆连接 MPI 节点。接着就可以与所有 CPU 建立在线连接。可以用 SIMATIC 管理器中的"可访问的节点"功能来测试它。

3. 生成全局数据表

单击项目名"全局数据"后出现 MPI_Station(1)、 MPI_Station(2) 和 MPI(1) 图标，双击 MPI(1) 图标，进入 NetPro 组态画面，如图 8-11 所示。如果 MPI 地址设置没有冲突，可单击工具按钮 进行编译检查，并创建系统数据，编译通过后才能定义全局数据。最后将配置数据下载到 CPU 中。

用鼠标右键单击图 8-11 中的 MPI 网络线，选择菜单命令定义全局数据，进入全局数据组态画面，如图 8-12 所示。

	全局数据(GD) ID	MPI(1)\ CPU315-2 DP	MPI(2)\ CPU 315-2 DP
1	GD 1.1.1	>DB1.DBB0:20	DB1.DBB0:20
2	GD 1.2.1	MB0:20	>MB0:20
3	GD 2.1.1	>MB0	MB0
4	GD 2.1.2	>MW2	MW2
5	GD 2.1.3	>MW4:2	MW4:2
6	GD 2.1.4	>DB1.DBW0	DB1.DBW0
7	GD		

图 8-12　全局数据组态

双击 GD ID 右边的灰色区域，从弹出的对话框内选择需要通信的 CPU。CPU 栏共有 15 列，这就意味着最多有 15 个 CPU 能够参与通信。

在每个 CPU 栏底下填上数据的发送区和接收区，例如，MPI_Station（1）站 CPU315-2 DP 的发送区为 DB1.DBB0～DB1.DBB19，可以填写为 DB1.DBB0:20，然后单击工具按钮 ，选择 MPI_Station（1）作为发送站。

而 MPI_Station（2）站 CPU315-2 DP 的接收区为 DB1.DBB0～DB1.DBB19，可以填写为 DB1.DBB0:20，并自动设为接收区。

单击工具按钮🔲，对所作的组态执行第一次编译存盘，把组态数据分别下载到 CPU 中，这样数据就可以相互交换了。编译以后，每行通信区都会有 GD ID 号，如图 8-12 中第一列所示。

GD ID 的格式为：GD a.b.c。其中：

"a" 数字表示全局数据 GD 环，每个 GD 环表示和一个 CPU 通信。例如，两个 S7-300 CPU 通信，发送与接收为一个 GD 环。如图 8-12 所示，其中的第 1～2 行组成一个 GD 环；第 3～6 行组成一个 GD 环。

"b" 数字表示一个 GD 环有几个全局数据包。例如，图 8-12 中 1 号 GD 环包含发送和接收，所以有两个数据包；2 号 GD 环只有发送（对于 MPI_Station(1)），所以只有一个数据包。

"c" 数字表示一个数据包的数据个数。例如，图 8-12 中的 2 号 GD 环内，MPI_Station(1) 发送 4 组数据到 MPI_Station(2)，组成一个数据包，所以 1 号数据包有 4 组数据。

对于 S7-300 PLC 而言，一个 CPU 可包含 4 个全局数据环，每个全局数据环中一个 CPU 最多只能发送和接收一个数据包，每一个数据包中最多可包含 22 个数据字节。

4. 定义扫描速率和状态信息

第一次编译后，生成了全局数据环和数据包。接着可以为每个数据包定义不同的扫描速率（Scan Rate）以及存储状态信息的地址。然后必须再次编译，使扫描速率及状态信息存储地址等包含在配置数据中。

执行菜单命令"查看"→"扫描速率"，可以设置扫描速率和状态字地址。图 8-13 中 SR 为扫描速率（1～255），如 SR1.1 为 8，表示发送更新时间为 8×CPU 循环时间。S7-300 默认的扫描速率是 8，用户可以修改默认的扫描速率。

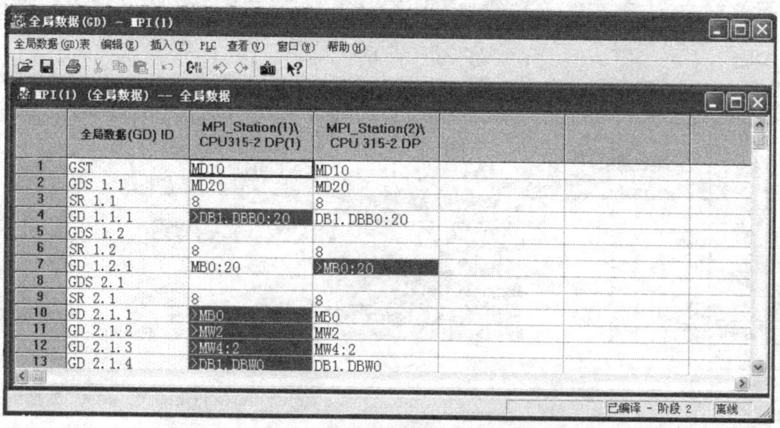

图 8-13 扫描速率和状态信息

如果想检查数据是否已被正确传送，可以给每个数据包定义一个双字来存储状态信息。方法是执行菜单命令"查看"→"全局数据状态"，CPU 的操作系统将把检查信息存在该状态双字中，状态双字的状态将保持不变，直到被用户程序复位。图 8-13 中的 GDS 为每包数据的状态双字，格式见表 8-1。GST 为所有 GDS 相"与"的结果。

表 8-1 　　　　　　　　　　　　　　　状态双字的格式

位　序	说　　明	位　序	说　　明
0	发送区域长度错误	6	发送区与接收区数据对象长度不一致
1	发送区数据块不存在	7	接收区长度错误
3	全局数据包丢失	8	接收区数据块不存在
4	全局数据包语法错误	11	发送方重新启动
5	全局数据包数据对象丢失	31	接收区接收到新数据

设置好扫描速率和状态字的地址以后，应对全局数据表进行第二次编译，使扫描速率和状态字地址包含在配置数据中。第二次编译后，在 CPU 处于 STOP 模式时将配置数据下载到 CPU 中，下载完成后将 CPU 切换到 RUN 模式，各 CPU 之间将开始自动地交换全局数据。

第四节　工业以太网通信技术

Siemens 工业以太网（SIMATIC NET）符合 IEEE802.3 和 IEEE802.11 标准，提供 10Mbit/s 以及 100Mbit/s 快速以太网技术。SIMATIC NET 可以构建多种拓扑结构的通信网络，如星型、总线型、环型。利用 SIMATIC NET 可以为企业提供开放的、适用于工业环境下各种控制级别的不同通信系统。

Siemens 工业以太网提供了两种基本类型：10Mbit/s 以及 100Mbit/s 快速以太网技术。传输介质是屏蔽双绞线（Twisted Pair，TP）、工业屏蔽双绞线（Industrial Twisted Pair，ITP）和光纤。通过 SIMATIC NET 专用的通信处理器（CP），可以非常方便地将企业内部的 PC、现场控制设备如 PLC、现场执行设备 ASI 等无缝集成到一个工业以太网内，加上现场的 PROFIBUS、ASI 网络实现工业自动化的全集成自动化（TIA）。

S7-300 与 S7-300 的工业以太网通信可以组态成双边编程、单边编程等多种形式。本节以两个 CPU315-2 DP 各连接一个 CPU343-1，构建一个小型的工业以太网通信网络，实现双边编程通信。

1. 硬件组态

新建一个工程，取名为 s7ethnet-2cpu300。进入项目管理器，右击项目名称，选择插入新的对象，并插入两个站，如图 8-14 所示。

图 8-14　插入两个 300 站点

（1）组态第一个站

单击图 8-14 框内的第一个站名 SIMATIC300(1)，然后在右边的框内双击硬件，进入硬件组态画面。根据实际安装的硬件订货号,在机架 0 的各个插槽内依次插入电源 PS307 2A、CPU 315-2DP、SM374 DI8/D08×Dd24V/0.5A、CP 343-1、SM334 AI4/A02×8/8bit。

在插入 CPU 315 的时候,会出现询问是否建立 Profibus 网络的对话框,单击"取消"按钮即可。

在插入 CP 343-1 的时候,会出现询问是否建立 Ethernet 网络的对话框,可以直接单击"取消"按钮,等待所有的模块均插入到相应的插槽后再来建立网络、配置网络属性。

配置 CP 模块属性,新建以太网。

双击图 8-15 中的 CP 343-1,如图 8-16 所示,配置其属性。

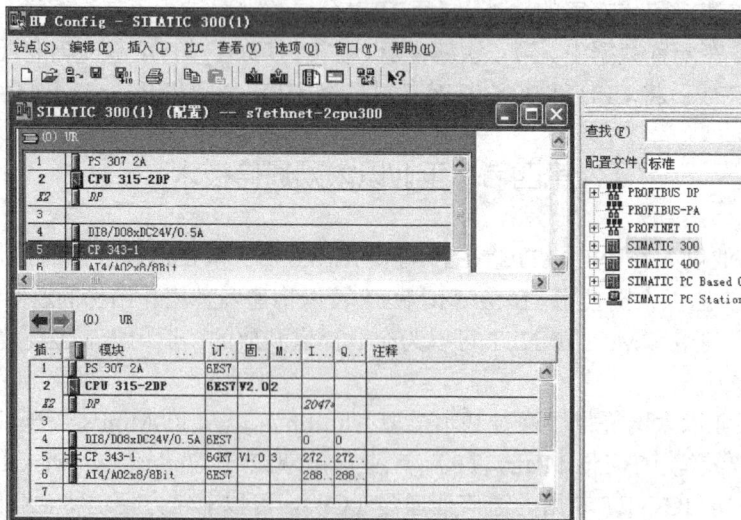

图 8-15　站 1 的硬件组态

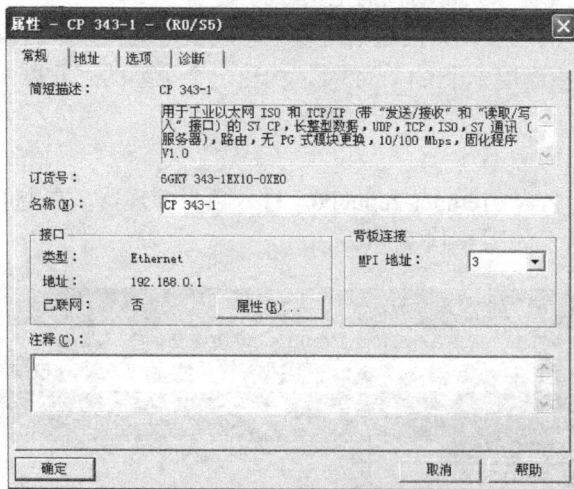

图 8-16　CP 343-1 属性配置(1)

单击"属性"按钮,出现工业以太网组建对话框（设定 IP,新建网络）。可以建立一个新的 Ethernet 连接。输入 IP 地址与子网掩码,如图 8-17 所示。

单击"确定"按钮,回到硬件组态画面。

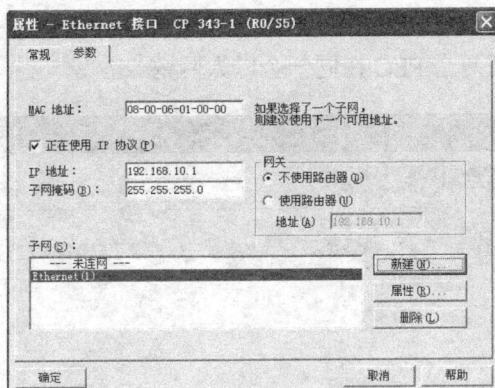

图 8-17 CP 343-1 属性配置(2)

另外，在图 8-16 的"地址"标签内允许修改通信的输入/输出地址，这个地址在编程时还会用到，如图 8-18 所示。这里沿用了系统的默认值 272。

单击"确定"按钮，可以看到图 8-16 中的联网状态由"否"已经变成了"是"。

继续单击"确定"按钮，回到图 8-15。单击菜单栏的编译保存按钮 ▓ 。至此，第一个站的硬件组态完成。

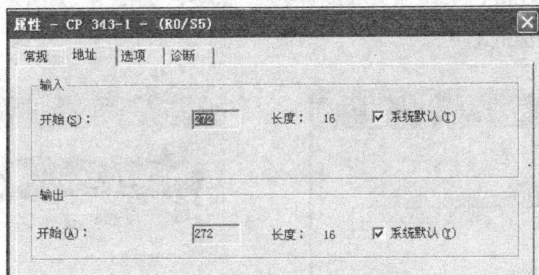

图 8-18 站 1 的 CP 343-1 输入/输出地址

（2）组态第二个站

返回到项目管理器画面，选择第二站，与站 1 的组态过程一样，进行硬件组态，根据实际导轨模块顺序依次插入模块。组态好的界面如图 8-19 所示。站 2 中 CP 343-1 通信的输入/

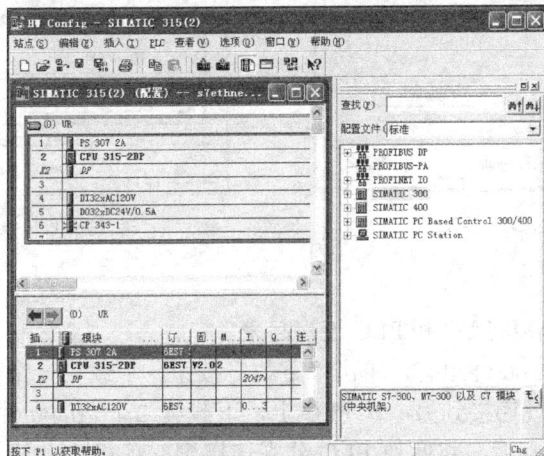

图 8-19 站 2 的硬件组态

输出地址如图 8-20 所示。选择以太网的时候应该选择刚才组态第一个站的时候新建的网络（Ethernet（1）），从而保证两个 PLC 在同一个以太网内。

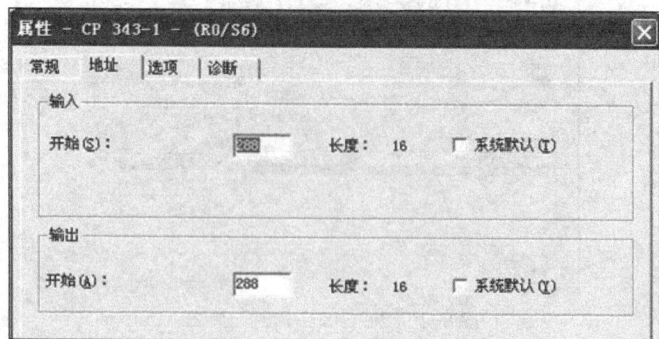

图 8-20 站 2 的 CP 343-1 的输入/输出地址

（3）设置下载的路径

在控制面板内双击 Set PG/PC，单击 PC Adapter（MPI）对应的"属性"按钮，如图 8-21 所示。

选择通信速率 187.5kbit/s 后单击"本地连接"标签，如图 8-22 所示，选择 PC 通信口 COM 口，单击两次"确定"按钮即可。

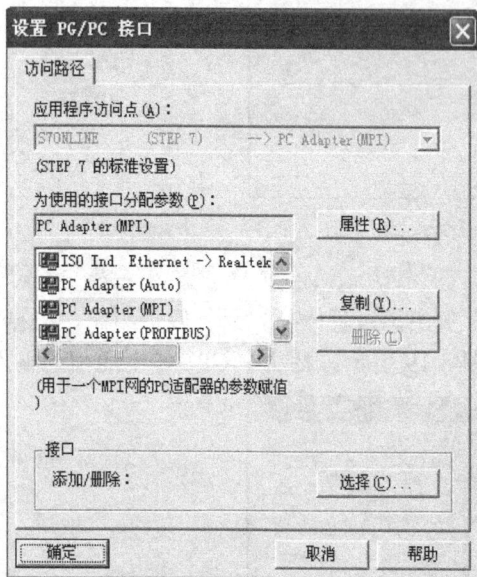

图 8-21 设置 PG/PC 接口

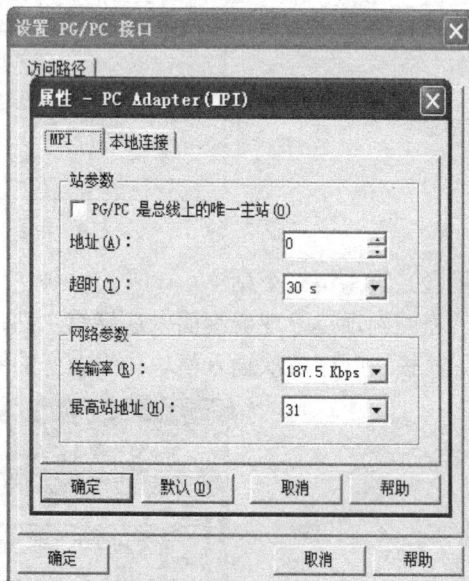

图 8-22 设置通信速率

（4）组态下载

用 S7-300 的下载电缆将 PC 和 PLC 连接起来。

打开进入第一个站的硬件组态，单击"下载"按钮，下载第一个站的硬件组态。下载完一个站后，再把下载电缆连接到另一块 PLC 上，下载第二个站的硬件组态。

成功下载完硬件组态后，将两块 PLC 分别连接到交换机上，同时将 PC 也连接到交换机上。

修改 PC 的 IP 地址，PC 的 IP 设为 192.168.10.100；其中一个站的 IP 为 192.168.10.1，另一个站的 IP 为 192.168.10.2，这样，两个 PLC 与 PC 就处于同一个子网内了。修改后的硬件组态需要重新下载。

在"设置 PG/PC 接口"对话框内，选择下载路径为 PC 支持的网卡，如图 8-23 所示，单击"确定"按钮。

重新打开两个硬件组态对话框，编译保存后单击"下载"按钮，在"选择节点地址"对话框内单击"浏览"按钮，可以搜索到下载目的站的 MAC 地址。

通过以太网用同样的办法下载另一个站的硬件组态，注意选择的 MAC 地址要相符。

如果成功下载了硬件组态，可以看到两个 CPU 上的

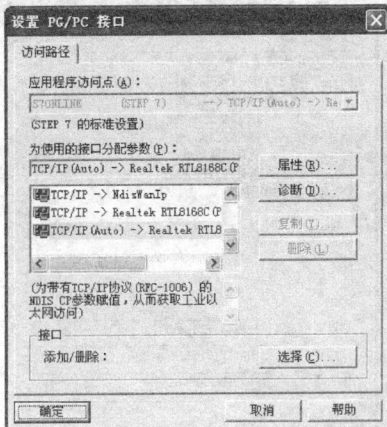

图 8-23　选择下载路径

DC5V、RUN 绿色指示灯亮起（模式开关应拨到 RUN），CP 343-1 的 LINK、RUN 绿色灯亮起，表明硬件组态正确。

（5）建立通信链接通道

为了能够顺利通信，必须在以太网的各个站点之间建立通信连接通道。Siemens 的工业以太网支持的连接主要有 S7Connection、TCP/IP、ISO-ON-TCP 等。

在项目管理器界面下单击组态网络按钮🖳，出现图 8-24 所示的组态界面。

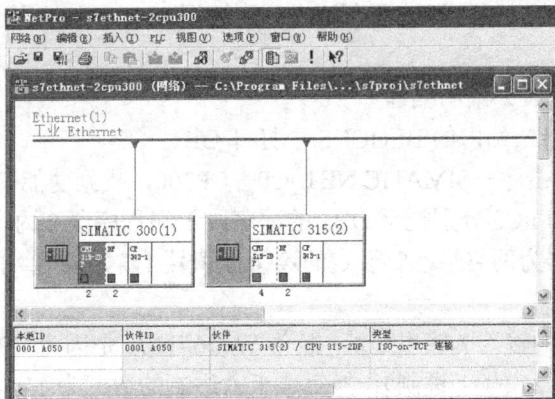

图 8-24　网络组态界面

右击其中一个站的 CPU，在出现的选项中选择"插入新连接"后，如图 8-25 所示。

选择框内的已组态的站点，在"连接类型"域内选择 ISO-on-TCP 连接。单击"确定"按钮，出现图 8-26 所示的"属性-ISO-on-TCP 连接"对话框。

在常规信息标签内，这里需要用户记住连接的标识号（ID），并且选中"激活连接的建立"复选框，单击"确定"按钮，则图 8-24 的下半部分第一行内出现一个连接，这个连接包括 ID 号、通信双方 CPU 的型号、连接的激活状态、连接的类型等信息。

建立好连接后，选择图 8-24 所示第一个站的 CPU，单击"下载"按钮，再选择另一个站的 CPU 下载。

至此，已成功建立一个基于 ISO-on-TCP 连接的小型工业以太网。下面以该以太网为基础通过编程来实现数据的共享和通信。

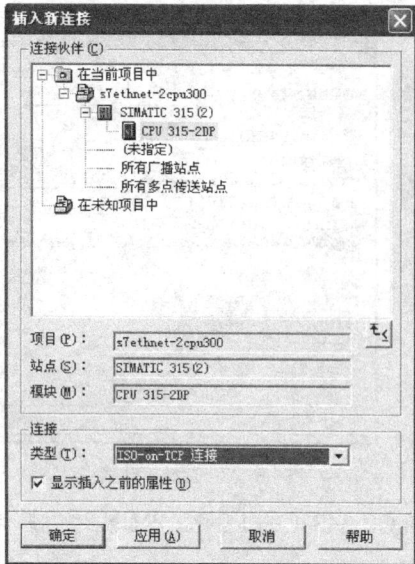

图 8-25　选择组态的站建立新的连接　　　　图 8-26　ISO-on-TCP 属性配置

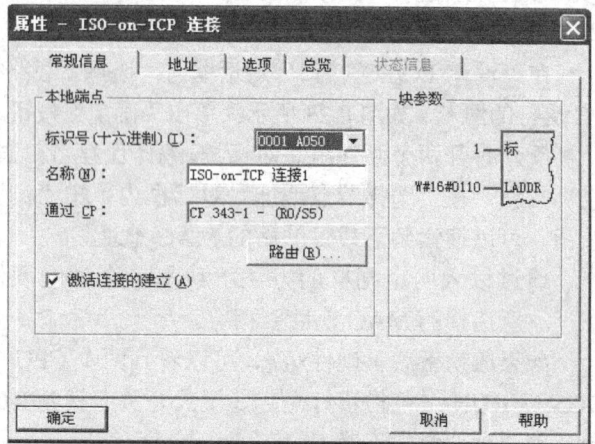

2. 程序编写

S7-300 和 CP 模块基于 ISO-on-TCP 连接的工业以太网通信，需要调用指令库 SIMATIC_NET_CP>CP 300 内的 FC5 和 FC6 功能模块。

本例采用双边编程的方式，即在两个站内分别调用 FC5 和 FC6 接收，并通过变量表进行调试和监控。

（1）SIMATIC 315（1）站的编程

在 SIMATIC 315（1）站内的 BLOCKS 中打开 OB1。

在指令目录树内单击库—SIMATIC NET_CP—CP300，找到功能 FC5 (AG_SEND)和 FC6 (AG RECV)，将 FC5 和 FC6 分别拖至 OB1 的程序段 1 和程序段 2 内，如图 8-27 所示。

其中，ID 端的数据为网络组态时设定的连接标识号 1，如果网络内有多个连接，则标识号不能相同。

LADDR: CP343-1 的输入 / 输出地址；赋值 W#16#110，是因为 CP343-1 在硬件组态时配置的输入 / 输出地址为 272（十进制）；换算成十六进制的数即为 110。

该段程序的功能是：在 M0.7 有效的情况下，PLC 将 SEND 指定的 DBl.DBB0 缓冲区内的数据发送出去；并通过 AG RECV 将 LADDR 指定的通道内数据转存到指定的 QB0 内。

（2）SIMATIC 315（2）站的编程

采用同 SIMATIC 315（1）相同的步骤在本站 OB1 内编写程序，如图 8-28 所示。

本站 CP343-1 的输入 / 输出通道地址为 288，故 LADDR 端赋值 W#16#120。

该段程序的功能是：在 M0.7 有效的情况下，本站发送缓冲区 DBl.DBB0 的数据通过 W#16#120 通道发送出去。另外，通过输入通道将接收到的信号存储在 DB2.DBB0 内。

（3）程序调试和监控

在两个站各自的块内分别创建一个变量表来监控程序的执行。

① 打开 SIMATIC 315 (2)站的变量表，输入监控对象 DBl.DBB0、DB2.DBB0 和 M0.7。

② 打开 SIMATIC 315 (1)站的变量表，输入监控对象 DBl.DBB0 和 QB0。

③ 对 SIMATIC 315 (1)站变量表的 DB1.DBB0 强制输入 W#16#62，如果网络组态正确，则对方的接收区 DB2.DBB0 应该收到该数据。

④ 对 SIMATIC 315 (2)站变量表的 DB1.DBB0 强制输入 W#16#28，如果网络组态正确，则对方的接收区 QB0 应该收到该数据。

单击监控按钮，在图 8-29 中可以观察到 SIMATIC 315 (2)站的 DB2.DBB0 的值变成了 62；SIMATIC315(1)站的 QB0 的值变成了 28，说明通信成功。

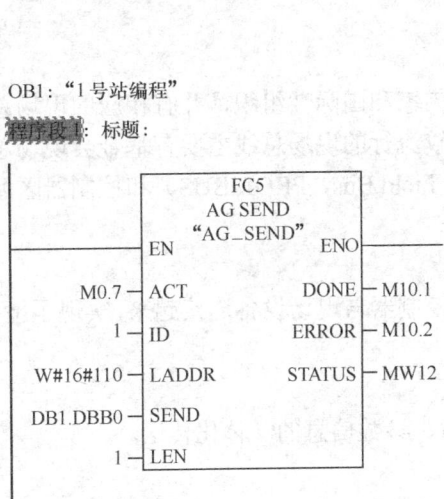

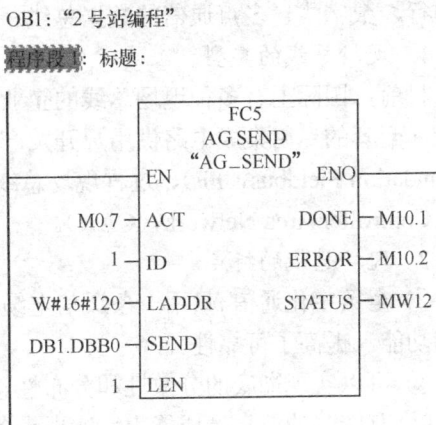

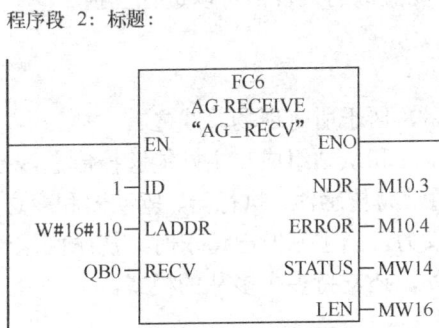

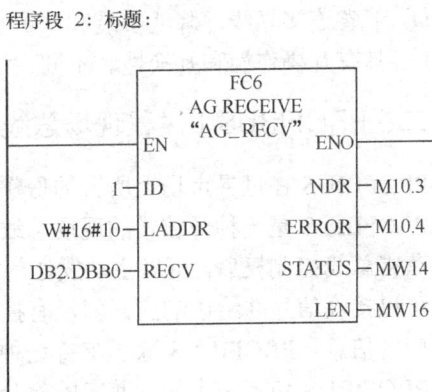

OB1："1 号站编程"

程序段 1：标题：

```
                    FC5
                  AG SEND
                 "AG_SEND"
              EN            ENO
     M0.7 —— ACT           DONE —— M10.1
        1 —— ID           ERROR —— M10.2
 W#16#110 —— LADDR       STATUS —— MW12
 DB1.DBB0 —— SEND
        1 —— LEN
```

程序段 2：标题：

```
                    FC6
                 AG RECEIVE
                 "AG_RECV"
              EN            ENO
        1 —— ID             NDR —— M10.3
 W#16#110 —— LADDR        ERROR —— M10.4
      QB0 —— RECV        STATUS —— MW14
                           LEN —— MW16
```

图 8-27 站 1 的编程

OB1："2 号站编程"

程序段 1：标题：

```
                    FC5
                  AG SEND
                 "AG_SEND"
              EN            ENO
     M0.7 —— ACT           DONE —— M10.1
        1 —— ID           ERROR —— M10.2
 W#16#120 —— LADDR       STATUS —— MW12
 DB1.DBB0 —— SEND
        1 —— LEN
```

程序段 2：标题：

```
                    FC6
                 AG RECEIVE
                 "AG_RECV"
              EN            ENO
        1 —— ID             NDR —— M10.3
  W#16#10 —— LADDR        ERROR —— M10.4
 DB2.DBB0 —— RECV        STATUS —— MW14
                           LEN —— MW16
```

图 8-28 站 2 的编程

图 8-29 通信监控结果

第五节　PROFIBUS 通信技术

一、现场总线的主要类型与特点

现场总线是安装在过程区域的现场设备/仪表与控制室内的自动控制装置/系统之间的一种串行、数字式、多点通信的数据总线。

1. 现场总线的类型

目前，国际上有多种现场总线的企业、集团、国家和国际性组织，并有相应的现场总线标准和配套的专用集成电路供用户开发产品。现今较流行的现场总线主要有基金会现场总线（Foundation Fieldbus，FF）、过程现场总线（Process Field Bus，PROFIBUS）和控制器区域网络（Controller Area Network，CAN）。

2. 现场总线的特点

① 全数字化通信。只用一条通信电缆就可以将控制器与现场设备连接起来，实现了检错、纠错功能，提高了可靠性。

② 可以实现彻底的分散性和分布性。

③ 有较强的信息集成能力，实现设备状态故障、参数信息的一体化传送。

④ 节省连接导线，降低安装和维护费用。

⑤ 具有互操作性和互换性。不同生产厂家的性能类似的设备都可以进行互换。

二、PROFIBUS（过程现场总线）

PROFIBUS 在世界市场上所占的份额高达 21.5%，居于所有现场总线之首。

PROFIBUS 是一种开放式的现场总线标准，由主站和从站组成，主站能够控制总线，当主站获得总线控制权后，可以主动发送信息。从站通常为传感器、执行器、驱动器和变送器。它们可以接收信号并给予响应，但没有控制总线的权力。当主站发出请求时，从站回送给主站相应的信息。PROFIBUS 除了支持这种主从模式外，还支持多主多从的模式。

PROFIBUS 包括 3 个相互兼容的部分。

（1）PROFIBUS-DP（Distributed Periphery）

它可以用于 PLC 与分散的现场设备进行通信，适用于加工自动化领域，可以取代 4～20mA 的模拟信号传输。PROFIBUS-DP 使用了 ISO/OSI 模型的第 1 层（物理层）和第 2 层（数据链路层），使网络获得较高的传输速率。PROFIBUS-DP 特别适用于 PLC 与现场级分布式 I/O（如 Siemens 的 ET200）设备之间的通信。

（2）PROFIBUS-PA（Process Automation）

它是专为过程自动化所设计的总线类型，使用的是 PROFIBUS-DP 协议，可用于安全性要求较高的场合。其传输技术使用的是 IEC1158-2，确保了本质和系统的稳定性，并通过总线对现场供电。PROFIBUS-PA 广泛应用于化工和石油生产等领域。

（3）PROFIBUS-FMS（Fieldbus Message Specification）

它可以用于车间级监控网络。对于 FMS 而言，它考虑的主要是系统功能而不是响应时间，FMS 通常用于大范围、复杂的通信系统。

三、PROFIBUS 的物理结构

PROFIBUS-DP 和 PROFIBUS-FMS 使用 RS485 传输技术，传输介质可以采用屏蔽双绞线和光纤等。使用屏蔽双绞线的传输速率有 9.6kbit/s、19.2 kbit/s、93.7kbit/s、187.5kbit/s、500kbit/s、1 500kbit/s 和 12 000kbit/s。随着通信速率的增加，传输距离也相应地降低为 1 200m、1 200m、1 200m、1 000m、400m、200m 和 100m。

网络的拓扑结构采用树形、星形、环形、冗余等结构。每一个网段最多可以组态 32 个站点，多于 32 个的则可以使用中继器，整个网络最多可以组态 127 个站点。中继器也要占用站点。

PROFIBUS 支持主-从系统、纯主站系统、多主多从混合系统等几种模式。主站与主站之间采用的是令牌的传输方式，主站在获得令牌后通过轮询的方式与从站通信。

在 3 种 PROFIBUS 协议中，PROFIBUS-DP 解决的是分布式现场设备与控制器之间的数据交换，应用范围最为广泛。下面主要介绍基于 PROFIBUS-DP 的 S7-300 之间的数据通信。

四、CPU31x-2 DP 之间的 DP 主从通信

CPU31x-2 DP 是指集成有 PROFIBUS-DP 接口的 S7-300 CPU，如 CPU313C-2 DP、CPU315-2 DP 等。下面以两个 CPU315-2DP 之间主从通信为例介绍连接智能从站的组态方法。该方法同样适用于 CPU31x-2 DP 与 CPU41x-2 DP 之间的 PROFIBUS-DP 通信连接。

1. PROFIBUS-DP 系统结构

PROFIBUS-DP 系统结构如图 8-30 所示。系统由一个 DP 主站和一个智能 DP 从站构成。

- DP 主站：由 CPU315-2 DP（6ES7 315-2AG10-0AB0）和 SM374 构成。
- DP 从站：由 CPU315-2 DP（6ES7 315-2AG10-0AB0）和 SM374 构成。

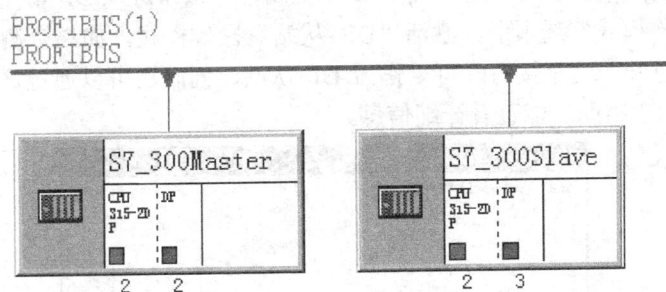

图 8-30　PROFIBUS DP 系统结构

2. 组态智能从站

在对两个 CPU 主-从通信组态配置时，原则上要先组态从站。

（1）新建 S7 项目

打开 SIMATIC 管理器，创建一个新项目，并命名为"DP 主从通信"。然后插入两个 S7-300 站，分别命名为 S7-300Master 和 S7_300Slave，如图 8-31 所示。

图 8-31　创建 S7-300 主从站

（2）硬件组态

PROFIBUS DP 网络的硬件组态与上节类似。插入 CPU 时会同时弹出 PROFIBUS 接口组态窗口。也可以在插入 CPU 后，双击 DP 插槽，打开 DP 属性窗口，进入 PROFIBUS 接口组态窗口，完成 PROFIBUS 网络的新建，本例分配 PROFIBUS 站地址为 3，波特率为 1.5Mbit/s，行规为 DP，如图 8-32 所示。

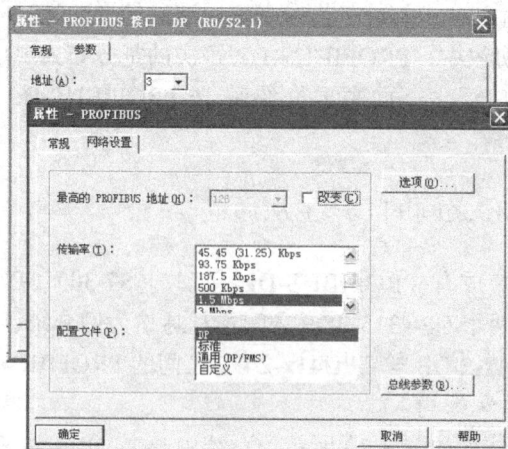

图 8-32　组态从站网络属性

（3）DP 模式选择

选中新建立的 PROFIBUS 网络，然后单击"属性"按钮进入 DP 属性对话框，如图 8-33 所示。选择"工作模式"选项卡，激活"DP 从站"操作模式。如果"测试、调试和路由"选项被激活，则意味着这个接口既可以作为 DP 从站，同时还可以通过这个接口监控程序，也可以用 STEP7 F1 帮助功能查看详细信息。

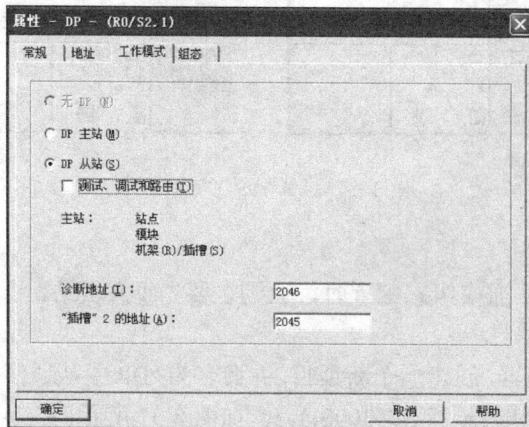

图 8-33　设置 DP 模式

（4）定义从站通信接口区

在 DP 属性设置对话框中，选择"组态"选项卡，打开 I/O 通信接口区属性设置窗口，单击"新建"按钮新建一行通信接口区，如图 8-34 所示，可以看到当前组态模式为主-从模式（Master-slave configuration）。注意此时只能对本地（从站）进行通信数据区的配置。

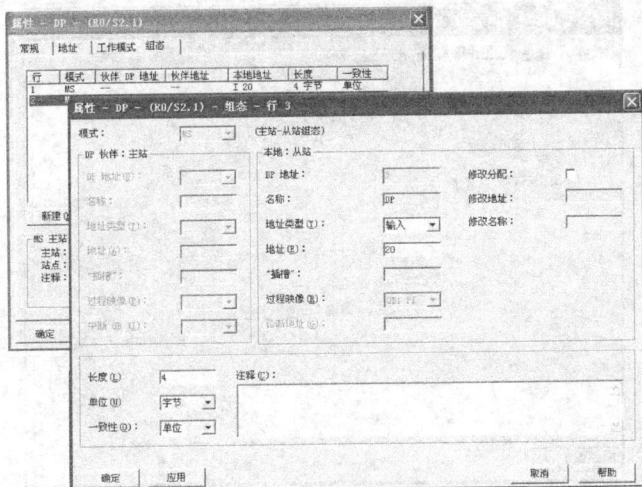

图 8-34 通信接口区设置

选择通信数据操作类型、数据区的起地址、通信区域的大小等信息。本例设置数据区的起始地址为 20；通信区域的大小为 4，最大为 32，按字节来通信，如图 8-34 所示。设置完成后单击"应用"按钮确认。同样可根据实际通信数据建立若干行，但最大不能超过 244 字节。本例分别创建一个输入区和一个输出区，长度为 4 字节，设置完成后可在组态窗口中看到这两个通信接口区，如图 8-35 所示。

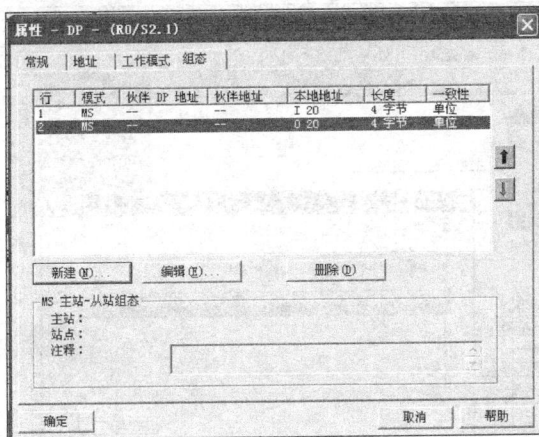

图 8-35 从站通信接口区

（5）编译组态

通信区设置完成后单击 📖 按钮编译并存盘，编译无误后即完成从站的组态。

3. 组态主站

DP 从站组态后，就可以对主站进行组态，基本过程与从站相同。在完成基本硬件组态后对 DP 接口参数进行设置，本例中将主站地址设为 2，并选择与从站相同的 PROFIBUS 网络 "PROFIBUS（1）"。波特率以及行规与从站设置应相同。

然后在 DP 属性设置对话框中，切换到"工作模式"选项卡，选择"DP 主站"操作模式，如图 8-36 所示。

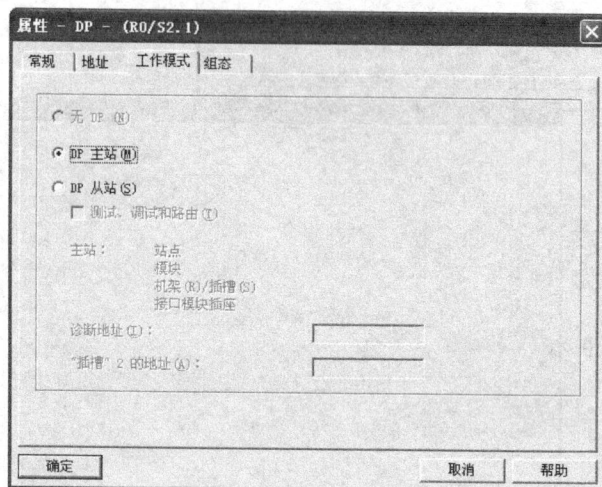

图 8-36　设置主站 DP 模式

4. 连接从站

在硬件组态窗口中，打开硬件目录，在 PROFIBUS DP 下选择 Configured Stations 文件夹，将 CPU 31x 拖到主站系统 DP 接口的 PROFIBUS 总线上，这时会同时弹出 DP 从站连接属性对话框，选择所要连接的从站后，单击"连接"按钮确认，如图 8-37 所示。如果有多个从站存在时，要一一连接。

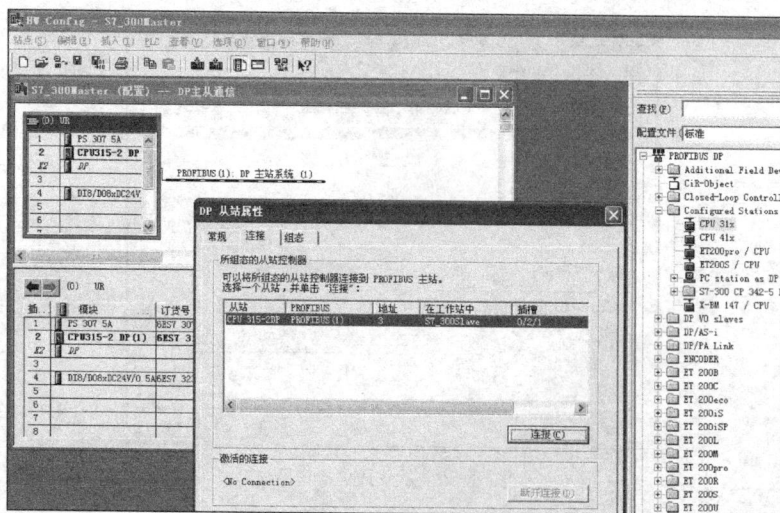

图 8-37　连接 DP 从站

5. 编辑通信接口区

连接完成后，单击 Configuration 选项卡，设置主站的通信接口区：从站的输出区与主站的输入区相对应，从站的输入区同主站的输出区相对应。本例分别设置一个输入区和一个输出区，其长度均为 4 字节。其中，主站的输出区 QB10~QB13 与从站的输入区 IB20~IB23 相对应；主站的输入区 IB10~IB13 与从站的输出区 QB20~QB23 相对应。

确认上述设置后，在硬件组态窗口中，编译并存盘，编译无误后即完成主从通信组态配置，如图 8-38 所示。

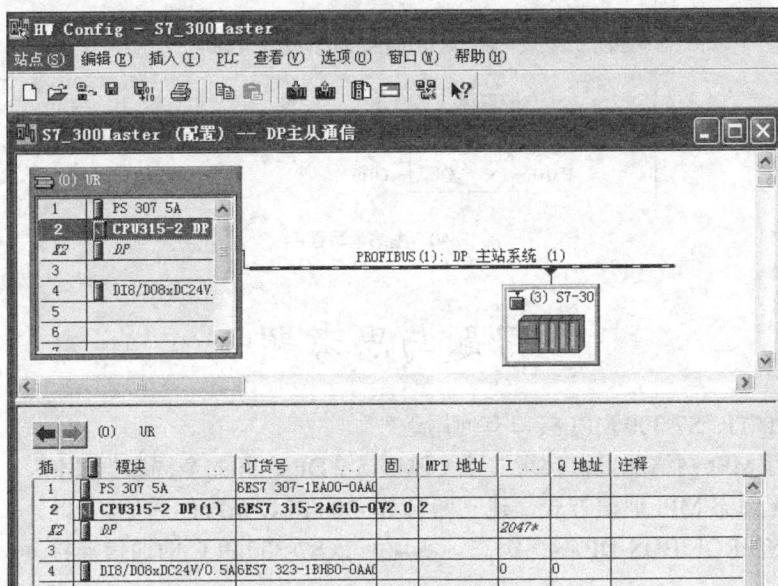

图 8-38 完成的网络组态

配置完以后，分别将配置数据下载到各自的 CPU 中初始化通信接口数据。

6. 简单编程

在主站和从站的 OB1 中分别编写程序，从对方读取数据。图 8-39 和图 8-40 所示分别为从站和主站的读写程序。本例将主站和从站的仿真模块 SM374 设置为 DI8/DO8。这样可以在主站输入开关信号，然后在从站上显示主站对应输入开关的状态；同样，在从站输入开关信号，在主站上也可以显示从站对应输入开关的状态。

OB1："从站的读写程序"

程序段 1：发送：将 IB0 的外界输入通过 QB20 发送出去

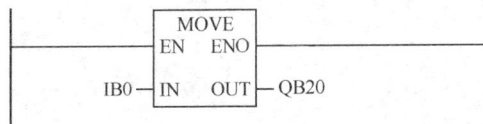

程序段 2：接收：将 IB20 接收到的内容送给 QB0

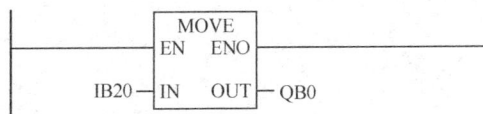

图 8-39 从站读写程序

OB1："主站的读写程序"

程序段1：发送：将主站 IB0 的外界输入通过 QB10 发送出去

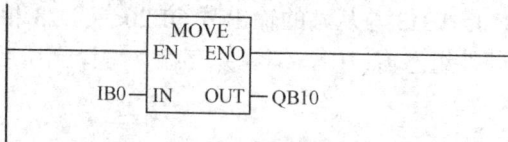

程序段 2：接收：将主站 IB10 接收到的内容送给 QB0

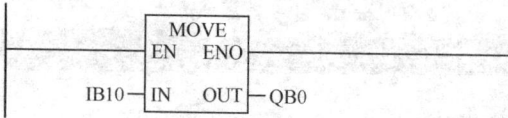

图 8-40　主站读写程序

习题与思考题

8-1　SIMATIC S7-300 MPI 接口有何用途？

8-2　进行 MPI 网络配置，实现 2 个 CPU315-2 DP 之间的全局数据通信。

8-3　用无组态 MPI 通信方式，建立两套 S7-300 PLC 系统的通信。

8-4　通过 PROFIBUS-DP 网络组态，实现两套 S7-300 PLC 的通信连接。

参 考 文 献

[1] 廖常初. S7-300/400 PLC 应用技术[M]. 第 4 版. 北京：机械工业出版社，2016.

[2] 廖常初. 跟我动手学 S7-300/400 PLC[M]. 第 2 版. 北京：机械工业出版社，2016.

[3] 廖常初. 大中型 PLC 应用教程[M]. 第 2 版. 北京：机械工业出版社，2008.

[4] 廖常初. PLC 基础及应用[M]. 第 3 版. 北京：机械工业出版社，2014.

[5] 胡健. 西门子 S7-300 PLC 应用教程[M]. 北京：机械工业出版社，2007.

[6] 王永华. 现代电气控制技术及 PLC 应用技术[M]. 第 3 版. 北京：北京航空航天大学出版社，2013.

[7] 方承远，张振国. 工厂电气控制技术[M]. 第 3 版. 北京：机械工业出版社，2006.

[8] 高溥，孟建军. 电气控制基础与可编程控制器应用教程[M]. 西安：西安电子科技大学出版社，2007.

[9] 顾桂梅. 电气控制与 PLC 应用项目教程[M]. 北京：机械工业出版社，2011.

[10] 阳宪慧. 工业数据通信与控制网络[M]. 北京：清华大学出版社，2003.

[11] 西门子公司. PROFIBUS-DP 总线应用手册，2005.

[12] 吉顺平，孙承志，路明，等. 西门子 PLC 与工业网络技术[M]. 北京：机械工业出版社，2008.